普通高等教育"十一五"国家级规划教材

2008年度普通高等教育国家精品教材

高 职 高 专 机 电 类 专 业 系 列 教 材

传感器及应用

第 3 版

主　编　王煜东

副主编　马　林

参　编　胡雪梅　刘娇月　党丽辉

　　　　石社轩　连　晗　胡海清

主　审　蔡祖光

机 械 工 业 出 版 社

本书共分 12 章，系统地介绍了传感器的基本原理及特性、传感器应用的相关知识、传感器的应用举例及实用技术。本书介绍了应变式、电位器式、电容式、电感式、电涡流式、压电式、超声波式、霍尔式、光电式、光纤式、激光式、频率式及热敏、气敏、湿敏、旋转编码器、感应同步器、磁栅、光栅、容栅、球栅等传感器的基本原理与特性；介绍了传感器信号处理、数据采集、抗干扰及传感器与 PLC、计算机、检测仪表等控制和显示设备的连接技术；列举了传感器在机床、自动生产线、机器人、汽车和安全防范系统中的应用实例，突出了传感器的安装、调整等实践技能。本书还介绍了红外、紫外、CCD、PSD、色彩、甲醛、PM2.5、智能式、机器人等新型传感器及其应用。

本书内容丰富新颖，涵盖面广，语言精炼、概念清晰、结构严谨、重点明确；书中适当插入了一些传感器的实物照片以增强直观性和真实感；每章末均附有适当的练习题，便于教学，是一本能够适应经济发展、科技进步和生产实践的实用性和教学功能较强的教科书。

本书可作为高职高专机电一体化技术、电气自动化技术、汽车电子技术、建筑智能化工程技术、应用电子技术等专业的教材，也适用于成人教育和职业培训的同类专业，还可供有关专业的工程技术人员参考。

为方便教学，本书配有免费电子课件、习题解答、模拟试卷及答案等，凡选用本书作为教材的学校，均可来电索取。咨询电话：010 - 88379375；电子邮箱：cmpgaozhi@sina.com。

图书在版编目（CIP）数据

传感器及应用/王煜东主编. —3 版. —北京：机械工业出版社，2017.7（2023.1 重印）

普通高等教育"十一五"国家级规划教材 2008 年度普通高等教育国家精品教材 高职高专机电类专业系列教材

ISBN 978-7-111-56545-1

Ⅰ.①传⋯ Ⅱ.①王⋯ Ⅲ.①传感器 – 高等职业教育 – 教材 Ⅳ.①TP212

中国版本图书馆 CIP 数据核字（2017）第 070681 号

机械工业出版社（北京市百万庄大街 22 号 邮政编码 100037）
策划编辑：于 宁 王宗锋 责任编辑：于 宁 王宗锋 李 慧
责任校对：樊钟英 封面设计：陈 沛
责任印制：郜 敏
北京中科印刷有限公司印刷
2023 年 1 月第 3 版第 6 次印刷
184mm×260mm · 16.25 印张 · 392 千字
标准书号：ISBN 978-7-111-56545-1
定价：49.80 元

电话服务　　　　　　　　　　网络服务
客服电话：010-88361066　　机 工 官 网：www.cmpbook.com
　　　　　010-88379833　　机 工 官 博：weibo.com/cmp1952
　　　　　010-68326294　　金 书 网：www.golden-book.com
封底无防伪标均为盗版　机工教育服务网：www.cmpedu.com

前　言

本书第 2 版 2008 年出版，被评为普通高等教育"十一五"国家级规划教材、2008 年度普通高等教育国家精品教材，现已多次印刷，深受读者欢迎。近年来，随着我国产业转型升级，"中国制造"正沿着自动化和智能化道路向高端迈进，这对传感器及应用提出了更高的要求。因此，本次修订的宗旨是：进一步简化原理性内容、删除不常用及不便实施教学的内容，增加传感器应用于自动化和智能化领域的急需内容。本次修订具体说明如下。

1. 增加新内容

本次修订增加了机器人传感器、旋转变压器、数字式集成温度传感器、数据采集卡的应用、传感器与 PLC 的连接、接近传感器的接线方式及参数检测、空气质量检测（包括 PM2.5 检测和甲醛检测）等知识，可适应社会需求。

2. 调整结构

1) 新增机器人传感器列为第 8 章，因此本版总体结构调整为 12 章。

2) 原第 8 章顺移为第 9 章，由于汽车传感器的作用与结构已形成系列化的专用传感器，因此本章章名改为"汽车传感器"。

3) 原第 9 章变为第 10 章，删除了"传感器在家用电器中的应用"相关内容，章名改为"传感器在安全防范中的应用"。

4) 原第 10 章变为第 11 章，章名改为"传感器信号处理与抗干扰技术"。将原书 10.4 节"数据采集"相关内容移入第 12 章。

5) 将原第 11 章内容改写为"传感器与检测仪表的连接"，与原书 10.4 节"数据采集"和新增的"传感器与 PLC 的连接"合为第 12 章，章名为"传感器的接口技术"。

6) 将 3.1 节改为"旋转位置传感器及应用"，内容包括"旋转变压器"和"光电旋转编码器及应用"。第 3 章章名改为"位置传感器在制造业中的应用"。

3. 删繁就简

1) 删除可通过网络查阅的器件参数表。

2) 删除了大量复杂的汽车传感器结构图及原理说明，突出了传感器对行车的影响及故障检测。

3) 删除了显示与调节仪表的原理，着重讲述传感器与仪表的连接方法。

4）突出高分子材料的电阻式和电容式湿度传感器，压缩了烧结型湿度传感器内容。

5）删除了不常见的光电高温计和红外测温仪。

6）对全书文字进一步斟酌修改，尽量做到言简意赅。

本次修订由王煜东主编，参阅了高国富、谢少荣、罗均编著的《机器人传感器及应用》网络版，李玉华、郭素娜、范乐、魏宏飞等提供了宝贵意见，在此一并表示感谢。

由于作者水平有限，书中难免存在缺点和不妥之处，恳请读者批评指正。

编　者

目 录

第1章
传感器的基本知识

本章主要介绍传感器的定义、作用、组成、分类和基本特性，传感器的测量误差与准确度，弹性敏感元件的作用、特性和种类。这些都是传感器及其应用的通用知识。

1.1 传感器的定义与作用

随着工业、农业、交通、军事、科技、办公、安防、家庭等各个领域的现代化，"传感器"这个名字已众人皆知。

1.1.1 传感器的定义

什么是传感器？演员在舞台上演唱时要用传声器（话筒），传声器就是把声波（机械波）转换成电信号的传感器。传感器是指能感受规定的被测量，并按照一定的规律转换成可用输出信号的器件或装置。表1-1中列出了部分传感器的输入量、输出量及其转换原理。从表1-1可以看出，传感器就是利用物理效应、化学效应、生物效应，把被测的物理量、化学量、生物量等非电量转换成电量的器件或装置。

表1-1 传感器的输入量、输出量及其转换原理

输 入 量			转换原理	输出量
物理量	机械量	几何学量	长度、位移、应变、厚度、角度、角位移	物理定律或物理效应	电量（电压或电流）
		运动学量	速度、角速度、加速度、角加速度、振动、频率、时间		
		力学量	力、力矩、应力、质量、荷重		
	流体量		压力、真空度、流速、流量、液位、黏度		
	温度		温度、热量、比热		
	湿度		湿度、露点、水分		
	电量		电流、电压、功率、电场、电荷、电阻、电感、电容、电磁波		
	磁场		磁通、磁场强度、磁感应强度		
	光		光度、照度、色、紫外光、红外光、可见光、光位移		
	放射线		X、α、β、γ射线		
化学量			气体、液体、固体分析、pH、浓度	化学效应	
生物量			酶、微生物、免疫抗原、抗体	生物效应	

1.1.2 传感器的作用和应用领域

1. 传感器的作用

人对外界的感知通过触觉、视觉、听觉、嗅觉和味觉获得，在科学技术领域，对自然界的各种物质信息采集要通过传感器进行。如图1-1所示，人们把电子计算机比作人的大脑，

把传感器比作人的五种感觉器官，执行器比作人的四肢，便制造出了工业机器人。尽管传感器与人的感觉器官相比还有许多不完善的地方，但在诸如高温、高湿、深井、高空等环境及高精度、高可靠性、远距离、超细微等方面是人的感觉器官所不能代替的。因此，传感器的作用可包括信息的收集、信息数据的交换及控制信息的采集三个方面。

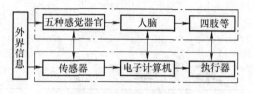

图 1-1　人机对应关系

2. 传感器的应用领域

传感器不仅充当着计算机、机器人、自动化设备的"感觉器官"及机电结合的接口，而且已渗透到军事和人类生命、生活、生产的各个领域，从太空到海洋，从各种复杂的工程系统到人们日常生活的衣食住行，都已经离不开各种各样的传感器。

（1）传感器在制造业中的应用　在石油、化工、电力、钢铁、机械等工业生产中，需要及时检测各种工艺参数的相关信息，并通过电子计算机或控制器对生产过程进行自动化控制。如图 1-2 所示，传感器是一个自动控制系统中必不可少的环节。

（2）传感器在汽车中的应用　在汽车上，温度、压力、流量、湿度、气体、位置、速度、加速度、扭矩等各种各样的传感器已经得到了广泛应用。利用传感器检测的信息，实现发动机燃油喷射系统的精确控制，以保障汽车安全行驶。

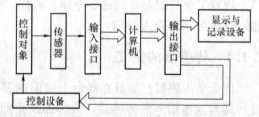

图 1-2　微机化检测与控制系统的基本组成

（3）传感器在智能建筑中的应用　采用新材料、新信息及通信技术的智能建筑是现代楼宇建设的发展趋势。在智能建筑物的各个方面，如信息和通信系统、交通管理、加热与通风及空气调节（HAVC）、能源管理、个人安全与保障系统、维护管理、灵巧的居室装置以及新的智能建筑结构，都要应用各种传感器。

（4）传感器在家用电器中的应用　现代家庭中，用电厨具、空调器、电冰箱、洗衣机、电热水器、安全报警器、吸尘器、电熨斗、照相机、音像设备等都用到了传感器。

（5）传感器在安全防范中的应用　火灾、盗窃，不断地给人类生命和财产安全带来极大的威胁。安全防范技术在世界各国已经形成产业。防火、防盗，广泛应用了光电、热电、压电、气体、红外、超声波、微波及图像等传感器。

（6）传感器在机器人中的应用　在生产用的单能机器人中，传感器用来检测臂的位置和角度；在智能机器人中，传感器用作视觉和触觉。传感器占机器人成本的二分之一以上。

（7）传感器在人体医学上的应用　在医疗上应用传感器可以对人体温度、血压、心脑电波及肿瘤等进行准确测量与诊断。

（8）传感器在环境保护中的应用　为保护环境，研制用以监测大气、水质及噪声污染的传感器，已为世界各国所重视。

（9）传感器在航空航天中的应用　在飞机及火箭等飞行器上，要使用传感器对飞行速度、加速度、飞行距离及飞行方向、飞行姿态进行检测。

（10）传感器在遥感技术中的应用　在飞机及卫星等飞行器上利用紫外、红外光电传感器及微波传感器探测气象、地质等；在船舶上利用超声波传感器进行水下探测。

（11）传感器在军事方面的应用　利用红外探测仪可以探测地形、发现地物及敌方各种军事目标；红外雷达具有搜索、跟踪、测距等功能，可以搜索几十到上千千米内的目标；其他还有红外制导、红外通信、红外夜视、红外对抗等。再如，用压电陶瓷制成的压电引信称为弹丸起爆装置，具有瞬发度高、安全可靠、不用配置电源等特点，常用在破甲弹上。

3. 传感器在国民经济中的地位

传感器技术对现代化科学技术、现代化农业及工业自动化的发展起到基础和支柱的作用，在世界各国已成为一种重要产业。可以说没有传感器就没有现代化的科学技术；没有传感器也就没有人类现代化的生活环境和条件。<u>传感器技术已成为科学技术和国民经济发展水平的标志之一</u>。

1.2　传感器的组成与分类

1.2.1　传感器的组成

从功能上讲，传感器通常由敏感元件、转换元件及转换电路组成，如图1-3所示。

<u>敏感元件</u>是指传感器中能直接感受（或响应）被测量的部分。在完成非电量到电量的转换时，并非所有的非电量都能利用现有手段直接转换成电量，往往是先变换为另一种易于变成电量的非电量，然后再转换成电量。如传感器中各种类型的弹性元件，常被称为<u>弹性敏感元件</u>。

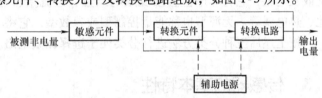

图1-3　传感器的组成

<u>转换元件</u>是指能将感受到的非电量直接转换成电量的器件或元件。如光电池将光的变化量转换为电动势，应变片将应变转换为电阻等。

<u>转换电路</u>是指将无源型传感器输出的电参数量转换成电量。常用的转换电路有电桥电路、脉冲调宽电路、谐振电路等，它们将电阻、电容、电感等电参数转换成电压、电流或频率等电量。

实际上，有些传感器的敏感元件可以直接把被测非电量转换成电量输出，如压电晶体、光电池、热电偶等。通常称它们为有源型传感器。

<u>辅助电源</u>为无源传感器的转换电路提供电能。

1.2.2　传感器的分类

传感器的种类很多，目前尚没有统一的分类方法，下面介绍几种常用的分类方法。

1. 按输入量分类

输入量即被测对象，按此方法分类，传感器可分为物理量传感器、化学量传感器和生物量传感器三大类。其中，物理量传感器又可分为温度传感器、压力传感器和位移传感器等。这种分类方法给使用者提供了方便，**容易根据被测对象选择所需要的传感器**。

2. 按转换原理分类

从传感器的转换原理来说，通常分为结构型、物性型和复合型三大类。结构型传感器是利用机械构件（如金属膜片等）在动力场或电磁场的作用下产生变形或位移，将外界被测参数转换成相应的电阻、电感和电容等物理量，它是利用物理学运动定律或电磁定律实现转换的。物性型传感器是利用材料的固态物理特性及其各种物理、化学效应（即物质定律，如胡克定律、欧姆定律等）实现非电量的转换，它是以半导体、电介质、铁电体等作为敏感材料的固态器件。复合型传感器是由结构型传感器和物性型传感器组合而成的，兼有两者的特征。这种分类方法清楚地指明了传感器的原理，**便于学习和研究**。例如电阻式、电感式、电容式、压电式、光电式、热敏、气敏、湿敏和磁敏等。

3. 按输出信号的形式分类

按输出信号的形式，传感器可分为开关式、模拟式和数字式。

4. 按输入和输出的特性分类

按输入和输出特性，传感器可分为线性和非线性两类。

5. 按能量转换的方式分类

按转换元件的能量转换方式，传感器可分为有源型和无源型两类。有源型也称能量转换型或发电型，它将非电量直接变成电压量、电流量、电荷量等，如磁电式、压电式、光电池、热电偶等。无源型也称能量控制型或参数型，它将非电量变成电阻、电容、电感等量。按上述后三种分类方法进行分类**便于选择测量电路**。

1.3 传感器的基本特性

传感器的特性参数有很多，且不同类型的传感器，其特性参数的要求和定义也各有差异，但都可以通过其静态特性和动态特性进行全面描述。

1.3.1 传感器的静态特性

静态特性表示传感器在被测各量值处于稳定状态时的输入与输出的关系。它主要包括灵敏度、分辨力（或分辨率）、测量范围及误差特性。

1. 灵敏度

灵敏度是指稳态时传感器输出量 y 和输入量 x 之比，或输出量 y 的增量和相应输入量 x 的增量之比，用 k 表示，即

$$k = \frac{输出量增量}{输入量增量} = \frac{\Delta y}{\Delta x} \qquad (1\text{-}1)$$

线性传感器的灵敏度 k 为一常数；非线性传感器的灵敏度 k 是随输入量变化的量。

2. 分辨力

传感器在规定的测量范围内能够检测出的被测量的最小变化量称为分辨力。它往往受噪声的限制，所以噪声电平的大小是决定传感器分辨力的关键因素。

实际中，分辨力可用传感器的输出值代表的输入量表示：模拟式传感器以最小刻度的一半所代表的输入量表示；数字式传感器则以末位显示一个字所代表的输入量表示。注意不要与分辨率混淆。分辨力是与被测量有相同量纲的绝对值，而分辨率则是分辨力与量程的

比值。

3. 测量范围和量程

在允许误差范围内，传感器能够测量的下限值（y_{min}）到上限值（y_{max}）之间的范围称为测量范围，表示为$y_{min} \sim y_{max}$；上限值与下限值的差称为量程，表示为$y_{F.S} = y_{max} - y_{min}$。如某温度计的测量范围是$-20 \sim 100℃$，量程则为$120℃$。

4. 误差特性

传感器的误差特性包括线性度、迟滞、重复性、零漂和温漂等。

（1）线性度　线性度即非线性误差。为了便于对传感器进行标定和数据处理，要求传感器的特性为线性关系，而实际的传感器特性常呈非线性，这就需要对传感器进行线性化。传感器的静态特性是在标准条件下校准（标定）的。即在没有加速度、振动、冲击及温度为$(20 \pm 5)℃$、湿度不大于85%RH、大气压力为（101327 ± 7800）Pa的条件下，用一定等级的设备，对传感器进行反复循环测试，得到的输入和输出数据用表格列出或画出曲线，这条曲线称为校准曲线。传感器的校准曲线与理论拟合直线之间的最大偏差（ΔL_{max}）与满量程值（$y_{F.S}$）的百分比称为线性度，用γ_L表示，即

$$\gamma_L = \pm \frac{\Delta L_{max}}{y_{F.S}} \times 100\% \tag{1-2}$$

由此可知非线性误差是以一定的拟合直线为基准算出来的，拟合直线不同，所得线性度也不同。图1-4所示为常用的两种拟合直线，即端基拟合直线和独立拟合直线。

① 端基拟合直线是由传感器校准数据的零点输出平均值和满量程输出平均值连成的一条直线。由此所得的线性度称为端基线性度。这种拟合方法简单直观，应用较广，但拟合精度很低，尤其对非线性比较明显的传感器，拟合精度更差。

② 独立拟合直线方程是用最小二乘法求得的，在全量程范围内各处误差都最小。由此所得的独立线性度也称最小二乘法线性度。这种方法拟合精度最高，但计算很复杂。

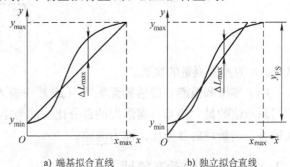

a) 端基拟合直线　　b) 独立拟合直线

图1-4　传感器拟合直线示意图

（2）迟滞　迟滞是指在相同工作条件下，传感器正行程特性与反行程特性不一致的程度，如图1-5所示。其数值为对应同一输入量的正行程和反行程输出值间的最大偏差ΔH_{max}，与满量程输出值的百分比，用γ_H表示，即

$$\gamma_H = \pm \frac{\Delta H_{max}}{y_{F.S}} \times 100\% \tag{1-3}$$

或用其一半表示。

（3）重复性　重复性是指在同一工作条件下，输入量按同一方向在全测量范围内连续变化多次所得特性曲线的不一致性，如图1-6所示。在数值上用各测量值正、反行程标准偏差最大值σ的2倍或3倍与满量程的百分比表示，记作γ_K，即

$$\gamma_K = \pm \frac{c\sigma}{y_{F.S}} \times 100\% \tag{1-4}$$

式中，c 为置信因数，取 2 或 3。置信因数取 2 时，置信概率为 95%；置信因数取 3 时，置信概率为 99.73%。

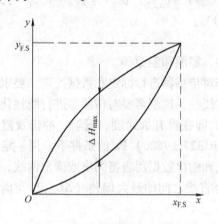

图 1-5 传感器的迟滞特性

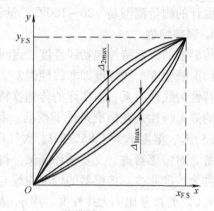

图 1-6 传感器的重复性

从误差的性质讲，重复性误差属于随机误差。若误差完全按正态分布，则随机误差的标准误差 σ，可由各次校准测量数据间的最大误差 Δ_{im} 求出，即

$$\sigma = \sqrt{\frac{\sum_{i=1}^{n} \Delta_{im}^2}{n-1}} \tag{1-5}$$

式中，n 为重复测量的次数。

（4）零漂和温漂 传感器无输入（或某一输入值不变）时，每隔一定时间，其输出值偏离原示值的最大偏差与满量程的百分比，即为零漂。温度每升高 1℃，传感器输出值的最大偏差与满量程的百分比，称为温漂。

1.3.2 传感器的动态特性

动态特性是描述传感器在被测量随时间变化时的输出和输入的关系。对于加速度等动态测量的传感器必须进行动态特性的研究，通常是用输入正弦或阶跃信号时传感器的响应来描述的，即传递函数和频率响应。

1.4 传感器的测量误差与准确度

不言而喻，测量的目的是希望得到被测事物的真实量值——真值。但是，在实际测量中并不能绝对精确地测得被测量的真值，即总会出现误差。这是因为：测量系统及标准量本身精度有限；实验手段不完善，有些方法在理论上就是近似的；测量者的知识和技术水平有限；多数被测量值不可能用一个有限数字表示出来；被测量是随时间变化的；外界噪声的干扰等。因此，测量的目的仅在于根据实际需要得到被测量真值的逼近值。测量值与真值的差异程度称为误差，实际计算中用约定真值代替真值。对某一被测量，用精度高一级的仪表测得的值，可视为精度低一级仪表的约定真值。掌握测量误差的概念，明确产生误差的原因及消除方法，是实现测量目的的重要前提。

1.4.1 误差的类型

1. 按误差的性质分类

（1）系统误差 在相同测量条件下多次测量同一物理量，其误差大小和符号保持恒定或按某一确定规律变化，此类误差称为系统误差。系统误差表征测量的准确度。

（2）随机误差 在相同测量条件下多次测量同一物理量，其误差没有固定的大小和符号，呈无规律的随机性，此类误差称为随机误差。通常用精密度表征随机误差的大小。

通常将准确度和精密度的综合称为精确度，简称精度。

（3）粗大误差 明显偏离约定真值的误差称为粗大误差。它主要是由于测量人员的失误所致，如测错、读错或记错等。含有粗大误差的数值称为坏值，应予以剔除。在测量中，若误差大于极限误差 $C\sigma$，即为粗大误差。

2. 按被测量与时间的关系分类

（1）静态误差 被测量不随时间变化时测得的误差称为静态误差。

（2）动态误差 在被测量随时间变化过程中测得的误差称为动态误差。动态误差是由于检测系统对输入信号响应滞后，或对输入信号中不同频率成分产生不同的衰减和延迟所造成的。动态误差值等于动态测量和静态测量所得误差的差值。

1.4.2 误差的表示方法

（1）绝对误差 某被测量的指示值 A_x 与其真值 A_0 之间的差值，称为绝对误差 Δ。即

$$\Delta = A_x - A_0 \tag{1-6}$$

当 $A_x > A_0$ 时，为正误差；反之为负误差。在计量工作和实验室测量中常用修正值 C 表示真值 A_0 与指示值 A_x 之差，它等于绝对误差的相反数（$C = -\Delta$），则

$$A_0 = A_x + C \tag{1-7}$$

绝对误差和修正值的量纲必须与示值量纲相同。

绝对误差可表示测量值偏离实际值的程度，但不能表示测量的准确程度。

（2）相对误差 相对误差即百分比误差。

① 实际相对误差：它等于绝对误差与约定真值的百分比。用 γ_A 表示，即

$$\gamma_A = \frac{\Delta}{A_0} \times 100\% \tag{1-8}$$

② 示值（标称）相对误差：它等于绝对误差与指示值的百分比。用 γ_x 表示，即

$$\gamma_x = \frac{\Delta}{A_x} \times 100\% \tag{1-9}$$

③ 满度（引用）相对误差：它等于绝对误差与仪表满量程值 $A_{F.S}$ 的百分比。用 γ_n 表示，即

$$\gamma_n = \frac{\Delta}{A_{F.S}} \times 100\% \tag{1-10}$$

式中，$A_{F.S}$ 为仪表刻度上限值 A_{max} 和下限值 A_{min} 之差。当 Δ 为最大值 Δ_{max} 时，称为最大引用误差。

1.4.3 准确度

传感器和测量仪表的误差是以准确度表示的。准确度常用最大引用误差来定义，即

$$S = \frac{|\Delta_{max}|}{A_{F.S}} \times 100 \tag{1-11}$$

它表示传感器的最大相对误差为 $\pm S\%$。测量时的最大相对误差为

$$\gamma_x = \pm \frac{SA_{F.S}}{A_x}\% \tag{1-12}$$

如压力传感器的准确度等级分别为 0.05、0.1、0.2、0.3、0.5、1.0、1.5、2.0 等；我国电工仪表的准确度等级分别为 0.1、0.2、0.5、1.0、1.5、2.5、5.0。某 0.1 级压力传感器的量程为 100MPa，测量 50MPa 压力时，传感器引起的最大相对误差为 $\pm 0.2\%$。

1.5 传感器中的弹性敏感元件

能将力、力矩、压力、温度等物理量变换成位移、转角或应变的弹性元件，称为弹性敏感元件。因此，位移传感器与弹性敏感元件（或构件本身）组合，可构成力、压力、加速度、转矩、液位、流量等传感器。

1.5.1 应力与应变的概念

1. 应力

截面积为 S 的物体受到外力 F 的作用并处于平衡状态时，在物体单位截面积上引起的内力称为**应力**，记作 σ，其值为

$$\sigma = \frac{F}{S} \tag{1-13}$$

如图 1-7a 所示，物体两端受拉力或压力作用时，物体处于拉伸或压缩状态，其应力称为**正（向）应力**。处于拉伸状态的应力为正值，压缩状态的应力为负值。如图 1-7b 所示，物体一端固定，另一端受平行于端面的力作用时，内部任意截面积上产生大小相等、方向相反的应力，称为**切（向）应力**。图示方向的应力为正值，反之为负值。

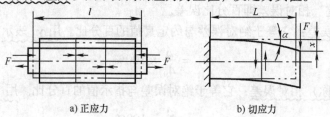

a) 正应力　　　　　b) 切应力

图 1-7　应变种类示意图

2. 应变

应变是物体受外力作用时产生的相对变形，是一个无量纲的物理量。设物体原长度为 l，受力后产生 Δl 的变形，若 $\Delta l > 0$，则表示物体被拉伸；$\Delta l < 0$，则表示物体被压缩。其**应变** ε 定义为

$$\varepsilon = \frac{\Delta l}{l} \tag{1-14}$$

式中，ε 称为纵向应变。由于其量值非常小，常用微应变（$\mu\varepsilon$）作为单位，$1\mu\varepsilon = 10^{-6}\varepsilon$。当物体纵向发生变形时，其横向发生相反变形，称为横向应变。为了区别，将前者记作 ε_1，后者记作 ε_r。

$$\varepsilon_r = \frac{\Delta r}{r} = -\mu\varepsilon_1 \tag{1-15}$$

式中，μ 为泊松比；r 为物体的横向尺寸。

由切应力所产生的变形称为切应变。如图 1-7b 所示，力 F 使角点产生位移 x，切应变 γ 可通过近似直角三角形求出，即

$$\gamma \approx \tan\alpha = \frac{x}{L} \tag{1-16}$$

式中，L 为固定端至力作用点之间的距离。

3. 胡克定律与弹性模量

胡克定律：当应力未超过某一限值时，应力与应变成正比，其数学表达式为

$$\sigma = E\varepsilon \tag{1-17}$$

$$\tau = G\gamma \tag{1-18}$$

式中，E 为弹性模量或称杨氏模量，单位为 N/m^2；G 为剪切模量或称刚性模量；τ 为切应力。

1.5.2 弹性敏感元件的特性

弹性敏感元件的基本特性是说明弹性元件受力（或力矩、压力）与其相应的位移（线位移、角位移）之间的关系，其主要性能指标有灵敏度、稳定度和响应速度。

1. 刚度

刚度是弹性元件在外力作用下变形大小的量度，一般用 K 来表示。设 F 为作用在弹性元件上的外力，x 为弹性元件产生的变形，则有

$$K = \frac{\Delta F}{\Delta x} \tag{1-19}$$

如图 1-8 所示，弹性特性曲线上某点 A 的刚度为该点切线与水平线夹角 θ 的正切值，即

$$K = \tan\theta = \Delta F/\Delta x \tag{1-20}$$

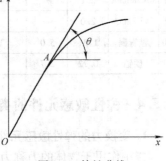

图 1-8 特性曲线

2. 灵敏度

灵敏度就是弹性敏感元件在单位力作用下产生变形的大小，一般用 k 表示。

$$k = \frac{\Delta x}{\Delta F} \tag{1-21}$$

可见，灵敏度与刚度互为倒数。

3. 固有振动频率

弹性敏感元件的动态特性与它的固有频率 f_0 有很大的关系。其固有振动角频率为

$$\omega_0 = \sqrt{K/m} \qquad\qquad (1\text{-}22)$$

式中，K 为刚度；m 为弹性敏感元件的质量。

在实际选用或设计弹性敏感元件时，常常遇到线性度、灵敏度、固有振动频率之间相互矛盾、相互制约的问题，因此必须根据测量的对象和要求加以综合考虑。

由于弹性敏感元件在工作过程中分子间存在内摩擦，实际的弹性元件存在弹性滞后和弹性后效现象。在加、卸载的正反行程中变形曲线是不重合的，这种现象称为弹性滞后。当载荷从某一数值变化到另一数值时，弹性元件不是立即完成相应的变形，而是在一定的时间间隔中逐渐完成变形，即弹性敏感元件的变形始终不能迅速地跟上力的变化，这一现象称为弹性后效。弹性滞后会造成静态和动态测量误差；弹性后效将引起动态测量误差。

1.5.3 弹性敏感元件的材料

常用弹性敏感元件的材料性能见表1-2。

表1-2 常用弹性敏感元件的材料性能表

序号	名称	弹性模量/(N/m^2)		线膨胀系数 β /($\times 10^{-6}/℃$)	屈服强度 R_e /($\times 10^8 N/m^2$)	抗拉强度 R_m /($\times 10^8 N/m^2$)	重度 γ /($\times 10^4 N/m^2$)	材料按序号说明
		$E(10^{11})$	$G(10^9)$					
1	45钢	2.0	—	—	3.6	6.1	7.8	1. 若淬火830~850℃，回火500℃，抗拉强度 R_m 可达 $(9.5~10.5)\times10^8 N/m^2$ 2. 用于一般传感器 3. 用于高精度传感器 4. 用于小厚度平面弹性元件，疲劳限很高 5. 用于重要弹性元件，温度≤400℃ 6. 弹性稳定性好，适于380~480℃
2	40Cr	2.18	—	11	8.0	10	—	
3	35CrMnSiA	2.0	—	11	13	16.5	—	
4	60Si2MnA	2.0	8.7	11.5	14	16	—	
5	50CrVA	2.1	8.3	11.3	11	13	—	
6	12Cr18Ni9	2.0	8.0	16.6	2.0	5.5	7.85	
7	40CrNiMoA	2.1	—	11.7	10~11.3	11.2~12.5	—	
8	30CrMnSiA	2.1	—	11	9.0	11	—	
9	65Si2MnA	2.0	—	11	17	19	—	
10	铍青铜	1.31	5.0	16.6	—	12.5	8.23	
11	硬铝	0.72	2.7	23	3.4	5.2	2.8	

1.5.4 弹性敏感元件的类型

1. 变换力的弹性敏感元件

集中作用于物体的力称为力，变换力的弹性敏感元件形式如图1-9所示。

2. 变换压力的弹性敏感元件

均匀分布作用于物体的力称为压力，例如气体或液体的压力等。变换压力的弹性敏感元件如图1-10所示。

弹簧管又称波登管，是弯成C形的各种空心管，它将压力变成自由端的位移。波纹管直径一般为12~160mm，将压力变成轴向位移，测量范围为 $10^2~10^7 Pa$。等截面积薄板又称为平膜片，是周边固定的圆薄板，它把压力变为薄板的位移或应变。膜盒是由两片波纹膜片压合而成，比平膜片灵敏度高，用于小压力的测量。薄壁圆筒和薄壁半球灵敏度较低，但坚固，常用于特殊环境。

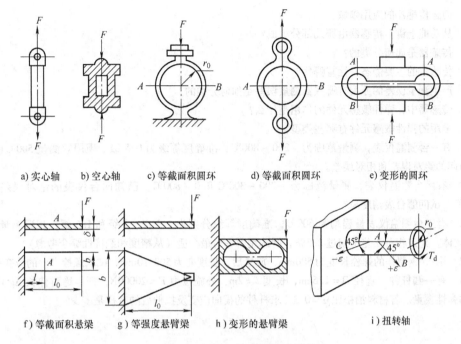

a) 实心轴　　b) 空心轴　　c) 等截面积圆环　　d) 等截面积圆环　　　e) 变形的圆环

f) 等截面积悬梁　　g) 等强度悬臂梁　　h) 变形的悬臂梁　　　　i) 扭转轴

图 1-9　变换力的弹性敏感元件

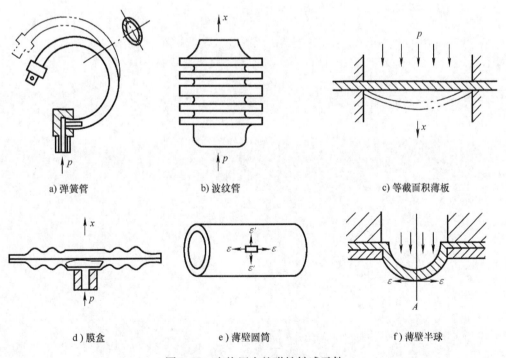

a) 弹簧管　　　　　　　　b) 波纹管　　　　　　　　c) 等截面积薄板

d) 膜盒　　　　　　　e) 薄壁圆筒　　　　　　　f) 薄壁半球

图 1-10　变换压力的弹性敏感元件

思考与练习

1-1　什么叫传感器？传感器有哪些作用？试述传感器在国民经济中的地位。

1-2　简述传感器的应用领域。

1-3　从功能上讲，传感器由哪几部分组成？

1-4　传感器是如何分类的？

1-5　传感器的主要静态特性有哪些？

1-6　产生测量误差的原因有哪些？测量误差是如何分类的？

1-7　传感器中，弹性敏感元件的作用是什么？

1-8　常用的弹性敏感元件有哪些类型？

1-9　有一台测温仪表，测量范围为 $-200 \sim 800℃$，准确度等级为 0.5 级。现用它测量 500℃ 的温度，求仪表引起的绝对误差和相对误差。

1-10　有两台测温仪表，测量范围为 $-200 \sim 300℃$ 和 $0 \sim 800℃$，已知两台仪表的绝对误差最大值 $\Delta t_{max} = 5℃$，试问哪台表精度高？

1-11　有三台测温仪表量程均为 600℃，准确度等级分别为 2.5 级、2 级和 1.5 级，现要测量温度为 500℃ 的物体，允许相对误差不超过 2.5%，问选用哪一台最合适（从精度和经济性综合考虑）？

1-12　用 45 钢制作的螺栓长度为 500mm，旋紧后，长度变为 500.10mm，试求螺栓产生的应变和应力。

1-13　有一圆杆件，直径 $D = 1.6$cm，长度 $l = 2$m，外施拉力 $F = 20000$N，杆件绝对伸长 $\Delta l = 0.1$cm。求材料的弹性模量。若材料泊松比 $\mu = 0.3$，求杆件的横向应变及拉伸后的直径是多少？

第 2 章
线性位移传感器及应用

位移是制造业中最常见的被测物理量之一。位移传感器也是构成其他各种机械量传感器和流体压力、液位传感器的基础。位移传感器可分为模拟和数字两大类。本章主要介绍电阻式、电容式、电感式、电涡流式、压电式、超声波、磁敏、光电式、光纤与激光、频率式等各种线性位移传感器的转换原理、基本组成和重要特性。

2.1 电阻式传感器

电阻式传感器把被测的物理量变换成电阻值的变化,再通过电阻分压电路或电阻电桥电路转换成电压输出。例如应变电阻、电位器、磁敏电阻、光敏电阻、热敏电阻、热电阻、气敏电阻和湿敏电阻等。本节仅介绍应变式和电位器式传感器。

2.1.1 应变式传感器

1. 应变式传感器的组成

应变式传感器是利用应变效应工作的。如图 2-1 所示,应变式传感器由弹性敏感元件、电阻应变片和应变电桥组成。电阻应变片粘贴在弹性敏感元件或被测弹性构件上,把弹性元件或构件的应变转换成电阻的微小变化,再通过电桥把电阻变化变换成电压量输出。

图 2-2 所示是应变式角位移传感器的结构示意图。在悬臂梁上粘贴有应变片,悬臂梁的自由端有一触点与可转动的凸轮相接触,当凸轮随转轴转动时,推动悬臂梁产生应变,由电阻应变片转换成电阻值变化量,测量电阻变化量,便可确定转轴转动角度的大小。

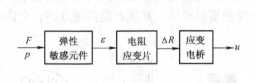

图 2-1　应变式传感器原理框图　　　　图 2-2　应变式角位移传感器结构示意图

电阻应变式位移传感器的位移测量范围较小,为 $0.1\mu m \sim 0.1mm$,其测量精度小于 2%,线性度为 $0.1\% \sim 0.5\%$。它主要与弹性敏感元件一起构成测量力、荷重、压力和加速度等物理量的传感器。例如常见的电子计价秤用的就是应变式传感器。

2. 电阻应变片的灵敏度

导体或半导体在外界力的作用下产生机械变形时，其电阻值也将随之发生变化，这种现象称为<u>应变效应</u>。因此，电阻应变片可分为金属电阻应变片和半导体应变片两大类。

（1）金属电阻应变片的灵敏度　在温度一定时，金属导体的<u>电阻定律</u>为

$$R = \rho \frac{l}{S} \tag{2-1}$$

式中，R 为导体的电阻值；l 为导体的长度；S 为导体的截面积；ρ 为导体的电阻率。

当沿金属丝长度方向施加力时，其几何尺寸和电阻率都会变化，从而导致电阻值的变化。经证明可得

$$\frac{\Delta R}{R} = k\varepsilon \tag{2-2}$$

式中，k 为应变灵敏度系数。由表2-1可以看出，金属应变片 $k \approx 2$。

（2）半导体的压阻效应与压阻系数　对于半导体材料，在某一晶向施加一定应力 σ 时，其电阻率将产生较大变化，而几何尺寸变化很小，这种现象称为<u>压阻效应</u>。相应的，半导体应变电阻也常称为<u>压阻元件</u>。半导体材料压阻灵敏度为

$$k = \pi_1 E \tag{2-3}$$

式中，E 为半导体材料的弹性模量；π_1 为半导体材料的压阻系数。

半导体应变片的 k 为几十甚至几百，远大于金属电阻的应变灵敏度。但其温度稳定性远不如金属电阻应变片。

3. 电阻应变片的结构类型

（1）金属电阻应变片的结构类型　金属电阻应变片的结构如图2-3所示。<u>它有丝式、箔式和薄膜式</u>。图2-3a为其结构示意图，敏感栅粘贴在基底上，上面覆盖保护层。基底有纸基和胶基两种。应变片的纵向尺寸为工作长度，反映被测应变，其横向应变将造成测量误差。图2-3b为圆角丝栅，其横向应变会引起较大测量误差，但耐疲劳性好，一般用于动态测量。图2-3c为直角丝栅，精度高，但耐疲劳性差，适用于静态测量。箔式电阻应变片是用光刻技术将康铜或镍铬合金箔腐蚀成栅状而成的，其丝栅形状可与应力分布相适应，制成各种专用应变片，如图2-3d为应变式扭矩传感器专用，图2-3f为板式压力传感器专用。箔式电阻应变片的电阻值分散度小，可做成任意形状，易于大量生产，成本低，散热性好，允许通过大的电流，灵敏度高，耐蠕变和耐漂移能力强。薄膜应变片是采用真空镀膜技术在很薄的绝缘基底上蒸镀金属电阻材料薄膜，再加上保护层形成的。其优点是灵敏度高，允许通过大的电流。

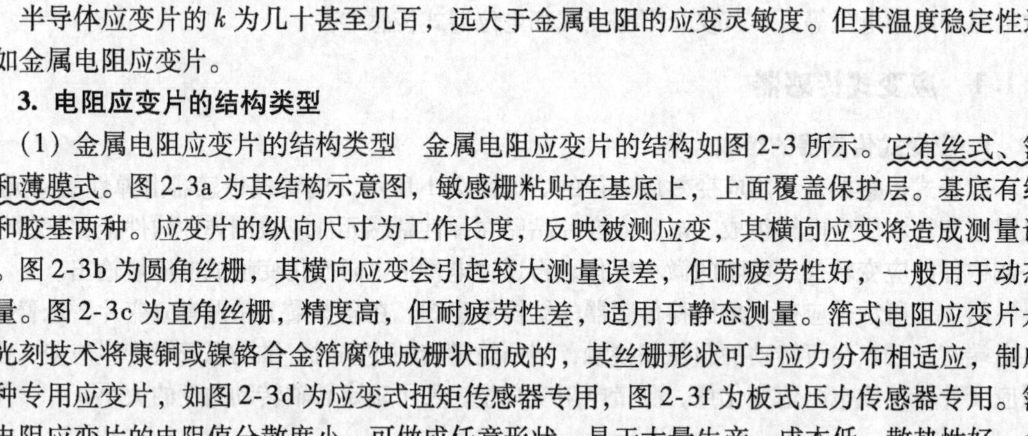

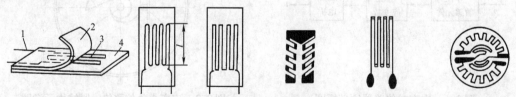

a) 结构示意图　　b) 圆角丝栅　　c) 直角丝栅　　d) 箔式扭矩应变片　e) 箔式单向应变片　f) 板式压力应变片

图2-3　金属电阻应变片

1—引线　2—覆盖层　3—敏感栅　4—基底

（2）半导体应变片的结构类型 半导体应变片有体型、薄膜型和扩散型等形式。随着硅扩散技术的发展，扩散型半导体应变片已成主流。扩散型半导体应变片是在硅片上用扩散技术制成 4 个电阻并构成电桥，利用硅材料本身作为弹性敏感元件，还可以将补偿电路和其他信号处理电路集成在一起，构成集成力敏传感器。

表 2-1 列出了几种应变片的主要技术参数。

表2-1 应变片主要技术参数

参数名称	工作尺寸 /mm × mm	电阻值 /Ω	灵敏度	电阻温度系数/(1/℃)	灵敏度温度系数/(1/℃)	极限工作温度/℃	最大工作电流/mA
PZ-120 型	2.8×15	120	1.9~2.1	—	—	—	—
PJ-120 型	11×5	120	1.9~2.1	—	—	—	—
BE-120 型	2×2	120	1.9~2.2	—	—	—	—
BA-120 型	1×1	120	1.9~2.2	—	—	—	—
PBD-1K 型	6×0.5	1000（1±10%）	140（1±5%）	<0.4%	<0.4%	60	15
PBD-120 型	6×0.5	120（1±10%）	120（1±5%）	<0.2%	<0.2%	60	25

4. 转换电路

电阻式传感器可以用直流电桥或交流电桥作为转换电路。在电工测量中，用电桥测量电阻、电容和电感，是在电桥平衡时读出被测参数的，称为<u>平衡电桥</u>。用作传感器信号转换的电桥，初始状态是平衡的，输出电压等于零，当桥臂参数变化时才输出电压，称为<u>不平衡电桥</u>，其特性是非线性的。

（1）电阻电桥的输出电压 直流电阻电桥如图 2-4a、b、c 所示，其初始状态可通过 RP_1 调零。若采用交流电源供电，则称为<u>交流电桥</u>，如图 2-4d 所示，可通过 RP_1 和 RP_2 调零。当电桥平衡时输出电压 $U_o = 0$。电桥的平衡条件是对边臂电阻乘积相等，即

$$R_1 R_3 = R_2 R_4 \tag{2-4}$$

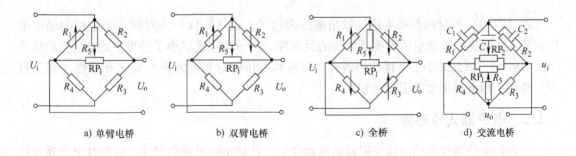

a) 单臂电桥　　b) 双臂电桥　　c) 全桥　　d) 交流电桥

图2-4 常用电桥电路

通常四个电阻不可能刚好满足平衡条件，因此电桥都设置有调零电路。调零电路由 RP_1 及 R_5 组成。当电桥不平衡时，将有电压输出。根据电路原理，其输出电压为

$$U_o = \left(\frac{R_3}{R_2 + R_3} - \frac{R_4}{R_1 + R_4} \right) U_i = \frac{R_1 R_3 - R_2 R_4}{(R_2 + R_3)(R_1 + R_4)} U_i \tag{2-5}$$

四个桥臂电阻 R_1、R_2、R_3、R_4 分别发生 ΔR_1、ΔR_2、ΔR_3、ΔR_4 的变化量时，式（2-5）

分母中将含有变量 ΔR 项，分子中将含有 ΔR^2 项，因此电桥为非线性特性。在满足式(2-4)条件下，略去分母中的 ΔR 项和分子中的 ΔR^2 项，并经整理可得

$$U_o \approx \frac{U_i}{4}\left(\frac{\Delta R_1}{R_1} - \frac{\Delta R_2}{R_2} + \frac{\Delta R_3}{R_3} - \frac{\Delta R_4}{R_4}\right) \tag{2-6}$$

若四个桥臂电阻都是电阻应变片，可将式（2-2）代入式（2-6）得

$$U_o \approx \frac{U_i}{4}k(\varepsilon_1 - \varepsilon_2 + \varepsilon_3 - \varepsilon_4) \tag{2-7}$$

（2）应变电桥的工作方式　对于应变式传感器，其电桥电路可分为全桥、单臂电桥和双臂电桥工作方式。全桥和双臂电桥还可构成差动工作方式。式（2-6）和式（2-7）为全桥的输出电压表达式。

① 半桥单臂工作方式：如图 2-4a 所示，R_1 为电阻应变片，R_2、R_3、R_4 为固定电阻，由式（2-6）和式（2-7）得

$$U_o \approx \frac{U_i}{4}\frac{\Delta R_1}{R_1} = \frac{U_i}{4}k\varepsilon_1 \tag{2-8}$$

② 半桥双臂工作方式：如图 2-4b 所示，R_1、R_2 均为电阻应变片，R_3、R_4 为固定电阻，同理可得

$$U_o \approx \frac{U_i}{4}\left(\frac{\Delta R_1}{R_1} - \frac{\Delta R_2}{R_2}\right) = \frac{U_i}{4}k(\varepsilon_1 - \varepsilon_2) \tag{2-9}$$

③ 差动电桥：式（2-7）中，相邻桥臂间为相减关系，相对桥臂间为相加关系。因此构成差动电桥的条件为：相邻桥臂应变片的应变方向应相反，相对桥臂应变片的应变方向应相同。如果各应变片的应变量相等，则称为对称电桥。则式（2-9）和式（2-6）可改写为

$$U_o \approx \frac{U_i}{2}\frac{\Delta R_1}{R_1} = \frac{U_i}{2}k\varepsilon_1 \tag{2-10}$$

$$U_o \approx U_i\frac{\Delta R_1}{R_1} = U_i k\varepsilon_1 \tag{2-11}$$

式（2-10）为对称差动半桥的输出电压表达式，式（2-11）为对称差动全桥的输出电压表达式。可见，差动电桥可提高电桥的灵敏度。由于消除或减小了分母中的 ΔR 项和分子中的 ΔR^2 项，因此减小了电桥的非线性。同时相邻桥臂对相同方向的变化有补偿（相互抵消）作用，因此还可实现温度补偿。

2.1.2　电位器式传感器

当旋转电位器或滑动滑线变阻器的滑动臂时，其输出电阻就会变化，这就是电位器式传感器将位移转换为电阻值变化的原理。利用电阻分压的方法，很容易将电阻变化转换成电压的变化。

图 2-5 所示为 VOLFA 位移传感器（电子尺）外形，它用导电塑料做成电阻轨，用不锈钢轴承承托，用稀土金属多指接触片做电刷，操作顺滑紧密，信号稳定，噪声低，寿命极高（$>100 \times 10^6$ 次），测量长度为 50~1000mm，重复度为 ± 0.013mm，线性度为 $\pm 0.05\%$，适合位置测量及自动化控制等。

电位器的位移－电压转换原理如图 2-6 所示。设电阻体的长度为 l，电阻值为 R，两端

a) 直线位移传感器　　　　　　　　　　b) 角位移传感器

图 2-5　电位器式位移传感器的外形

加（输入）电压为 U_i，则滑动端输出电压为

$$U_o = \frac{U_i}{l}x \qquad (2\text{-}12)$$

式中，x 为位移量。

　　将电位器的电刷（滑动端）通过机械传动装置与被测对象相连，便可测量机械直线位移或角位移。电位器还可与弹性元件、浮球等相连接，组成压力、液位及高度等传感器。

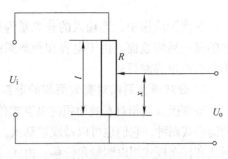

图 2-6　电位器式传感器原理

2.2　电容式传感器

　　电容式传感器是由一个或几个具有可变参数的电容器组成的。电容式传感器的特点是可动部分的移动力非常小、能量消耗少、测量准确度高、结构简单、造价低廉。电容式传感器不但应用于位移、厚度、振动、角度、加速度及荷重等机械量的精密测量，还广泛应用于压力、差压力、液位、料位、湿度、成分含量等过程量的测量。目前，集成化的电容式加速度传感器发展迅速。

2.2.1　电容式传感器的类型

　　在物理学中我们已经知道：两个彼此绝缘而又靠得很近的导体就组成一个电容器，电容量等于极板所带电荷量与极板间的电压之比。平行金属板间的电容量为

$$C = \frac{Q}{U} = \frac{\varepsilon S}{4\pi k d} \qquad (2\text{-}13)$$

式中，$k \approx 9 \times 10^9 \mathrm{N \cdot m^2/C^2}$。

　　由式（2-13）可知，改变电容值的方法有三种：一是改变介质，从而改变介电常数 ε；二是改变两金属板的相对有效面积 S；三是改变两金属板间的距离 d。相应可构成三种结构类型的电容式传感器。

1. 改变极板间距离的平板电容式传感器

　　如图 2-7a 所示，设 A 板为一固定极板，B 板为一可动极板，当 B 板随被测位移 x 移动时，两板间距离 d 就发生变化，从而改变电容量。由图 2-7b 可知其特性为非线性，但若 Δd 很小时，则可以近似为线性特性，而且具有很高的灵敏度（$\Delta d/d = \Delta C/C$）。图 2-7c 所示为

差动式结构，可以提高灵敏度、减小非线性。

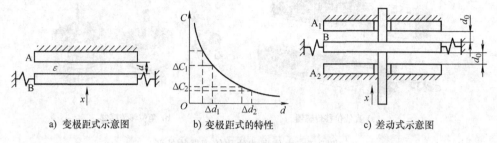

a) 变极距式示意图　　　　b) 变极距式的特性　　　　　　c) 差动式示意图

图2-7　平板电容式传感器

在实际应用中，当输入的非电量为直线位移时，传感器的一个极板通常就是被测金属物体的某一局部表面。由于电容和距离间的非线性关系，变极距式电容传感器只适用于 Δd 很小的直线位移测量。

2. 改变极板间相对有效面积的电容式传感器

改变极板间相对有效面积的电容式传感器的结构形式有平板式、扇形平板式、柱面板式、圆筒面式四种，它们也可以做成差动式。其中，平板式和圆筒面式用以测量直线位移，扇形平板式和柱面板式用以测量角位移。由式（2-13）可知，电容量与面积变化成正比。因此，改变极板间相对有效面积的电容式传感器的特性为线性特性，测量范围宽，但灵敏度较低。

3. 改变极板间介质的电容式传感器

图2-8 所示为改变极板间介质的电容式传感器的结构原理图。它的电极间相互位置没有任何改变，而是靠改变极板间介质高度来改变其电容值的。设被测介质的相对介电常数为 ε_{r1}，空气的相对介电常数为 $\varepsilon_{r0} = 1$，介质高度为 h，传感器总高度为 H，内筒的外径为 d，外筒的内径为 D，则传感器的输出电容值与介质高度的关系为

$$C = C_0 + \frac{K(\varepsilon_{r1} - \varepsilon_{r0})}{\ln \dfrac{D}{d}} h \qquad (2\text{-}14)$$

a) 结构原理示意图　　b) 输入输出特性

图2-8　改变极板间介质的电容式传感器的结构原理图

式中，$C_0 = \dfrac{K\varepsilon_{r0} H}{\ln (D/d)}$ 为传感器的初始电容值，

其中 K 为系数，当 d 接近 D 时，可略去边缘效应，取 $K = 0.55$。可见传感器的电容增量与被测介质高度 h 成正比，故电容式传感器常用来测量液位和料位的高度。

2.2.2　电容式传感器的转换电路

1. 桥式电路

图2-9 所示为电容式传感器的桥式转换电路。图2-9a 为单臂接法，高频电源接到电容电桥的一个对角线上，电容 C_1、C_2、C_3、C_x 构成电容电桥的四臂，C_x 为电容式传感器，电桥平衡时输出电压为零；C_x 变化时电桥平衡被破坏，有电压输出。图2-9b 为差动接法，其

空载输出电压可表示为 $u_o = -\Delta Cu/C_0$，ΔC 为电容传感器的电容变化值。图 2-9c 为双 T 形电桥原理图，激励电源为稳频、稳幅的高频对称方波，它利用二极管控制传感器电容 C_x 和电容 C 的充放电，当 $C_x = C$ 时，负载 R_L 上流过的平均电流为零；当 C_x 变化时，负载 R_L 上得到与电容变化成比例的信号电压。电容 C 可以是固定电容，也可以是差动电容的另一边。双 T 形电桥输出电压高，可测高速机械振动，输出阻抗与 C_x 无关，只决定于电阻 R（$1 \sim 100\mathrm{k}\Omega$），可用毫安表或微安表直接测量。

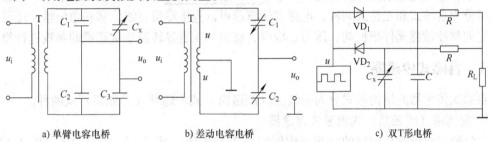

a) 单臂电容电桥　　　　　b) 差动电容电桥　　　　　c) 双 T 形电桥

图 2-9　电容式传感器的桥式转换电路

电容式传感器也可以采用如图 2-4d 所示的电路，将图中的 C_1、C_2 接成差动电容传感器的两个差动电容，由 RP_1 和 RP_2 配合调节电桥的平衡。

2. 差动电容脉冲调宽电路

图 2-10 所示为差动电容传感器的脉冲调宽电路，其输出电压经低通滤波后的平均值正比于输入的非电量。可以证明：

变极距差动电容传感器输出为

$$U_{av} = \frac{\Delta d}{d_0}U \qquad (2\text{-}15)$$

变面积差动电容传感器输出为

$$U_{av} = \frac{\Delta S}{S_0}U \qquad (2\text{-}16)$$

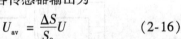

图 2-10　差动电容传感器的脉冲调宽电路

式（2-15）和式（2-16）中，U 为触发器输出高电平电压值。

2.2.3　电容式位移传感器的实用结构

电容式位移传感器的位移测量范围为 $1\mu\mathrm{m} \sim 10\mathrm{mm}$，变极距式电容传感器的测量精度约为 2%，变面积式和变介质式电容传感器的测量位移大、精度较高，其分辨力可达 $0.3\mu\mathrm{m}$。图 2-11 所示是一个大位移变介质式电容位移传感器的实用结构。

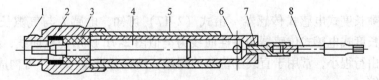

图 2-11　测量大位移用的电容式位移传感器

1—连接器　2—引线　3—聚苯乙烯　4—内电极　5—外电极　6—可动的电介质管（直径 16mm）
7—螺纹连接器　8—铝连接杆

2.3 电感式传感器

在线圈中插入铁心，线圈的电感量会增大；在两个相互耦合的线圈中插入铁心，线圈间的互感量会增大。把可移动的铁心称为衔铁，通过测杆与被测运动物体接触，就可把运动物体的位移转换成电感或互感的变化，即电感式传感器的原理。根据转换原理不同，电感式传感器可分为自感式和互感式两种。电感式传感器可以直接测量直线位移和角位移，还可以通过一定的弹性敏感元件把振动、压力、应变、流量和比重等转换成位移量的参数进行检测。

2.3.1 自感式传感器

自感式传感器的结构形式分为变气隙（闭磁路）式和螺管（开磁路）式两种。

1. 变气隙（闭磁路）式自感式传感器

变气隙式自感式传感器的结构原理图如图 2-12 所示，图 2-12a 为单边式，图 2-12b 为差动式。它们由铁心、线圈、衔铁、测杆及弹簧等组成。其中，铁心和衔铁构成了闭合磁路，其间有很小的空气隙。铁心和衔铁均为导磁材料，磁阻可忽略不计。相比之下，空气隙的磁阻很大。当衔铁发生位移时，空气隙的长度或截面积发生变化，线圈的电感量就发生变化。根据电工知识，线圈的自感系数 L 与线圈的匝数 N 和两个空气隙的参数之间的关系为

$$L \approx \frac{N^2 \mu_0 S_0}{2l_0} \tag{2-17}$$

式中，S_0 为气隙的等效截面积；l_0 为一个空气隙的长度；μ_0 为空气的磁导率。其中有两个变量：空气隙长度 l_0 和等效截面积 S_0。因此，变气隙式自感式传感器可分为变气隙长度式和变气隙截面积式两种类型。

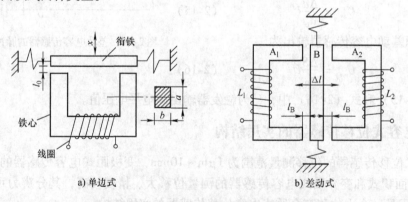

a) 单边式　　　　　　　　　　　　b) 差动式

图 2-12　变气隙式自感式传感器的结构原理图

（1）变气隙长度式电感式传感器　由式（2-17）可知，电感 L 与气隙长度 l_0 成反比。因此，变气隙长度式电感式传感器的特性曲线为类似图 2-7b 所示的双曲线，线性度差、示值范围窄、自由行程小，常用于直线小位移的测量，结合弹性敏感元件可构成压力传感器、加速度传感器等。

（2）变气隙截面积式电感式传感器　同样由式（2-17）可知，L 与 S_0 成正比。因此，变截面积式传感器具有良好的线性度、自由行程大、示值范围宽，但灵敏度较低，通常用来

测量比较大的直线位移和角位移。

（3）差动式结构 为了扩大示值范围、减小非线性误差，可采用差动式结构，如图 2-12b 所示。另外，如图 2-13所示，旋转衔铁可改变气隙的截面积，可以测量角位移。差动式有两个线圈 L_1 和 L_2，将它们接在电桥的相邻臂，构成差动电桥，不仅可使灵敏度提高一倍，而且可使非线性误差大为减小。例如当 $\Delta x/l_0 = 10\%$ 时，单边式非线性误差小于 10%，而差动式非线性误差小于 1%。

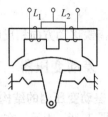

图 2-13 差动电感式角位移传感器

2. 螺管（开磁路）式自感式传感器

图 2-14 所示为电感测微仪结构图及其测量电路框图。螺管式自感式传感器是在螺线管中插入圆柱形衔铁构成的。其磁路是开放的，气隙磁路占很长的部分，常采用差动式，两个线圈接成桥式电路，由振荡电路提供激励电源。不平衡电桥输出的调幅信号经交流放大器放大、相敏检波器检波后，输出与衔铁位移成正比的电压，送指示器显示被测位移。使用时，将测头接触被测物表面，可测量位移及物体表面粗糙度等。

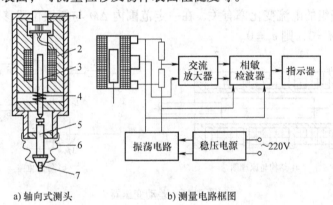

a) 轴向式测头　　　　　　　　　b) 测量电路框图

图 2-14 电感测微仪结构图及其测量电路框图

1—引线　2—线圈　3—衔铁　4—弹簧　5—导杆　6—密封罩　7—测头

常用的电感测微仪为 CDH 型，其量程分为 $\pm 3\mu m$、$\pm 10\mu m$、$\pm 50\mu m$ 和 $\pm 100\mu m$ 四档，各档相应的指示仪表分度值为 $0.1\mu m$、$0.5\mu m$、$1\mu m$ 和 $5\mu m$。

3. 电感式传感器的转换电路

电感式传感器常用交流阻抗电桥和谐振电路实现信号转换。图 2-15 所示为电感式传感器常用的交流阻抗电桥，电桥的平衡也可用如图 2-4d 所示的电路来调节。

图 2-15a 为电感电桥，为了便于选择元件，另外两臂常采用固定电阻；图 2-15b 为变压器电桥，其中两桥臂为变压器二次侧的绕组，L_1、L_2 为差动式电感传感器的线圈。若忽略线圈的电阻变化，则电桥的输出电压为

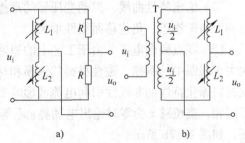

a)　　　　　　　　　　b)

图 2-15 电感式传感器电桥电路

$$u_{\circ} = \frac{u_{i}}{2} \frac{\Delta L}{L} \qquad (2\text{-}18)$$

当衔铁移动方向相反时，输出电压的相位将翻转 $180°$。

2.3.2 差动变压器

1. 差动变压器的结构与原理

如图 2-16a 所示，在差动螺管式自感式传感器的两个线圈中间增加一个线圈，作为一次绕组，原来两个线圈作为二次绕组，即构成差动变压器。绕组的排列方式有二节型、三节型和多节型几种。在忽略了铁损、导磁体磁阻和绕组间寄生电容的理想情况下，差动变压器的等效电路如图 2-16b 所示。图中，L_1、R_1 为一次绕组的电感和电阻，L_{21}、L_{22} 和 R_{21}、R_{22} 为两个二次绕组的电感和电阻。给一次绕组 L_1 加激励电动势 e_1，在两个二次绕组 L_{21} 和 L_{22} 上分别产生感应电动势 e_{21} 和 e_{22}。两个二次绕组反极性串联，因此输出电动势 $e_2 = e_{21} - e_{22}$，由电路原理可以得出

$$e_2 = k(M_1 - M_2) = k\Delta M \qquad (2\text{-}19)$$

式中，k 与一次绕组的电流变化率有关，在一定范围内 ΔM 与衔铁位置移动成线性关系，当位移 $x = 0$ 时，$\Delta M = 0$，则 $e_2 = 0$。

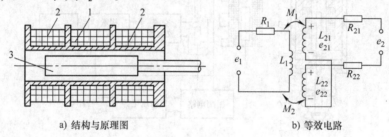

a) 结构与原理图 　　　b) 等效电路

图 2-16　差动变压器

1——次绕组　2—二次绕组　3—衔铁

2. 差动变压器的特性

（1）主要技术指标　WY 系列差动变压器式位移传感器的主要技术指标有线性量程、精度等级、灵敏度、激励电压、电源频率、动态频率、温度漂移、负载阻抗、工作温度等。

（2）输出特性曲线　差动变压器的理想输出特性如图 2-17a 所示，在线性范围内，输出电动势随衔铁正、负位移而线性增大。

（3）零点残余电压　由于工艺上的原因，差动变压器两个二次绕组不可能完全对称，其次由于线圈中的铜损、磁性材料的铁损和材质的不均匀性、线圈匝间分布电容的存在以及导磁材料磁化特性的非线性引起电流波形畸变而产生的高次谐波，使励磁电流与所产生的磁通不同相，当位移 x 为零时输出电动势 e 不等于零，这个不为零的输出电动势 $e_{\circ}$ 称零点残余电压，如图 2-17b 所示。

为了消除零点残余电压，除了从设计和工艺上采取措施外，常采用相敏检波电路和适当的补偿电路。相敏检波电路不仅可以鉴别衔铁的移动方向，而且有利于消除零点残余电压，其特性如图 2-17c 所示。

（4）灵敏度与激励电源的关系　差动变压器的灵敏度用（mV/mm）/V 来表示，它与激

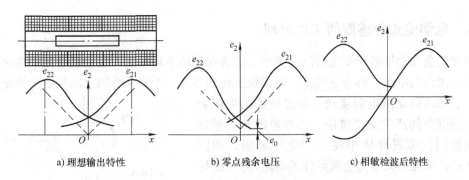

a) 理想输出特性　　　　b) 零点残余电压　　　　c) 相敏检波后特性

图2-17　差动变压器的输出特性

励电动势和频率有关。e_1 越大，灵敏度越高。但 e_1 过大，会使差动变压器绕组发热而引起输出信号漂移，e_1 常取 3～8V；激励电源频率过高或过低都会使灵敏度降低，常选4～10kHz。

（5）灵敏度与二次绕组匝数的关系　二次绕组匝数越多，灵敏度越高，两者成线性关系。但是匝数增加，零点残余电压也随之变大。

3. 差动变压器的差动整流电路

差动变压器灵敏度较高，一般满量程输出电压可达几伏，在要求不高时，可直接接入整流电路。常用的差动整流电路如图2-18所示。

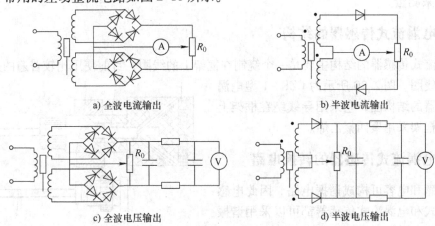

a) 全波电流输出　　　　　　　　　　b) 半波电流输出

c) 全波电压输出　　　　　　　　　　d) 半波电压输出

图2-18　常用的差动整流电路

2.4　电涡流式传感器

电涡流在用电中是有害的，应尽量避免，如电机、变压器的铁心用相互绝缘的硅钢片叠成，以切断电涡流的通路；而在电加热方面却有着广泛应用，如金属热加工的 400Hz 中频炉、表面淬火的 2MHz 高频炉、烹饪用的电磁炉等。在检测领域，电涡流式传感器结构简单，其最大特点是可以实现非接触测量，因此在工业检测中得到了越来越广泛的应用。例如位移、厚度、振动、速度、流量和硬度等，都可以使用电涡流式传感器来测量。

2.4.1 电涡流式传感器的工作原理

成块的金属物体置于变化着的磁场中，或者在磁场中运动时，在金属导体中会感应出一圈圈自相闭合的电流，称为电涡流。电涡流式传感器是一个绕在骨架上的导线所构成的空心线圈，它与正弦交流电源接通，通过线圈的电流会在线圈周围空间产生交变磁场。当导电的金属靠近这个线圈时，金属导体中便会产生电涡流，如图2-19所示。涡流的大小与金属导体的电阻率 ρ、磁导率 μ、厚度 d、线圈与金属导体的距离 x 以及线圈励磁电流的角频率 ω 等参数有关。如果固定其中某些参数，就能由电涡流的大小测量出另外一些参数。

由电涡流所造成的能量损耗将使线圈电阻有功分量增加，由电涡流产生反磁场的去磁作用将使线圈电感量减小，从而引起线圈等效阻抗 Z 及等效品质因数 Q 值的变化。所以凡是能引起电涡流变化的非电量，例如金属的电导率、磁导率、几何形状、线圈与导体的距离等，均可通过测量线圈的等效电阻 R、等效电感 L、等效阻抗 Z 及等效品质因数 Q 来测量。

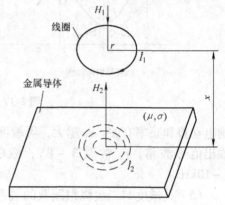

图2-19 电涡流作用原理图

2.4.2 电涡流式传感器的结构

电涡流式传感器的结构主要是一个绕制在框架上的线圈，目前使用比较普遍的是矩形截面的扁平线圈。图2-20所示为CZF-1型电涡流式传感器的结构图，它采用导线绕在框架上的形式，框架采用聚四氟乙烯。

2.4.3 电涡流式传感器的转换电路

由电感和电容可构成谐振电路，因此电感式、电容式和电涡流式传感器都可以采用谐振电路来转换。谐振电路的输出也是调制波，控制幅值变化的称调幅波，控制频率变化的称调频波。调幅波要经过幅值检波，调频波要经过鉴频才能获得被测量的电压。

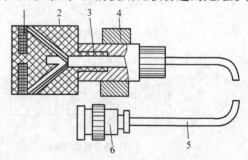

图2-20 CZF-1型电涡流式传感器的结构图
1—线圈 2—框架 3—框架衬套
4—支座 5—电缆 6—插头

CZF-1型电涡流式传感器测量电路框图如图2-21所示。晶体振荡器输出频率固定的正弦波，经耦合电阻 R 接电涡流式传感器线圈与电容器的并联电路。当 LC 谐振频率等于晶振频率时输出电压幅值最大，偏离时输出电压幅值随之减小，是一种调幅波。该调幅信号经高频放大、幅值检波、滤波后输出与被测量相应变化的直流电压信号。

2.4.4 电涡流式传感器的使用注意事项

电涡流式传感器是以改变其与被测金属物体之间的磁耦合程度为测试基础的，传感器的

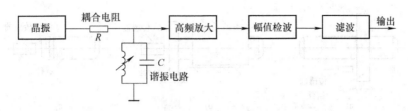

图 2-21 CZF–1 型电涡流式传感器测量电路框图

线圈装置仅为实际测试系统的一部分，而另一部分是被测体，因此电涡流式传感器在实际使用时还必须注意以下问题。

1. 电涡流轴向贯穿深度的影响

电涡流的轴向贯穿深度是指涡流密度衰减到等于表面涡流密度的 $1/e$ 处与导体表面的距离。涡流在金属导体中的轴向分布是按指数规律衰减的，衰减深度 t 可以表示为

$$t = \sqrt{\frac{\rho}{\mu_0 \mu_r \pi f}} \tag{2-20}$$

式中，ρ 为导体电阻率；f 为励磁电源的频率。

为充分利用电涡流以获得准确的测量效果，使用时应注意：

（1）导体厚度的选择　利用电涡流式传感器测量距离时，应使导体的厚度远大于电涡流的轴向贯穿深度；采用透射法测量厚度时，应使导体的厚度小于轴向贯穿深度。

（2）励磁电源频率的选择　导体材料确定之后，可以通过改变励磁电源频率来改变轴向贯穿深度。电阻率大的材料应选用较高的励磁频率，电阻率小的材料应选用较低的励磁频率。

2. 电涡流的径向形成范围

线圈电流所产生的磁场不能涉及无限大的范围，电涡流密度也有一定的径向形成范围。在线圈轴线附近，电涡流的密度非常小，越靠近线圈的外径处，电涡流的密度越大，而在等于线圈外径 1.8 倍处，电涡流密度将衰减到最大值的 5%。为了充分利用涡流效应，被测金属导体的横向尺寸应大于线圈外径的 1.8 倍；对圆柱形被测物体，其直径应大于线圈外径的 3.5 倍。

3. 电涡流强度与距离的关系

电涡流强度随着距离与线圈外径比值的增加而减小，当线圈与导体之间距离大于线圈半径时，电涡流强度已很微弱。为了能够产生相当强度的电涡流效应，通常取距离与线圈外径的比值为 0.05~0.15。

4. 非被测金属物体的影响

由于任何金属物体接近高频交流线圈时都会产生涡流，为了保证测量精度，测量时应禁止其他金属物体接近传感器线圈。

2.4.5 电涡流式传感器测位移

使用电涡流式传感器可以测量各种形状试件的位移量，如图 2-22 所示。测量位移的范围为 0~1mm 或 0~30mm。一般的分辨力为满量程的 0.1%，其绝对值可达 0.05μm（满量程为 0~5μm）。凡是可以变成位移变化的非电量，如钢液液位、纱线张力和流体压力等，都可使用涡流式传感器来测量。

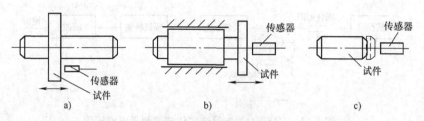

a)   b)   c)

图2-22　位移测量原理图

CZF-1型传感器性能见表2-2。

表2-2　CZF-1型传感器性能一览表

型号	线性范围 /μm	线圈外径 /mm	分辨力 /μm	线性误差 (%)	使用温度范围 /℃
CZF-1000	1000	7	1	<1	-15~80
CZF-3000	3000	15	3	<3	-15~80
CZF-5000	5000	28	5	<5	-15~80

2.5　压电式传感器

压电式传感器是一种典型的有源传感器（或发电型传感器）。它利用压电效应把非电量转换为电量。压电式传感器是一种力敏元件，凡是能够变换为力的物理量，如应力、压力、加速度等，均可用其进行测量。同时，它又是一种可逆型换能器，常用作超声波发射与接收装置。这种传感器具有体积小、重量轻、精确度高和灵敏度高等优点。

2.5.1　压电材料与压电效应

当某些电介质受到一定方向外力作用而变形时，其内部便会产生极化现象，在它们的上、下表面会产生符号相反的等量电荷；当外力的方向改变时，其表面产生的电荷极性也随之改变；当外力消失后又恢复不带电状态，这种现象称为压电效应。反之，若在电介质的极化方向上施加电场，也将产生机械形变，这种现象称为逆压电效应（电致伸缩效应）。有压电效应的物质很多，常见的有石英晶体、压电陶瓷、压电薄膜等。常见的压电材料及性能见表2-3。

表2-3　常见的压电材料及性能

材料	特性	相对介电常数 ε_r	压电系数 /($\times 10^{-12}$ C·N^{-1})	电阻率 /($\times 10^9$ Ω·m)	密度 /(g·cm^{-3})	弹性模量 /($\times 10^3$ N·m^{-2})	安全应力 /($\times 10^5$ N·m^{-2})	安全温度 /℃	安全湿度 RH(%)
石英		4.5	2.31	>1000	2.65	78.3	98	550	0~100
钛酸钡 BaTiO$_3$		1900	191	>10	5.7	92	80	70	0~100
钛酸钡（改性）		1200	149	>10	5.55	110	80	70	0~100
锆钛酸铅	PZT4	1300	285	>100	7.5	66	76	250	0~100
	PZT5	1700	374	>100	7.75	53	76	250	0~100
	PZT8	1000	200		7.45	123	83		0~100

（续）

特性 材料	相对介电常数 ε_r	压电系数 /($\times 10^{-12}$ $C \cdot N^{-1}$)	电阻率 /($\times 10^9$ $\Omega \cdot m$)	密度 /(g · cm^{-3})	弹性模量 /($\times 10^3$ $N \cdot m^{-2}$)	安全应力 /($\times 10^5$ $N \cdot m^{-2}$)	安全温度 /℃	安全湿度 RH（%）
$Pb(Zr,Ti)O_3$	730	223		7.55	72	20	270	0~100
$(K_{0.5}N_{0.5})NbO_3$	420	160	>1000	4.46	104	20	270	0~100
铌酸铅 $PbNb_2O_6$	225	85	>7000		40	20	270	0~100
PVDF	12	23		1.785	2.45		120	0~100

1. 石英晶体的压电效应

石英晶体有天然和人造两种，居里点为576℃，优点是温度稳定性好，机械强度高，动态性能好；缺点是灵敏度低、介电常数小、价格昂贵。如图2-23a所示，天然结构的石英晶体呈正六棱柱状，两端为对称的棱锥。

（1）石英晶体切片 如图2-23所示，用三条互相垂直的轴来表示石英晶体的各向，纵向轴称为光轴（ z 轴）；经过棱线并垂直于光轴的称为电轴（ x 轴）；与光轴、电轴同时垂直的称为机械轴（ y 轴）。从晶体上切下的一片平行六面体称为压电晶体切片，如图2-23b所示。按照与 z 轴的不同夹角，多种切片可形成一个系列家族，切片长边平行于 y 轴的称为 X 切族，平行于 x 轴的称为 Y 切族。通常把沿电轴方向的力作用下产生电荷的压电效应称为纵向压电效应；而把沿机械轴方向的力作用下产生电荷的压电效应称为横向压电效应。在光轴方向受力时不产生压电效应。

（2）纵向压电效应 对 X 切族的晶体切片，当沿电轴方向有作用力 F_x 时，在与电轴垂直的平面上产生电荷。在晶体的线性弹性范围内，电荷量与力成正比，可表示为

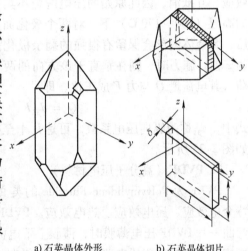

a) 石英晶体外形　　b) 石英晶体切片

图2-23 石英晶体

$$Q_{xx} = d_{11}F_x \tag{2-21}$$

式中， d_{11} 称为纵向压电系数，典型值为2.31。双角标第1位表示产生电荷表面所垂直的轴，第2位表示外力平行的轴， x 为1， y 为2， z 为3。

由式（2-21）可以看出，纵向压电效应与晶片的尺寸无关。石英晶体切片的受力方向与产生电荷极性的关系如图2-24所示，当施加压缩力时，在 x 轴正方向的一面产生正电荷，另一面则产生负电荷；当施加拉伸力时，电荷的极性相反。

（3）横向压电效应 如果沿 y 轴施力为 F_y 时，电荷仍出现在与 x 轴垂直的平面上，其电荷量为

$$Q_{xy} = d_{12} \frac{l}{\delta} F_y \tag{2-22}$$

式中， $d_{12} = -d_{11}$ 为横向压电系数； l 为压电片的长度； δ 为压电片的厚度。

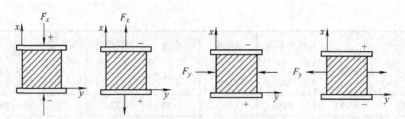

图 2-24 石英晶体切片受力与电荷极性示意图

由式（2-22）可以看出，横向压电效应与晶片的几何尺寸有关；横向压电效应的方向与纵向压电效应相反。

2. 压电陶瓷的压电效应

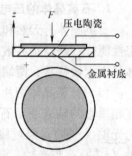

压电陶瓷属于铁电体物质，是一种人造的多晶体压电材料。它由无数细微的电畴组成。在无外电场时，各电畴杂乱分布，其极化效应相互抵消，因此原始的压电陶瓷不具有压电特性。只有在一定的高温（100~170℃）下，对两个极化面加高压电场进行人工极化后，陶瓷体内部会保留有很强的剩余极化强度，当沿极化方向（定为 z 轴）施力时，则在垂直于该方向的两个极化面上产生正、负电荷，其电荷量 Q 与力 F 成正比，即

$$Q = d_{33}F \tag{2-23}$$

图 2-25 压电陶瓷片

式中，d_{33} 称为纵向压电系数，可达几十至数百。实用的压电陶瓷片的结构形式与压电极性如图 2-25 所示。

3. PVDF（高分子压电材料）

PVDF 为 Polyvinylidene Fluoride 的英文缩写，即聚偏氟乙烯高分子材料。PVDF 具有独特介电效应、压电效应、热电效应。PVDF 薄膜又称压电薄膜，如图 2-26 所示。当拉伸或弯曲一片 PVDF 压电薄膜时，薄膜上下电极表面之间就会产生电荷，并且同拉伸或弯曲的形变成比例。但对于压电薄膜来说，在纵向施加一个很小的力时，横向上会产生很大的应力，而如果对薄膜大面积施加同样的力时，产生的应力会小很多。因此，压电薄膜对动态应力非常敏感，$28\mu m$ 厚的 PVDF 的灵敏度典型值为 $10~15mV/\mu\varepsilon$。这种材质不能直接焊接，必须通过在上下表面涂抹导电涂层才能实现数据和电流的传递。

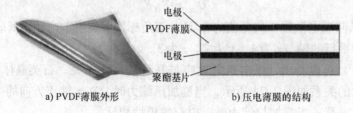

a) PVDF薄膜外形   b) 压电薄膜的结构

图 2-26 PVDF 压电薄膜

PVDF 的压电系数比石英高 10 多倍；声阻抗低，仅为 PZT 压电陶瓷的 1/10，与水和人体肌肉很接近，柔顺性好，便于贴近人体；频响宽，室温下达 $10^{-5}~10^9Hz$，即从准静态到超高频范围均可响应；介电强度高，可耐强电场（$75V/\mu m$）作用，而此时大部分 PZT 已退极化；分子结构中的氟原子使其化学稳定性和耐疲劳性高；容易加工和安装，可根据需要制

定形状，用502胶粘贴固定。

PVDF广泛应用于压力、加速度、温度、声和无损检测等。尤其在医学领域中，广泛用作脉搏计、血压计、起搏计、生理移植和胎心音探测器等传感元件。

2.5.2　电荷放大器

1. 压电元件的等效电路和电路符号

如图2-27所示，当压电元件受力时，在两电极表面会出现等量而极性相反的电荷。根据电容器原理，它可等效为一个电容器。当两极板上聚集一定电荷时，两极板间就呈现一定的电压。因此，压电元件可等效为一个电荷源Q和一个电容C_a的并联电路；也可等效为一个电压源U_a和一个电容C_a的串联电路。图2-27d为压电元件的电路符号。由于材料存在泄漏电阻R_c，压电元件的电荷不可能长久保存，只有外力以较高频率不断作用时，传感器的电荷才能得以补充。因此，压电式传感器不适用于静态测量，在测量交变信号时，也应该注意其下限频率范围，它常用于加速度和动态压力测量。

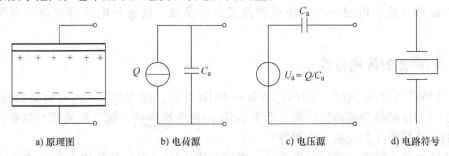

a) 原理图　　　b) 电荷源　　　c) 电压源　　　d) 电路符号

图2-27　压电元件的等效电路和电路符号

2. 电荷放大器原理电路

压电式传感器测量电路的关键是高输入阻抗的前置放大器，它有电压放大器和电荷放大器两种形式。考虑到压电元件的泄漏电阻R_c、连接电缆的等效电容C_c、前置放大器的输入电阻R_i和输入电容C_i，其等效电路如图2-28的左半部分所示。由于电压放大器输出电压与电缆分布电容有关，故目前多采用电荷放大器。电荷放大器是一个电容深度负反馈的高增益运算放大器，其原理电路如图2-28所示。图中，C_f为反馈电容，与C_f并联的R_f为C_f提供电荷泄放回路，并为运算放大器反相输入端的偏置

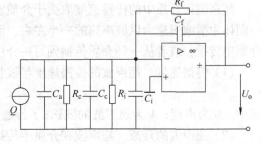

图2-28　电荷放大器原理电路

电流提供回路。R_f的阻值由C_f的放电时间常数确定。一般，R_f取$10\text{k}\Omega \sim 10\text{M}\Omega$，$C_f$在$50 \sim 10^4\text{pF}$范围内，电路能稳定工作。由于运算放大器的增益$A$和输入电阻$R_i$都很大，根据放大电路原理，当$(1+A)C_f \gg C_a + C_c + C_i$、$\omega C_f \gg 1/R_f$时，电荷放大器的输出电压为

$$U_o \approx -\frac{Q}{C_f} \tag{2-24}$$

可见，输出电压U_o正比于输入电荷Q，放大倍数仅取决于$1/C_f$，与其他因素无关。但当频

率很低时，$1/R_f$ 与 ωC_f 相比不可忽略，当 $\omega C_f = 1/R_f$ 时，电路的下限截止频率为

$$f_L = \frac{1}{2\pi R_f C_f} \tag{2-25}$$

实际的电荷放大器由电荷转换级、适调放大级、低通滤波级、电压放大级、过载指示电路和功率放大级 6 部分组成。

3. 压电元件的串并联

压电元件电荷量有限，使用时常用多片串联或并联。两片串联时，电荷量不变，电压为一片的 2 倍，电容量为一片的 1/2。两片并联时，电压量不变，电荷为一片的 2 倍，电容量为一片的 2 倍。

2. 6 超声波传感器

超声波是一种机械波，它方向性好，穿透力强，遇到杂质或分界面会产生显著的反射。利用这些物理性质，可把一些非电量转换成声学参数，通过压电元件转换成电量，然后测量。

2. 6. 1 超声波的传输特性

人耳能够听到的机械波，频率在 16Hz ~ 20kHz 之间，称为声波。人耳听不到的机械波，频率高于 20kHz 的称为**超声波**；频率低于 16Hz 的称为**次声波**。超声波的频率越高，就越接近光学的某些特性（如反射、折射等）。

超声波可分为纵波、横波和表面波。质点的振动方向和波的传播方向一致的波称为**纵波**，它能在固体、液体和气体中传播。质点的振动方向和波的传播方面相垂直的波称为**横波**，它只能在固体中传播。质点的振动介于横波和纵波之间，沿着表面传播，振幅随着深度的增加而迅速衰减的波称为**表面波**。

超声波在介质中的传播速度取决于介质密度、介质的弹性系数及波形。一般来说，在同一固体中横波声速为纵波声速的一半左右，而表面波声速又低于横波声速。当超声波在某一介质中传播，或者从一种介质传播到另一介质时，遵循如下一些规律。

（1）传播速度 超声波的传播速度与波长及频率成正比，即

$$C = \lambda f \tag{2-26}$$

式中，C 为声速；λ 为超声波的波长；f 为超声波的频率。

（2）超声波的衰减 超声波在介质中传播时，由于声波的扩散、散射及吸收，能量按指数规律衰减。如平面波传播时的衰减公式可写作

$$I_x = I_0 e^{-2\alpha x} \tag{2-27}$$

式中，I_0 为声源处的声强；I_x 为距声源 x 处的声强；α 为衰减系数（单位为 1×10^{-3} dB/mm），水和一般低衰减材料的 $\alpha \approx 1 \sim 4$。

（3）超声波的反射与折射 当超声波从一种介质传播到另一种介质时，在两种介质的分界面上，会发生反射与折射。同样遵循反射定律和折射定律：入射角与反射角、折射角的正弦比等于入射波速与反射波速、折射波速之比。

（4）超声波的波形转换 若选择适当的入射角，使纵波全反射，那么在折射中只有横波

出现；如果横波也全反射，那么在工件表面上只有表面波存在。

2.6.2 超声波换能器

超声波换能器也称为超声波探头，即超声波传感器。按转换原理，超声波传感器有压电式、磁致伸缩式、电磁式等，其中压电式最常用。压电式利用压电材料的逆压电效应制成超声波发射头，利用压电效应制成超声波接收头。按照不同的应用目的，超声波传感器有不同的结构形式。检测用超声波传感器的结构如图2-29所示。诊断及水和空气中用超声波传感器的结构如图2-30所示。

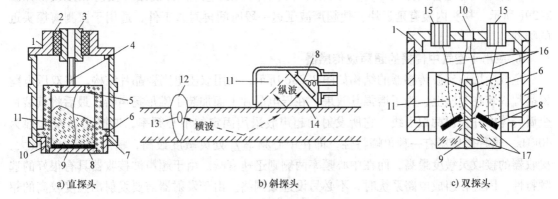

a) 直探头   b) 斜探头   c) 双探头

图 2-29　检测用超声波传感器结构图

1—金属盖　2—绝缘柱　3—接触座　4—导线细杆　5—接线片　6—晶片座　7—金属外壳
8—晶片　9—保护膜　10—接地点　11—阻尼块　12—熔接部　13—缺陷
14—波导楔　15—接线柱　16—导线　17—延迟块

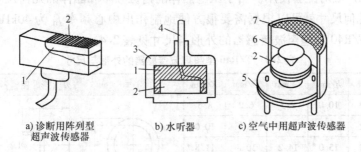

a) 诊断用阵列型　　　b) 水听器　　　c) 空气中用超声波传感器
超声波传感器

图 2-30　诊断及水和空气中用超声波传感器

1—吸音材料　2—晶片　3—橡胶盒　4—电缆　5—端子板　6—扬声器　7—滤网

由于压电效应的可逆性，在实际使用中，有时用一个换能器兼做发射头和接收头，称为单探头。将发射头和接收头单独组合，构成双探头。单探头按工作方式分直探头和斜探头。

1. 直探头

直探头可发射和接收纵超声波，其基本结构如图2-29a所示。压电片多制成圆板形，其厚度与固有频率成反比。为避免压电片与被测体接触而磨损，在压电片下粘一层保护膜，但这会降低固有频率。阻尼块又称吸收块，用于吸收声能。如果没有阻尼块，电振荡脉冲过后压电片因惯性作用会继续振动，加长了超声波的脉冲宽度，导致分辨力下降。

2. 斜探头

斜探头用作发射和接收横超声波，其基本结构如图2-29b所示。与直探头不同的是它将压电片产生的纵波经波导楔（斜楔块）以一定的角度斜射到被测工件表面，利用纵波的全反射，转换为横波进入工件。如果把直探头放入液体中，使纵波倾斜入射到被测工件，也能产生横波。当入射角增大到某一角度，使工件中的横波的折射角为90°时，在工件上产生表面波，从而形成表面波探头。因此，表面波探头属于斜探头的特例。

3. 双探头

双探头又称组合式探头，在一个探头内安装两块压电片，分别用于发射和接收，如图2-29c所示。探头内装有延迟块，使超声波延迟一段时间再射入工件，适用于探测离探头近的物件。

4. 应用于空气中传播的超声波传感器

空气中用超声波传感器的结构如图2-30c所示，采用双压电陶瓷晶片结构。将双压电陶瓷晶片固装在基座上，为了增强其效果，在压电晶片上面加装了锥形扬声器，最后将其装在金属壳体中并伸出两根引线。它所发射的超声波采用固定的中心频率，谐振频率f_0一般为40kHz。这种传感器有一种单峰特性，即在中心频率f_0处灵敏度最高，输出信号幅值最大，接收器的接收灵敏度最高，而在中心频率两侧则迅速衰减。由于超声波接收器具有很好的选频特性，因此在组成电路系统时，不必另设选频网络。由于发射器需要发射出强度较高的超声波信号，所以它的灵敏度大于100dB。接收器应能良好地接收超声波信号，因此它的灵敏度大于-60dB。

超声波遥控电路采用专用的在空气中传播的超声波发射器（用符号T表示）和接收器（用符号R表示）成对配套使用。由于压电晶体的谐振频率和晶体的几何尺寸有关，因此通过改变晶体的几何尺寸就可以根据需要很方便地制作出中心频率f_0为40kHz的超声波传感元件。常见的T/R40型超声波传感器的外形与尺寸见表2-4。

表2-4 T/R40型超声波传感器的外形与尺寸

型 号	A/mm	B/mm	C/mm	D/mm	E/mm	外 形 图
T/R40-12	12.7	10.0	9.5	6.2	8.5	
T/R40-16	16.2	13.0	12.2	9.2	10.0	
T/R40-18A	18.0	15.0	14.2	10.8	11.8	
T/R40-24A	23.8	13.8	14.6	10.2	11.8	

2.7 磁敏传感器

磁敏传感器是指物性型磁传感器，它是利用导体或半导体的磁电转换原理，将磁场信息变换成相应电信号的元器件。目前应用最广泛的是半导体磁敏元器件，包括霍尔元件、磁阻元件、磁敏二极管、磁敏晶体管及磁敏集成电路等。此外，强磁性金属制作的磁敏元件、韦干特磁敏传感器及超导金属制成的约瑟夫逊超导量子干涉器件等，也是近年来开发的极重要的磁敏传感器。

磁敏传感器具有灵敏度高、可靠性好、体积小、耗电少、寿命长、价格低及易于集成化等优点。它们可测量磁通量、电流及电功率等电磁量；检测位移、流量、长度、重量、转速及加速度等非电磁量；用于非接触开关、无刷电动机、各种运算器、混频器和调制器等；另外还可用来检测磁性图形、信用卡等。本节介绍应用较广的霍尔式传感器和磁敏电阻传感器。

2.7.1 霍尔式传感器

无论是应用数量还是应用方法，霍尔式传感器都可称为磁敏传感器的代表，霍尔式传感器由霍尔元件、磁场和电源构成。霍尔元件是基于霍尔效应制成的。

1. 霍尔效应与霍尔元件

（1）霍尔效应 1879 年霍尔发现，在通有电流的金属板上加一匀强磁场，当电流方向与磁场方向垂直时，在与电流和磁场都垂直的金属板的两表面间出现电势差，这个现象称为霍尔效应。产生的电势差称为霍尔电动势。其成因可用带电粒子在磁场中所受到的洛仑兹力来解释。如图 2-31a 所示，将金属或半导体薄片置于磁感应强度为 B 的磁场中，当有电流流过薄片时，电子受到洛仑兹力 F_L 的作用向一侧偏移，电子向一侧堆积形成电场，该电场对电子又产生电场力。电子积累越多，电场力越大。洛仑兹力的方向可用左手定则判断，它与电场力的方向恰好相反。当两个力达到动态平衡时，在薄片的 cd 方向建立稳定电场，即霍尔电动势。激励电流越大，磁场越强，电子受到的洛仑兹力也越大，霍尔电动势也就越高。其次，薄片的厚度、半导体材料中的电子浓度等因素对霍尔电动势也有影响。霍尔电动势（mV）的数学表达式为

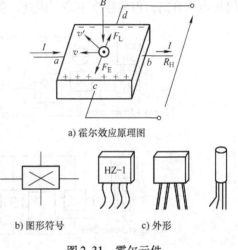

a) 霍尔效应原理图

b) 图形符号 　　 c) 外形

图 2-31 霍尔元件

$$E_H = K_H IB \tag{2-28}$$

式中，K_H［mV/（mA·T）］称为霍尔元件的灵敏度系数。

霍尔电动势与输入电流 I、磁感应强度 B 成正比，且当 I 或 B 的方向改变时，霍尔电动势的方向也随之改变。如果磁场方向与半导体薄片不垂直，而是与其法线方向的夹角为 θ，则霍尔电动势为

$$E_H = K_H IB\cos\theta \tag{2-29}$$

（2）霍尔元件 由于导体的霍尔效应很弱，霍尔元件都用半导体材料制作。霍尔元件是一种半导体四端薄片，它一般做成正方形，在薄片的相对两侧对称地焊上两对电极引出线。一对称为激励电流端，另外一对称为霍尔电动势输出端。

霍尔元件的壳体用非导磁性金属、陶瓷、塑料或环氧树脂封装，如图 2-31c 所示。霍尔元件的电路图形符号如图 2-31b 所示。

2. 集成霍尔式传感器

集成霍尔式传感器输出信号的形式可分为模拟型和开关型两类。如图 2-32 所示，线性集成霍尔式传感器输出模拟电压与外加磁场呈线性关系；开关集成霍尔式传感器输出具有迟

滞特性，驱动电路为集电极开路的晶体管。线性集成霍尔式传感器用于无触点电位器、无刷直流电动机、速度传感器和位置传感器等；开关集成霍尔传感器用于键盘开关、接近开关、速度传感器和位置传感器。霍尔集成电路有扁平封装、DIP 封装和软封装几种。

线性集成霍尔式传感器分单端输出和双端输出（差分输出）两种。图 2-32a 所示的 UGN-3501 为典型的单端输出集成霍尔式传感器，是一种扁平塑料封装的三端元件，脚 1 接 U_{CC}、脚 2 接 GND、脚 3 为 U_O，有 T、U 两种型号，其区别仅是厚度不同。T 型厚 2.03mm，U 型厚 1.45mm。UGN-3501T 在 ±0.15T 磁感应强度范围有较好的线性，超过此范围呈饱和状态。图 2-32c 所示为双端输出集成霍尔传感器，型号 UGN-3501M，8 脚 DIP 封装，脚 1 和 8 为差动输出，脚 2 悬空，脚 3 接 U_{CC}，脚 4 接地，5 脚、6 脚、7 脚间接一调零电位器，对不等位电动势进行补偿，还可以改善线性，但灵敏度有所降低。根据测试，当第 5 脚和第 6 脚间外接电阻 $R_{5-6} = 100\Omega$ 时，电路有良好的线性。随 R_{5-6} 阻值减小，电路的输出电压升高，但线性度下降。因此，若允许不等位电动势输出，则可不接电位器。

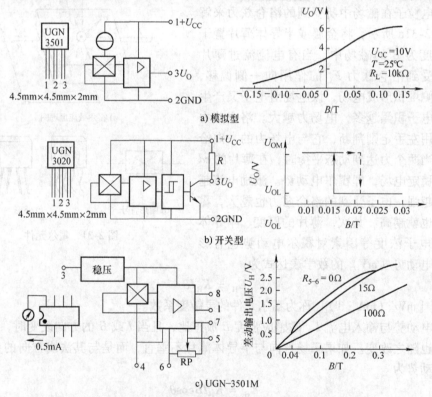

图 2-32　霍尔集成电路外形尺寸、内部电路和输出特性

开关型霍尔式传感器可分为单稳态和双稳态，内部均有 5 个部分，即由稳压源、霍尔电动势发生器、差分放大器、施密特触发器以及输出级组成。双稳态霍尔式传感器具有两组对称的施密特整形电路。图 2-32b 所示为单稳态开关集成霍尔元件 UGN3020 的功能图及输出特性。应用时需外接上拉电阻。

3. 霍尔式传感器的应用领域

由式（2-28）可得出霍尔式传感器具有以下几个方面的应用。

① 维持激励电流 I 不变，可构成磁场强度计、霍尔转速表、角位移测量仪、磁性产品计数器、霍尔式角编码器以及基于测量微小位移的霍尔式加速度计、微压力计等。

② 当 I、B 两者都为变量时，可构成模拟乘法器、功率计等。保持磁感应强度 B 恒定，可做成过电流检测装置、钳形电流表等。

4. 霍尔式位移传感器

利用霍尔元件构成位移传感器的关键是建立一个线性变化的磁场，如图 2-33 所示，在两个结构相同、磁场强度相同而极性相反的磁钢间隙中，可产生一个线性变化的磁场。将与被测物相连的霍尔元件置于磁场气隙中，霍尔元件随被测物沿 x 方向移动时，将感受线性变化的磁场。若保持控制电流 I 不变，则输出霍尔电动势为

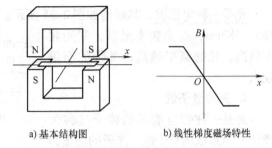

a) 基本结构图　　　　　b) 线性梯度磁场特性

图 2-33　霍尔式位移传感器位移测量示意图

$$E_H = kx \tag{2-30}$$

式中，k 与霍尔灵敏度系数、控制电流、梯度磁场成正比。可见，输出霍尔电动势与位移量 x 成线性关系，且其极性反映位移的方向，适用于微位移测量。若将霍尔元件与压力弹性元件相连，可构成微压力传感器。

2.7.2　磁敏电阻传感器

当加上外磁场时，电阻的阻值增加的现象称磁阻效应。利用这种效应制成的元件称为磁敏电阻。金属和半导体材料都有磁阻效应，但半导体材料磁阻效应显著，故目前生产的磁敏电阻都是用半导体材料制成的，易于集成。

磁阻传感器电路结构如图 2-34 所示，由四个磁敏电阻组成了单臂电桥。其中供电电源为 U_b，在电阻中有电流流过。在电桥上施加一个偏置磁场 H，使得两个相对放置的电阻的磁化方向朝着电流方向转动，引起电阻阻值增加。另外两个相对放置的电阻的磁化方向背向电流方向转动，引起电阻阻值减小。在线性区域输出和外加磁场成正比，灵敏度 k 和传递函数在线性区成反比。电路的输出电压为

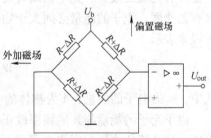

图 2-34　磁阻传感器电路结构图

$$\Delta U_{out} = \frac{\Delta R}{R} U_b \tag{2-31}$$

2.8　光电式传感器

在自然界中，光也是重要的信息媒介。光电传感器把光信号转换为电信号，不仅可测光的各种参量，而且可把其他非电量变换为光信号以实现检测与控制。光电传感器属无损伤、非接触测量元件，有灵敏度高、精度高、测量范围宽、响应速度快、体积小、重量轻、寿命长、可靠性高、可集成化、价格便宜、使用方便和适于批量生产等优点，因此在传感器系列

里，光电传感器的产量和用量都居首位。光电元件的理论基础是光电效应。

2.8.1 光的知识

1. 光的电磁说

光是一种电磁波，其频谱如图 2-35 所示。可见光只是电磁波谱中的一小部分，波长为 780 ~ 380nm，红光频率最低，紫光频率最高。光的频率越高，携带的能量越大。

2. 光的量子说

光是一种带有能量的粒子（称为光子）所形成的粒子流。光子的能量为 $W_e = h\nu$，该式中 $h = 6.63 \times 10^{-34} J \cdot s$ 为普朗克常数，ν 为光的频率。它是光电元件的理论基础。

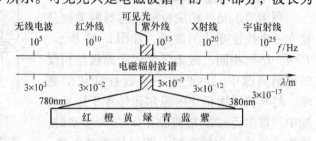

图 2-35 电磁波频谱

2.8.2 光电效应

当物质受光照射后，物质的电子吸收了光子的能量所产生的电现象称为光电效应。光电效应分外光电效应和内光电效应。随着半导体技术的发展，以内光电效应为机理的各种半导体光敏元器件已成为光电传感器的主流。

1. 外光电效应

外光电效应即光电子发射效应，在光的作用下电子逸出物体表面。基于外光电效应的光电器件有光敏二极管、光电倍增管及紫外线传感器等。根据能量守恒定律，要使电子逸出并具有初速度，光子的能量必须大于物体表面的电子逸出功。这一原理可用爱因斯坦光电效应方程来表示

$$W_e = h\nu = \frac{1}{2}mv_0^2 + A \tag{2-32}$$

式中，m 为电子的质量；A 为物体的电子表面逸出功。

由于光子的能量与光的频率成正比，因此要使物体发射光电子，光的频率必须高于某一限值。这个能使物体发射光电子的最低光频率称为红限频率。光频率小于红限频率的入射光，光再强也不会激发光电子；光频率大于红限频率的入射光，光再弱也会激发光电子。单位时间内发射的光电子数称为光电流，它与入射光的光强成正比。对于光电管，即使阳极电压为零也会有光电流产生。欲使光电流为零必须加负向的截止电压，截止电压应与入射光的频率成正比。

2. 内光电效应

内光电效应有光电导效应、光电动势效应及热电效应。

（1）光电导效应 在光作用下，电子吸收光子能量从键合状态过渡到自由状态，从而引起材料的电阻率降低。基于这种效应的光电元件有光敏电阻。

（2）光电动势效应 当光照射 PN 结时，在结区附近激发出电子-空穴对。基于该效应的光电器件有光电池、光敏二极管、光敏晶体管和光敏晶闸管等。如一只玻璃封装的二极

管，接一只50μA的电流表，便不难验证：二极管受光照射时有电流输出，无光照射时无电流输出。

（3）光的热电效应 利用人体辐射的红外线的热效应制成热释电（人体）传感器。

2.8.3 光电元件

1. 光电倍增管

光电倍增管的结构原理如图2-36所示，它由光电阴极K、阳极A和倍增极（也称打拿极）D组成。光电阴极发射光电子在电场作用下被加速，以高速射入倍增极，倍增极表面逸出加倍的电子，称为二次发射。倍增极数目一般为4~14个，增益$G = 10^6 \sim 10^8$。常见的光电倍增管按进光部位可分为侧窗式和端窗式两类；按管内电极构造形状又可分为聚焦式、百叶窗式和盒栅式等。

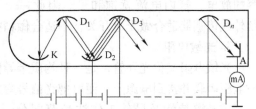

图2-36 光电倍增管结构原理图

光电倍增管噪声小、增益高、频带响应宽，在探测微弱光信号领域是其他光电传感器所不能取代的。**使用和存放时须特别注意：绝对避免强光照射光电阴极面，以防损坏光电阴极。**

2. 紫外线传感器

紫外线传感器是一种专门用来检测紫外线的光电器件。它的光谱响应为85~260nm，对紫外线特别敏感，尤其对燃烧时产生的紫外线反应更为强烈，甚至可以检测5m以内打火机火焰发出的紫外线。它除了会受到高压汞灯、γ射线、闪电及焊接弧光的干扰外，对可见光不敏感。此外，它还具有灵敏度高、受光角度宽（视角范围达120°）、响应速度快的特点。因此，紫外线传感器主要用作火灾报警敏感元件，广泛地应用于石油、气体燃料的火灾报警，还可以用于宾馆、饭店、办公室和仓库等重要场合的火灾报警。

紫外线传感器的外形结构如图2-37所示，其中2-37a为顶式结构，2-37b为卧式结构。紫外线传感器的结构和光敏二极管的结构非常相似，在玻璃管内有两个电极，即阴极和阳极。在石英玻璃管内封入了特殊的气体。在阴极和阳极间加约350V的电压，当紫外线照射在阴极上时，阴极就会发射光电子。在强电场的作用下，光电子向阳极高速运动，与管内气体分子相碰撞而使气体分子电离，气体电离产生的电子再与气体分子相碰撞，最终使阴极和阳

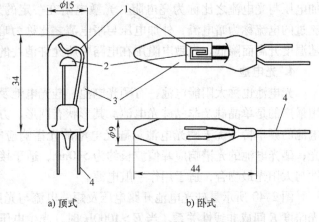

a) 顶式　　b) 卧式

图2-37 紫外线传感器的外形结构图
1—阳极 2—阴极 3—石英玻璃管 4—引脚

极间被大量的光电子和离子所充斥，引起辉光放电现象，电路中形成很大的电流。紫外线传感器的这种工作状态与光电倍增管很相似。没有紫外线照射时，阴极和阳极间呈现相当高的

阻抗。

如图 2-38 所示，紫外线传感器的基本电路是由 RC 构成的充放电回路，其时间常数称为阻尼时间。电极间残留离子的衰变时间一般为 5～10ms。当入射紫外线光通量低于某值时，从输出端可以得到与入射光量成正比的脉冲数，但若光通量大于此值，由于电容的放电，管内电流就饱和了。因此紫外线传感器适合做光电开关，不适合做精密的紫外线测量。

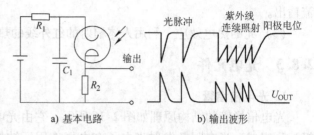

a) 基本电路   b) 输出波形

图 2-38　紫外线传感器的基本电路及输出波形

3. 光敏电阻

光敏电阻又称光导管，是一种均质半导体光电元件，当光照射时其电阻值降低。将其与一电阻串联并接到电源上，便可把光信号变成电信号。

按光谱特性及最佳工作波长范围分类，可分为紫外光、可见光及红外光光敏电阻类。CdS 光敏电阻覆盖了紫外光和可见光范围，其典型结构如图 2-39 所示。将 CdS 粉末烧结在陶瓷衬底上，形成一层 CdS 膜，用两根引线引出。为防止光敏电阻芯片受潮，均需采用密封结构，常用金属外壳、塑料或防潮涂料等密封。

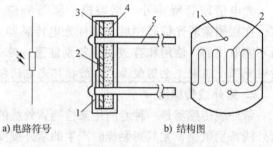

a) 电路符号   b) 结构图

图 2-39　光敏电阻的结构

1—电极　2—CdS　3—树脂涂层　4—陶瓷　5—引线

光敏电阻的灵敏度定义为暗电阻与亮电阻的差和暗电阻的比值，即相对变化值。光敏电阻在一定的外加电压下，当有光（100lx）照射时，流过的电流称为光电流，外加电压与光电流之比称为亮电阻。光敏电阻在一定的外加电压下，当无光（0lx）照射时，流过的电流称为暗电流，外加电压与暗电流之比称为暗电阻。光敏电阻的温度特性是灵敏度随温度升高而降低。光敏电阻用在电路中所允许消耗的功率为额定功率。

4. 光电池

光电池也称太阳能电池，有硒光电池、硅光电池及砷化镓光电池等。目前发展最快，应用最广的是单晶硅及非晶硅光电池。其形状有圆形、方形、矩形、三角形或六角形等。硅光电池的频率特性优于硒光电池。硅光电池的光谱响应峰值波长约为 800nm，适于接受红外光；硒光电池的光谱响应峰值波长约为 540nm，适于接受可见光；砷化镓光电池光谱响应特性与太阳光最吻合，适于用作宇航电源。

图 2-40 所示是硅光电池开路电压及短路电流与光照度的关系曲线，可见开路电压 U 与光照度 E 间成非线性关系。当 E > 1000lx 时，光生电压开始进入饱和状态，适用于低光照度检测并使负载电阻尽量大；而短路电流 I 与光照度 E 之间成线性关系，可用于高光照度检测并使负载电阻应尽量接近短路状态。

5. 光敏二极管

光敏二极管与普通半导体二极管的主要区别在于 PN 结面积较大、结深较浅，上电极较

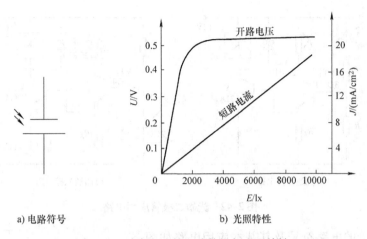

a) 电路符号　　　　　　　　　　　b) 光照特性

图2-40　硅光电池的电路符号与光照特性

小，利于接受光照射以提高光电转换效率。如前所述，它的工作机理是光生电动势效应，即当受光照射时，半导体本征载流子浓度增加，在 P 和 N 区均为少数载流子，在 PN 结势垒作用下，分别向对方区域漂移。此时若将两端短路，便构成短路光电流；若两端开路或接负载，则输出光生电动势；若加外电场，则反向饱和电流增加。

光敏二极管正向伏安特性与普通二极管相似，光电流不明显；反向特性受光照度控制。因此，光敏二极管一般加反向偏置电压，利用反向饱和电流随光照度强弱而变化进行工作。

光敏二极管的种类很多。按制作材料来分，有硅光敏二极管（2CU、2DU 类），锗光敏二极管（2AU 类）；按不同峰值波长来分，有近红外光硅光敏二极管（如对红外光最敏感的锂漂移性硅光敏二极管）蓝光光敏二极管等；其他还有用于激光的 PIN 型硅光敏二极管和灵敏度更高的雪崩光敏二极管等。国产光敏二极管一般有 2CU 和 2DU 两种，常用 2CU 系列。

光敏二极管的电路符号和外形如图 2-41 所示。

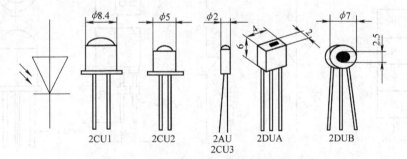

2CU1　　　2CU2　　　2AU　　2DUA　　　2DUB
　　　　　　　　　　2CU3

图2-41　光敏二极管的电路符号和外形

光敏二极管的应用电路如图 2-42 所示。图 2-42a 是亮通光控电路，有光照射时，VT$_1$、VT$_2$ 导通，继电器 K 工作；图 2-42b 是暗通光控电路，有光照射时，VT$_1$、VT$_2$ 截止，继电器 K 不工作，只有当没有光照射时，VT$_1$、VT$_2$ 导通，继电器 K 才能工作。

6. 光敏晶体管

光敏晶体管与普通晶体管类似，但发射区较小，当光照射到发射结上时，产生基极光电流 I_L，集电极电流 $I_c = \beta I_L$，显然集电极电流 I_c 正比于照射光的强度。

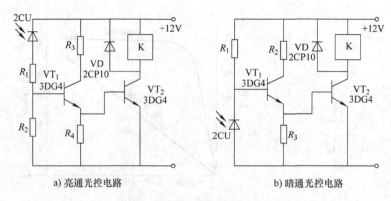

a) 亮通光控电路　　　　　　　　　　b) 暗通光控电路

图 2-42　光敏二极管应用电路

　　光敏晶体管的电路符号及其基本应用电路如图 2-43 所示。国产光敏晶体管的型号主要有 3AU、3DU、ZL 系列，日本产的型号有 TPS、PT、PPT、PH、PS、PN、T 等系列。

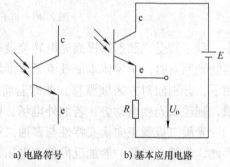

a) 电路符号　　　b) 基本应用电路

图 2-43　光敏晶体管的电路符号及其基本应用电路

7. 光敏晶闸管

　　光敏晶闸管和普通晶闸管唯一不同之处就是门极信号。普通晶闸管的门极信号为一外加正向电压，而光敏晶闸管的门极控制信号为光照射，如图 2-44 所示。当光照射 PN 结时，控制晶闸管导通；当无光照射时，晶闸管在阳极电流小于维持电流或阳极电压过零时关断。

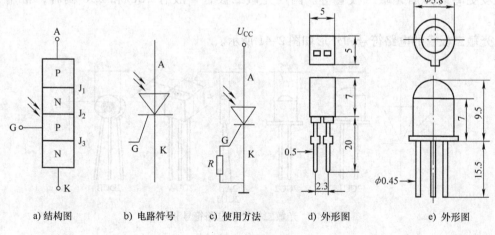

a) 结构图　　　b) 电路符号　　　c) 使用方法　　　d) 外形图　　　e) 外形图

图 2-44　光敏晶闸管

8. 红外光传感器

　　红外光传感器是用来检测物体辐射红外线的敏感器件，它分为热电型和量子型两类。

　　（1）热电型红外光敏器件　热电型红外光敏器件是利用入射红外辐射引起敏感元件温度变化，再利用热电效应产生相应的电信号。热电型探测器的主要类型有热敏电阻型、热电偶型、热释电型和高莱气动型四种。热电型红外光敏器件一般灵敏度低、响应速度慢，但有较宽的红外波长响应范围，而且价格便宜，常用于温度的测量及自动控制。

热释电传感器的材料与2.5节介绍的压电陶瓷属同类物质，这类电介质在电极化后能保持极化状态，称为自发极化。自发极化随温度升高而减小，在居里点温度降为零。因此，当这种材料受到红外辐射而温度升高时，表面电荷将减少，相当于释放了一部分电荷，故称热释电。释放的电荷经放大器可转换为电压输出，这就是热释电传感器的工作原理。

热释电传感器常用的陶瓷材料是热电系数高的锆钛酸铅（PZT）系、钽酸锂（$LiTaO_3$）、硫酸三甘钛（TGS）等。将这种热释电元件、结型场效应晶体管和电阻等封装在避光的壳体内，并配以滤光片透光窗口，便组成热释电传感器。图2-45所示为LN074B型热释电传感器的外形及内部组成。

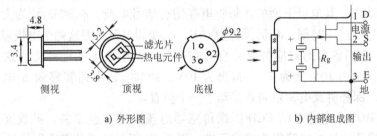

图 2-45　LN074B 型热释电传感器的外形及内部组成

滤光片对于太阳和荧光灯的短波长具有高的反射率，而对人体发出来的红外热源有高的透过性，其光谱响应为$6\mu m$以上。人体温度为36.5℃时辐射的红外线波长为$9.36\mu m$，38℃时辐射的红外线波长为$9.32\mu m$。因此热释电传感器又称人体红外传感器，广泛应用于防盗报警、来客告知及非接触开关等红外领域。

当辐射继续作用于热释电元件，使其表面电荷达到平衡时，便不再释放电荷。因此，热释电传感器不能探测恒定的红外辐射，也不能测量居里点以上的温度。实用中，对于恒定的红外辐射进行调制（或称斩光），使其变成交变辐射，不断引起探测器的温度变化，才能导致热释电产生，并输出不变的电信号。

热释电元件同样具有压电效应，使用时应避免振动。将两个特性相同的热释电元件反极性串接，可补偿外界环境温度和振动的影响。二元型热释电传感器有 TO－5 金属封装的P228（$LiTaO_3$）、LS－064、LN－074B、SDO_2（PZT）等。此外，用于测温的热释电红外传感器，其测温范围可达 －80～1500℃。

（2）量子型红外光敏器件　量子型红外光敏器件可直接把红外光能转换成电能，其灵敏度高、响应速度快，但其红外波长响应范围窄，有的还需在低温条件下才能使用。量子型红外光敏器件也可分为外光电类和内光电类。外光电探测器（PE 器件）如光敏二极管和光电倍增管。内光电探测器又分为：光电导器件（PC 器件），如硫化铅（PbS）、硒化铅（PbSe）、锑化铟（InSb）、锑镉汞（HgCdTe）等；光伏器件（PU 器件），如砷化铟（InAs）、锑化铟（InSb）、锑镉汞（HgCdTe）、锑锡铅（PbSnTe）等；光磁探测器（PEM 器件），光效应使半导体表面产生载流子（电子-空穴对），磁效应使载流子扩散运动方向偏移形成电场。用量子型红外光敏器件组成的红外探测器广泛应用在遥测、遥感、成像、测温等方面。

9. CCD 图像传感器

CCD（Charge Coupled Devices，电荷耦合器）具有存储、转移并逐一读出信号电荷的功能。利用电荷耦合器的这种功能，可以制成图像传感器、数据存储器、延迟线等，在军事、工业和民用产品领域内都有着广泛的应用。

电荷耦合器的基本结构原理如图 2-46 所示，在一硅片上有一系列并排的 MOS 电容，这些 MOS 电容的电极以三相方式连接，即：电极 1、4、7…与时钟 ϕ_1 相连，电极 2、5、8…与时钟 ϕ_2 相连，电极 3、6、9…与时钟 ϕ_3 相连。只要在电极上加上电压，电极下面因空穴被排斥而形成电子的低势能区，称为势阱。有光照射时，这些势阱都能收集光生电荷。只要电极上的电压不去掉，这些代表信息的电荷就一直存储在那里。通常把这些被收集在势阱中的信号电荷称为电荷包。

对于三相 CCD，采用三相交叠脉冲供电，可实现电荷以一定的方向逐个单元转移。设初始时刻 ϕ_1 为 10V，其电极下面的深势阱里存储有信号电荷，ϕ_2 和 ϕ_3 均为大于域值的较低电压（例如2V）。过一时刻，ϕ_1 仍保持为 10V，ϕ_2 变到 10V，因这两个电极靠得很紧（间隔只有几微米），它们各自的对应势阱将合并在一起。ϕ_1 电极下的电荷变为这两个势阱所共有。第 2 时刻，ϕ_1 由 10V 变为 2V，ϕ_2 仍为 10V，则共有的电荷转移到 ϕ_2 电极下面的势阱中。由此可见，深势阱及电荷包向右移动了一个位置。

直接采用 MOS 电容感光的 CCD 图像传感器对蓝光的透过率差，灵敏度低。现在 CCD 图像传感器已采用光敏二极管作为感光元件。图 2-47 所示是一种家用摄像机 CCD 图像传感器的外形图。它像一个大规模集成电路，在它的正面有一个长方形的感光区，感光区中有几十万至几百万个像素单元，每一个像素单元上有一个光敏二极管。这些光敏二极管在受到光照射时，便产生与入射光强度相对应的电荷，再通过电注入法将这些电荷引入 CCD 器件的势阱中，便成为用光敏二极管感光的 CCD 图像传感器。它的灵敏度极高，在低光照度下也能获得清晰的图像，在强光下也不会烧伤感光面。目前它不仅在家用摄像机中得到应用，而且在广播、专业摄像机中也取代了摄像管。

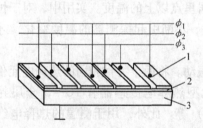

图 2-46　电荷耦合器的结构原理图
1—金属电极　2—SiO_2　3—P-Si

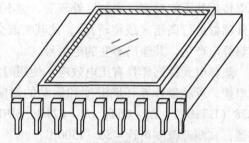

图 2-47　CCD 图像传感器的外形图

若在 CCD 图像传感器的光敏二极管前方加上彩色矩阵滤光片，就构成了彩色图像传感器。

10. PSD（光电位置探测器）

PSD（Position Sensing Detector，光电位置探测器）是一种能测量光点在探测器表面上连续位置的光学探测器。PSD 由 P 型衬底、PIN 型光敏二极管及表面电阻组成，如图 2-48 所示，P 型层在表面，N 型层在底面，I 层在中间。落在 PSD 上的入射光转换成光电子后由 P 型两端电极输出光电流 I_1 和 I_2。因电荷通过的 P 型层是一均匀的电阻，所以光电流与光的入射点到电极间的距离成反比。若以几何中心为坐标原点，则有

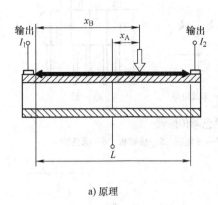

a) 原理

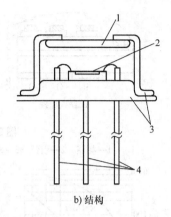

b) 结构

图 2-48 PSD 光电位置探测器原理图

1—窗口 2—PN 结 3—外封装 4—引脚

$$\frac{I_1}{I_2} = \frac{L - 2x_A}{L + 2x_A} \tag{2-33}$$

若以一端为坐标原点，则有

$$\frac{I_1}{I_2} = \frac{L - 2x_B}{x_B} \tag{2-34}$$

PSD 与 CCD 器件相比有诸多优点，如位置分辨力高、响应速度快和处理电路简单等。

11. 色彩传感器与色彩识别

色彩传感器可实现对色彩的测定而不带人的情感因素，在生产自动化及图像处理等领域有着广泛的应用。

（1）双结色彩传感器 如图 2-49 所示，双结色彩传感器是在一个外壳内封装有两个光敏二极管 VLS$_1$ 和 VLS$_2$ 的双结二极管结构。VLS$_1$ 和 VLS$_2$ 有着不同光谱特性，其短路电流比与入射光的波长有着一定的比例关系，只要测出短路电流的比值，就可知道入射光的波长，也就确定了入射光的色谱。

（2）全色色彩传感器 图 2-50 所示为全色色彩传感器的结构原理、等效电路和外形尺寸。该传感器在非晶态硅的基片上平排做了三个光敏二极管，并在

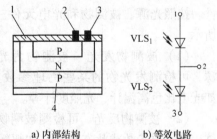

a) 内部结构 b) 等效电路

图 2-49 双结色彩传感器原理

1—绝缘膜 2、3、4—电极 1、2、3

各个光敏二极管上分别加上红（R）、绿（G）、蓝（B）滤色镜，将来自物体的反射光分解为三种颜色，根据 R、G、B 的短路电流大小，通过电子电路及计算机可以识别 12 种以上的颜色。它也叫非晶态色彩传感器。

非晶态色彩传感器的入射光线的光照度与输出电压的关系如图 2-51 所示。在负载电阻为 $100k\Omega$ 时，其光照度与输出电压取用对数刻度时具有良好的线性度，并且其斜率接近于 1；若将负载电阻接成 $1M\Omega$ 以上，则几乎成开路状态，其输出呈非线性并进入饱和状态。因此，传感器上有时并联有一个 $100k\Omega$ 电阻，其放大电路如图 2-52 所示。

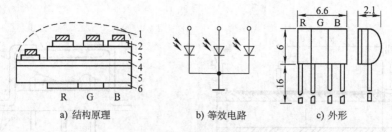

a) 结构原理   b) 等效电路   c) 外形

图 2-50   全色色彩传感器

1—树脂   2—引线   3—非晶态硅   4—导电膜   5—玻璃板   6—滤色镜

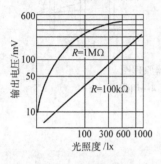

图 2-51   光照度特性

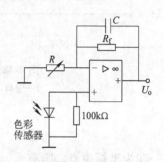

图 2-52   放大电路

2.8.4   光电传感器的类型

1. 光电检测的组合形式

光电传感器按输出信号分有开关型和模拟型。开关型用于转速测量、模拟开关、位置开关等；模拟型用于光电式位移计、光电比色计等。光电检测必须具备光源、被测物和光电元件。按照光源、被测物和光电元件三者的关系，光电传感器可分为四种类型，如图2-53所示。

（1）被测物发光   被测物为光源，可检测发光物的某些物理参数。如光电比色高温计、光照度计等。

（2）被测物反光   可检测被测物体表面性质参数或状态参数。如粗糙度计和白度计等。

（3）被测物透光   可检测被测物与吸收光或透射光特性有关的某些参数。如浊度计和透明度计等。

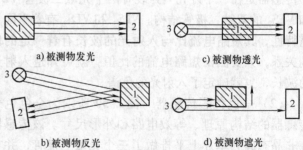

a) 被测物发光   c) 被测物透光

b) 被测物反光   d) 被测物遮光

图 2-53   光电传感器的类型

1—被测物   2—光敏元件   3—恒光源

（4）被测物遮光   检测被测物体的机械变化，如测量物体的位移、振动、尺寸及位置等。

2. 光耦合器件

（1）光耦合器   如图2-54所示，光耦合器是把发光器件和光敏器件组装在同一蔽光壳体内，或用光导纤维把二者连接起来构成的器件。当输入端加电信号，发光器件发光，光敏器件受光照射后，输出光电流，实现以光为媒介质的电信号传输，从而实现输入和输出电流的电气隔离，所以可用它代替继电器、变压器和斩波器等，广泛应用于隔离电路、开关电路、数 – 模转换、逻辑电路、长线传输、过电流保护、高压控制等方面。

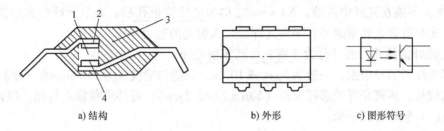

a) 结构　　　　　　　　　　b) 外形　　　　　　　　c) 图形符号

图 2-54　光耦合器

1—透明树脂　2—发光二极管　3—黑色塑料　4—光敏管

光耦合器有金属密封和塑料密封等形式，目前常见的是塑料密封式，它的光敏元件可以选用光敏电阻、光敏二极管、光敏晶体管、光敏晶闸管、光敏集成电路等，从而构成多种组合形式，其输出有开关型和模拟型两种。

（2）光断续器

① 直射型光断续器：如图 2-55 所示，主要用于光电控制和光电计量等电路中及检测物体的有无、运动方向、转速等。

② 反射型光断续器：如图 2-56 所示，主要用于光电式接近开关、光电自动控制及物体识别等。

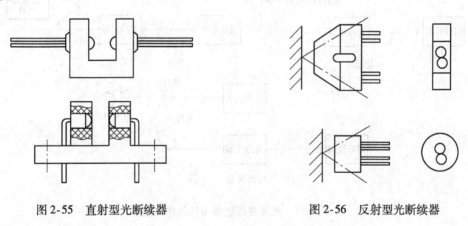

图 2-55　直射型光断续器　　　　　　　　图 2-56　反射型光断续器

2.9　光纤与激光传感器

2.9.1　光纤传感器

光纤即光导纤维，是传光的导线。光导纤维一般是用石英玻璃制成的，具有 $80kV/20cm$ 的耐高压特性，还具有频带宽、损耗小、体积小、可挠曲、高绝缘、抗腐蚀、不带电和不受电磁干扰等一系列优点。它广泛应用于高压、高温、易燃易爆及化学腐蚀溶液等恶劣环境中，测量压力、温度、磁场、电压、电流、流量及 pH 值等物理量，解决了许多以前认为难以解决、甚至是不能解决的测试技术难题。

1. 光纤的特性

（1）光纤的数值孔径 入射到光纤端面的光并不能全部被光纤所传输，入射角大于临界角 θ_{im} 的光不能在光纤中传输。$NA = \sin\theta_{im}$ 称为光纤数值孔径，表示光纤传光的能力。NA 值越大，光纤有效进光量越多，表示光纤接收入射光的能力越强。

（2）光纤的模式 光纤分为单模光纤和多模光纤。

单模光纤的芯径很细，一般为 $9\mu m$ 或 $10\mu m$，只能传输波长为 1320nm 的一种模式的光，传送距离较长。多模光纤的芯径较粗（$50\mu m$ 或 $62.5\mu m$），可传多种模式的光，但传输的距离比较近，一般只有几千米。

2. 光纤传感器的类型

光纤传感器是一种把被测量转变为可测光信号的装置，由光发送器、敏感元件、光接收器、信号处理系统及光纤构成。光发送器发出的光经入射光纤引导到敏感元件，在这里，光的某一性质受到被测量的调制。已调光经出射光纤耦合到光接收器，使光信号变成电信号，再经信号处理，得到被测量的值。

光纤传感器的分类方法很多，可按光纤在传感器中的作用、光参量调制种类、所应用的光学效应和检测的物理量分类。按光纤在传感器中的作用，可分为功能型、非功能型和拾光型三大类，如图 2-57 所示。

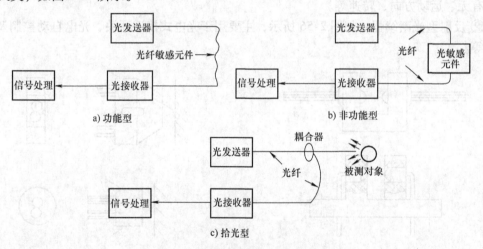

图 2-57 光纤在传感器中的作用类型

在功能型（FF）光纤传感器中，光纤既是光信号的传输通路，又是将被测量转换为光信号的敏感元件。光在光纤内受被测量调制，也称元件型，其优点是结构紧凑，灵敏度高，但对光纤和检测的要求也高，成本较高。

在非功能型（NF）光纤传感器中，光纤仅作为传光通路，被测量通过非光纤敏感元件对光进行调制，也称传输型。NF 型较易实现，成本低，但灵敏度也低。

在拾光型（天线型）光纤传感器中，光纤作为探头，接收由被测对象辐射或被其反射、散射的光，如天线型位移传感器。拾光型实质上也属 NF 型。

根据光受被测对象调制形式不同又可分为光强度、相位、偏振态及频率调制型光纤传感器。

3. 光纤位移传感器的原理与特性

光纤位移传感器可分为元件型（FF 型）和天线型（拾光型）两种形式。天线型光纤位移传感器的工作原理与特性如图 2-58 所示。传感器的工作原理如图 2-58a 所示。由恒定光强的光源发出的光经耦合进入入射光纤，并从入射光纤的出射端射向被测物体，被测物体反射的光一部分被接收光纤接收，根据光学原理可知反射光的强度与被测物体的距离有关。反射光的强度通过光电转换和处理电路输出电信号，测量电信号的变化即可得物体的位移。

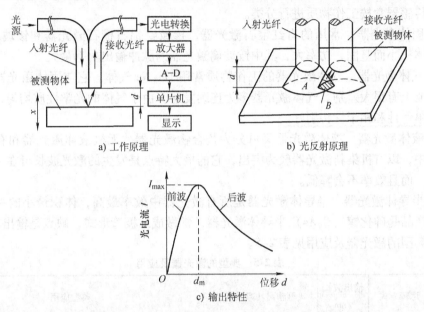

a) 工作原理　　　　　b) 光反射原理

c) 输出特性

图 2-58　天线型光纤位移传感器的工作原理与特性

光反射原理如图 2-58b 所示。当光纤探头紧贴被测物体时，接收光纤接收不到反射光，光电转换元件输出的光电流为零。当被测物体逐渐远离光纤探头时，由于入射光纤照亮被测物体表面的面积 A 越来越大，相应的发射光锥和接收光锥重合面积 B 也越来越大，因此接收光纤受反射光照射的面积也逐渐增大，使光电转换电路输出的光电流也逐渐增大，直到曲线上的最亮点 I_{max}。到达 I_{max} 之后，当被测物体继续远离时，反射光射入接收光纤的面积逐渐减小，所以光电转换电路的输出信号也逐渐减弱。从而得到如图 2-58c 所示的光电流与位移的关系曲线。光电流 I 在 $0 \sim I_{max}$ 区间，称为前坡。前坡区灵敏度很高，范围很小，用以测量 μm 级位移。光电流 I 达到 I_{max} 之后的区间，称为后坡。后坡区的 $I \propto d$，灵敏度低，范围很宽，用于较远距离而线性度、灵敏度和精度要求不高的位移测量，此时可把位移的原点移至曲线的 d_m 处。

图 2-59 所示为光纤位移传感器光电转换及放大电路。光电转

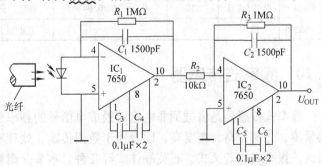

图 2-59　光纤位移传感器光电转换及放大电路

换元件通常使用光敏二极管，放大电路由两级运算放大器组成。为保证转换的稳定性，电路中的电阻应选用温度系数小的精密电阻，电容器应选用漏电小的涤纶电容器。

2.9.2 激光传感器

激光是一种新型光源，具有高方向性、高亮度、高单色性和高相干性等优点。激光传感器是以激光为光源，与光电元件组成的。

激光传感器常按工作物质进行分类。

（1）固体激光器 常用的有红宝石激光器、掺钕钇铝石榴石激光器和钕玻璃激光器。其特点是体积小而坚固，功率大，其中钕玻璃激光器的脉冲输出功率最大。

（2）气体激光器 气体激光器的工作物质常用 He-Ne 气体。它与固体激光器相比，在结构和性能上有很大差别。气体激光器多为连续发射。由于气体的光学性质均匀，所以气体激光器的单色性和相干性特别好。

（3）液体激光器 液体激光器又可分为螯合物激光器、无机液体激光器和有机染料激光器。其中，以有机染料激光器较为突出，它的最大特点是发生的激光波长可在一段范围内连续可调，而且效率不会降低。

（4）半导体激光器 半导体激光器是所有激光器中效率最高，体积最小的一种。目前较成熟的产品是砷化镓（GaAs）半导体激光器，常做成二极管形式，缺点是输出功率小。

一些典型的激光器及应用见表 2-5。

表 2-5 典型的激光器及应用

激光器	运转方式	输出波长/nm	典型输出功率或能量	典型应用
红宝石	脉冲 Q 开关	694.3	$1 \sim 500J$ $1 \sim 1000MW$	焊接、打孔、蒸发、视网膜焊接、癌破坏 测距、光雷达、蒸发、全息照相、热核聚变
钕玻璃	脉冲 Q 开关	1060	$1 \sim 500J$ $1 \sim 600MW$	焊接、打孔、蒸发 测距、蒸发、光雷达、卫星及月球测距
掺钕钇铝石榴石	Q 开关 连续	1060	$1 \sim 50kW$ $1 \sim 50W$	测距、打孔、焊接通信、激光制导 蒸发、通信、激光制导
He-Ne	连续	632.8	$1 \sim 100mW$	干涉量度学、激光陀螺、全息照相、准直、光存储
Ar 离子	连续/脉冲	488/514.5	$0.1 \sim 5W/25W$	全息照相、激光电视、水下通信、光储存
GaAs	脉冲/连续	910	$0.5 \sim 5W/0.04W$	测距、通信
有机染料	脉冲			工业加工、测距、生物、医学、研究光化学反应

2.10 频率式传感器

频率式传感器是将被测非电量转换成电信号的频率变化，其优点是体积小、重量轻、结构紧凑、分辨力高、精度高，以及便于数据传输、处理和存储。频率式传感器有振弦式、振筒式、振膜式、音叉式、石英晶体式等几种。本节介绍振弦式频率传感器。

振弦式传感器是频率式传感器的一种，能将力变换为频率。它具有体积小、重量轻、灵敏度高、抗干扰能力强，便于数字显示及遥测等特点，现被广泛应用于测量位移、压力、流量、加速度及转矩等。

1. 振弦式传感器的结构原理

振弦式传感器是以被拉紧了的细弦作为敏感元件，其结构如图2-60所示。当一根工作长度为l、工作段质量为m的细弦，一端固定，另一端施加一个初始张力F时，弦的横向振动的固有频率f可由下式计算：

$$f = \frac{1}{2}\sqrt{\frac{F}{ml}} \tag{2-35}$$

式（2-35）说明，当m、l不变，张力F变化ΔF时，弦的自振频率也有一个变化Δf。这里的ΔF是由压力p经膜盒产生的，测出这个频率变化，便可得到压力p。根据力与应力、应变的关系，通过测量弦的自振频率也可以测量应力与应变。

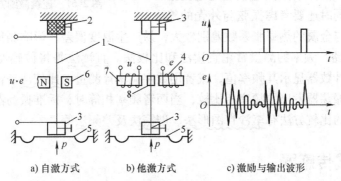

a) 自激方式　　　b) 他激方式　　　c) 激励与输出波形

图2-60　振弦式传感器的结构及间歇激励方式图
1—振弦　2—绝缘夹具　3—夹具　4—永久磁铁和测量线圈　5—膜片
6—永久磁铁　7—软磁铁和励磁线圈　8—软铁块

2. 频率测量方案

（1）激励方式　为了测量出振弦的固有振动频率f_o，先要设法激励振弦振动。

① 间歇激励方式：振弦的间歇激励有自激和他激两种方式。

图2-60a为自激方式。在弦的两侧放一永久磁铁，工作时，弦中通以脉冲电流，脉冲电流受磁场作用使弦起振。起振后，弦作为导体在磁场中运动，感应出交变电动势，通过测量感应电动势的频率，即为振弦的自由振动频率。

图2-60b为他激方式。在弦的两侧分别放一个励磁线圈和测量线圈。励磁线圈绕在软磁铁上，测量线圈绕在永久磁铁上，弦上固定一个软铁块。给励磁线圈通以脉冲电流，振弦便被吸放一次，开始起振。振弦在振动中引起测量线圈磁路的交替变化，线圈中便感应出交变电动势，感应电动势的频率就等于振弦的自由振动频率。若振弦为铁磁材料，则可省去软铁块。

对于深井井下压力的测量，一般采用间歇振荡电路，可使连线最少。如图2-60c所示，输出波形是一个衰减振荡，但频率不变，因此可通过频率测量得到被测非电量的数值。

② 连续激励方式：如图2-61所示，振弦接在放大器的正反馈回路中，起着选频元件的作用。因振弦在其固有频率下具有尖锐的阻抗特性，所以电路只能在振弦的固有频率上才能满足振荡条件。电阻R_1、R_2和场效应晶体管VF组成负反馈电路，自动控制起振条件和振幅，而由R_4、R_5及VD和C组成的电路控制场效应晶体管的栅极电压，自动稳定输出信号

幅值，并为起振创造条件。当电路不振荡时，输出信号为零，场效应晶体管处于零偏压状态，漏源间电阻较小，负反馈较弱，有利于起振。振荡时，输出信号经 VD 整流，电容 C 滤波，R_4、R_5 分压，得到一个与输出信号幅值成正比的负电压，使场效应晶体管漏源间电阻增大，负反馈加强。输出信号越大，负反馈越强，达到稳定输出信号幅值的作用。

采用连续激励方式的优点是可以连续测量被测参数的变化。但由于振弦连续通过电流激励，易于疲劳。同时还要考虑振弦与外壳的绝缘，而绝缘材料与金属的热膨胀系数差别较大，易产生温度误差，影响测量精度。

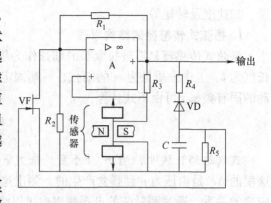

图 2-61　连续激励方式电路

（2）测量电路　频率的测量常用直读法和比较法。直读法是将传感器的输出电动势经放大、整形后送计数器显示其频率值，或者用数字频率计测量。比较法是将传感器输出电动势的频率与标准振荡器发出的频率相比较，当两者频率相等时，标准振荡器的频率值就为被测频率值。常用的比较方法有李沙育图形法、谐振法及差频法等。

2.11　智能式传感器

所谓智能式传感器，就是一种带有微处理器的兼有信息检测、信息处理、信息记忆、逻辑思维与判断功能的传感器。它具有人工智能，是微型计算机和传感器结合的结果，是传感器技术发展的一个崭新阶段。目前出现的单片式传感器便是其中的一种。就功能而言，单片式传感器是一种将信息检测、驱动电路及信号处理电路集成在一块硅片上的传感器；就制造技术而论，它是一种采用高度发展的硅集成技术的传感器。它体积微小，一致性更好，可方便地组建高级的传感系统。智能式传感器是实现现场总线控制的基础。

2.11.1　智能式传感器的特点

① 它具有逻辑思维与判断、信息处理功能，可对检测数值进行分析、修正和误差补偿，因此提高了测量准确度。

② 它具有自诊断、自校准功能，提高了可靠性。

③ 它可以实现多传感器多参数复合测量，扩大了检测与使用范围。

④ 检测数据可以存取，使用方便。

⑤ 具有数字通信接口，能与计算机直接联机，相互交换信息。

2.11.2　智能式传感器的构成

图 2-62 所示是 DIP 型智能式压力传感器的构成框图，它是一个典型的智能式压力传感器。由图可以看出，智能式传感器的构成一般分为三个部分：主传感器、辅助传感器和微机硬件系统。

主传感器用来测量被测量，本例为压力传感器。辅助传感器用来检测主传感器工作环境量的变化，以便修正和补偿环境量变化影响而带来的测量误差，一般为压力传感器、温度传感器、湿度传感器等，本例为压力和温度传感器。微机硬件系统用于对传感器输出微弱信号进行放大、处理、存储和与计算机通信，具体由传感器应具备的功能而定，DIP就有一个串行输出口，以 RS-232 指令格式传输数据。图中，UART 为异步发送/接收器，PFA 为程控放大器。由此可见，智能式传感器具有较强的自适应能力。

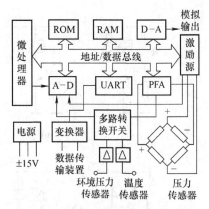

图 2-62 DIP 型智能式压力传感器构成框图

思考与练习

2-1 应变式传感器由哪几部分组成？它能测量哪些物理量？

2-2 电位器传感器有哪些种类？它能测量哪些物理量？

2-3 电容式传感器根据原理可分为哪几种？它们各有什么特点？它能够测量哪些物理量？

2-4 电感式传感器有哪些类型？它们各有什么特点？能够测量哪些物理量？

2-5 电涡流式传感器的原理是什么？它有什么作用？使用时有哪些注意事项？

2-6 电位器式传感器线圈电阻为 $10k\Omega$，电刷最大行程为 4mm。若允许最大消耗功率为 40mW，传感器所用的激励电压为允许的最大激励电压，试求当输入位移量为 1.2mm 时，输出电压是多少？

2-7 有两片 PZ-120 型应变片贴在题 1-13 所给的杆件上，其中 R_1 沿轴向粘贴，R_2 沿圆周方向粘贴。试求在该题拉伸条件下，R_1 和 R_2 各为多少欧？

2-8 有一 45 钢空心圆柱，外径 $D_2 = 3cm$，内径 $D_1 = 2.8cm$，钢管表面沿轴向贴两个应变片 R_1、R_2，沿圆周贴两个应变片 R_3、R_4，其型号都是 PZ-120 型。请画出将四片应变片接成全桥差动电桥的电路图。当电桥输入电压为 5V，泊松比 $\mu = 0.3$，拉力为 1000N 时，计算电桥的输出电压。

2-9 什么是压电效应？常用的压电材料有哪几种？

2-10 压电元件的输出量是什么？它能构成哪些传感器？电荷放大器有什么特点？

2-11 超声波有哪些特点？超声波探头有哪些类型？超声波传感器有哪些用途？

2-12 霍尔传感器由哪几部分组成？它有哪些用途？霍尔集成电路有哪几种？

2-13 说明霍尔式位移传感器的结构原理。

2-14 光电效应有哪几种类型？各生成什么光电元件？

2-15 光电检测需要具备什么条件？光电传感器有哪几种类型？

2-16 光电传感器有哪些应用？试述光耦合器的类型与应用。

2-17 如图 2-63 所示电路，请判断：

① 哪些电路可以正常工作？

② 哪些电路可以实现光通控制？

③ 哪些电路可以实现暗通控制？

2-18 振弦式传感器的工作原理是什么？其激励方式有哪几种？

2-19 智能式传感器主要由哪几部分组成？

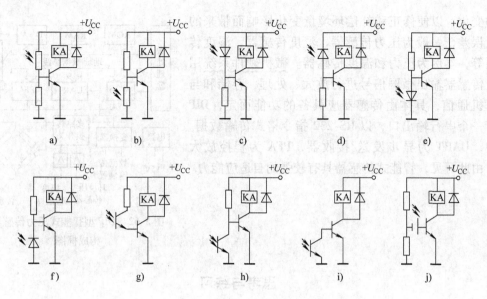

图 2-63　光敏元件应用电路原理

第3章
位置传感器在制造业中的应用

在制造业中广泛应用位移传感器来测量几何量。精密的位移传感器又常称为位置传感器。本章主要介绍旋转位置传感器、感应同步器、光栅、磁栅、容栅、球栅等数字式传感器和接近传感器及应用。

3.1 旋转位置传感器及应用

旋转位置传感器包括旋转编码器、旋转变压器、旋转式感应同步器、圆光栅等，常用的有光电式旋转编码器和旋转变压器。主流的伺服电动机位置反馈元件包括增量式光电编码器、绝对式光电编码器、正余弦光电编码器、旋转变压器等。

3.1.1 光电式旋转编码器

旋转编码器又称码盘或角编码器，既可直接测量角位移，也可间接测量直线位移。光电式旋转编码器又可分为绝对式旋转编码器、增量式旋转编码器和混合式旋转编码器。

1. 绝对式光电旋转编码器

绝对式旋转编码器又称绝对式角编码器，是按位移量直接进行编码的转换器，它将被测点的绝对位置转换为二进制（或 BCD 码、格雷码）的数字编码输出，其精度达1%。绝对式角编码器的特点是：即使中途断电，重新上电后也能读出当前位置的数据；若要求分辨力越高和量程越大，则二进制的数位就越多，结构也越复杂。

绝对式角编码器的结构和原理可分为接触式、光电式和电磁式几种。光电式角编码器的优点是响应速度快，无触点磨损，因而允许高转速；每条缝隙宽度可做得很小，所以精度和分辨力很高，单个码盘可做到 18 位，组合码盘达 22 位。其缺点是结构复杂、价格昂贵、光源寿命短。

图 3-1 所示是绝对式光电角编码器原理示意图。在一个圆盘上从外到内分有若干码道。在各码道上开有相等角距的缝隙，分为透光区和不透光区。设图中黑色为透光缝隙，代表"1"；白色为不透光区，代表"0"。在开缝圆盘两边分别安装光源及光敏元件。图示有四个码道，按 8421 二进制编码。按码盘当前位置，对应 DCBA 光路的光敏元件应输出"1111"编码。假设码盘顺时针转过一个最小位置，则应输出"1110"编码。这个最小转角就是角编码器的角度分辨力。可见，码道数越多，二进制的编码位数也越多，角分辨力就越高。若有 n 条码道，则角度分

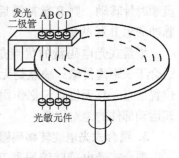

图 3-1 绝对式光电角
编码器原理示意图

辨力为

$$Q = \frac{360°}{2^n} \tag{3-1}$$

二进制码盘很简单，但在实际应用中对光电元件安装要求十分严格，否则会出现错误。例如，当光电元件由位置（0111）向位置（1000）过渡时，位置稍有不准，可能会出现 8 ～ 15 之间的任意一个十进制数，这种误差称为<u>非单值性误差</u>。为了避免这种误差，常采用循环码（也即<u>格雷码</u>）。

接触式角编码器和电磁式角编码器的原理与光电式角编码器相似。所不同的是接触式角编码器在码盘上把码道分为导电区和不导电区，用电刷检取信号；电磁式角编码器是在导磁体（软铁）圆盘上用腐蚀的方法把码道分为导磁区和非导磁区，用磁头检取信号。

2. 增量式光电旋转编码器

增量式光电旋转编码器又称增量式光电码盘，增量式光电角编码器。如图 3-2 所示，增量式光电码盘是在玻璃、金属或塑料圆盘的整周刻上放射状的透光栅线，并按一定模式刻上确定零位标志的光栅线或制成绝对位置定位码。它是以脉冲数字形式输出当前状态与前一状态的差值，即<u>增量值</u>，然后用计数器计取脉冲数。因此它需要规定一个<u>脉冲当量</u>，即一个脉冲所代表的被测物理量的值。若码盘每周的刻线数为 n，则增量式光电角编码器的角分辨力为 $Q = \dfrac{360°}{n}$。这样，被测量就等于当量值乘以自零位标志开始的计数值，其分辨力即为脉冲当量值。例如，用增量式光电旋转编码器或光栅测量直线位移，若当量值为 0.01mm，计数值为 200，则位移为 2.00mm，分辨力为 0.01mm。增量式光电旋转编码器属高分辨力、高精度传感器。如德国 Heidenhain 公司和 Opton 公司生产的增量式光电旋转编码器刻线数为 10800 ～ 36000，通过电子细分 20、100 倍或更多，分辨力达 0.63″或 0.18″，分度误差小于 ±1″或 ±0.2″。

增量式光电码盘有三路光电信号，A 和 B 为角位移信号，两者相差 90°，用于辨别转动方向；C 为零位标志信号，每周一个脉冲。如图 3-2b 所示，若转盘顺时针转动，则 B 脉冲滞后 A 脉冲 90°，反之则 A 脉冲滞后 B 脉冲 90°。

增量式光电码盘的优点是构造简单，分辨力高，适合于长距离传输；缺点是无法输出转轴转动的绝对位置信息，且无位置记忆作用，一旦掉电，将无法得知运动部件的绝对位置。

3. 混合式光电旋转编码器

混合式光电旋转编码器又称为混合式光电码盘。混合式光电码盘是在增量式光电码盘的基础上，增加了一组用于检测永磁伺服电动机磁极位置的绝对编码构成的。码盘的最外圈是增量式码，中间由四个码道组成绝对式的四位格雷码，用于检测磁极位置。每

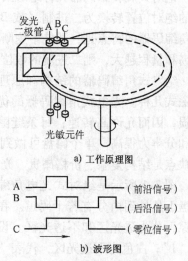

a）工作原理图

b）波形图

图 3-2　增量式光电旋转编码器原理示意图

1/4圆由 4 位格雷码分割成 16 个等分位置。码盘最里圈仍是增量式码盘的零位光栅。这样，

混合式光电编码器可分粗、中、精三级计数：码盘转的转数由零位脉冲计数；一转以内的角度位置由格雷码的 4×16 不同的数值表示；每 1/4 圆格雷码的细分由最外圆的增量码完成。

混合式光电码盘通常给出相差 120° 的三相信号 U、V、W，用于控制永磁伺服电动机定子三相电流的相位。电动机起动前，通过 U、V、W 三相脉冲的状态估算出电动机磁极位置，即当前的角度；一旦电动机旋转起来，增量码部分可以精确地检测出位置值。脉冲的计数是用一个大容量的绝对值二进制可逆计数器。计数器由备用电源供电，确保断电时不丢失数据。在第一次安装机床时调整好绝对零点后，计数器永远不会清零，所以它的计数代表了机床的绝对位置。

3.1.2　光电式旋转编码器的应用与注意事项

1. 用增量式光电旋转编码器测量转速

直接测量电动机转速的方法主要有 M 法、T 法和 M/T 法。M/T 法是 M 法和 T 法的结合。

（1）M 法测转速　M 法就是测频率法，在固定时间 T_d 内对码盘脉冲计数 N_1，则电动机转速为

$$n = \frac{60N_1}{ZT_d} \tag{3-2}$$

式中，N_1 为计数值；T_d 为采样周期；Z 为码盘转 1 周输出脉冲的个数；n 为电动机转速（r/min）。

由于计数器固有量化误差为 ±1（字），因此引起的测量误差为

$$\gamma = \frac{1}{N_1} \times 100\% \tag{3-3}$$

由式（3-4）可以看出，转速越低，N_1 越小，误差越大，所以 M 法不适合低转速测量。要想减小测量误差，必须增大计数值 N_1，其方法有二：一是增大测量时间 T_d，但实际上测量时间很短，如伺服系统中测量速度用于反馈控制，时间一般应在 0.01s 以下；二是采用高线数的光电编码器。若在一个周期内，将 A、B 脉冲及其反向脉冲 $\overline{A}$、$\overline{B}$ 构成相位依次相差 90° 的 4 个脉冲，即 4 倍频细分，分辨力可提高 4 倍。

（2）T 法测转速　T 法就是测周期法，在码盘脉冲 1 周期 T 内对时钟脉冲计数，若计数值为 N_2，则被测周期 $T = N_2 T_c$，$f = 1/T$，则电动机转速为

$$n = \frac{60 f_c}{Z N_2} \tag{3-4}$$

式中，f_c 为时钟频率；N_2 为计数值。量化误差为

$$\gamma = \frac{1}{N_2 - 1} \times 100\% \tag{3-5}$$

由式（3-5）可知，要减小测量误差，就要增大光电码盘输出脉冲的周期，即降低频率。因此 T 法不适合高转速测量。但是，若转速太低，计数时间太长，计数器有可能超量程而溢出，同时也会影响控制的快速性。与 M 法一样，采用线数较多的光电编码器可提高测速的快速性和精度。

（3）M/T 法测转速　M/T 法是在固定时间内同时对光电码盘的输出脉冲和时钟脉冲计

数，计数值分别为 N_1 和 N_2。定时时间 T_d 从光电码盘输出第一个脉冲上升沿开始，定时时间到，停止对光电码盘计数；在停止光电码盘计数后的下一个脉冲上升沿到来时，停止对时钟脉冲的计数。则计数时间为 $T_d = T_c N_2 = N_2/f_c$，这个时间包括光电码盘输出脉冲的完整周期，排除了计数器的量化误差。电动机转速为

$$n = \frac{60 f_c N_1}{Z N_2} \tag{3-6}$$

采用 M/T 法能够覆盖较广的转速范围，在电动机控制中有着十分广泛的应用。

2. 用光电式旋转编码器测量直线位移

用光电式旋转编码器可以间接测量直线大位移而不受安装位置限制。其方法是用传动机构将直线位移变换为光电编码器的转动角度，如车床上的丝杠，经辨向电路辨向、可逆计数器计数和计算即可完成。

例：一个刻线数为 Z 的增量式光电编码器安装在车床的丝杠转轴上，已知丝杠的螺距为 d，计数器记录脉冲数为 N，则刀架的位移量为

$$x = \frac{N}{Z}d \tag{3-7}$$

可见，关键是在辨向和可逆计数。最简单的辨向方法是用一个 D 触发器，将 A 信号接 D 端，B 信号接 CLK 端，由图 3-2 可看出：顺时针转动时，B 脉冲上升沿对应 A 脉冲高电平，D 触发器 Q 端输出高电平；反之 Q 端输出低电平。可逆计数器可以用数字电路（如 74LS193）构成，也可由单片机完成。单片机只能加计数，因此减计数就是对单片机计数器重置初值后进行加计数。

3. 光电式旋转编码器的使用注意事项

旋转编码器由精密器件构成，当受到较大冲击时，可能会损坏，使用时应充分注意。

（1）安装　安装时不要给轴施加直接的冲击，编码器轴与机器的连接应使用柔性连接器。在轴上装连接器时，不要硬压入，即使使用连接器，如安装不良也有可能给轴加上比允许负荷还重的负荷，或造成拨芯现象，因此请注意。

轴承寿命与使用条件有关，受轴承负荷的影响特别大。如轴承负荷比规定负荷小，可大大延长轴承寿命。

不要将角编码器进行拆解，因为拆解将有损防油和防滴性能。另外，防滴型产品不适于长期浸在水、油中，表面有水、油时应擦拭干净。

（2）避免振动　加在角编码器上的振动，往往会成为脉冲误发生的原因。因此，应对设置场所、安装场所加以注意。分辨力越高的角编码器，越易受到振动的影响。在低速旋转或停止时，因振动可能会发生误脉冲。使用单型时，若在信号的上升、下降沿附近停止转动，则可能会因振动产生错误脉冲，造成错误计数。此时，若组合可逆型和加减法计数器使用，可防止累积错误脉冲计数。

（3）正确配线和连接　误配线可能会损坏内部回路，故在配线时应充分注意：

① 配线应在电源断开（OFF）状态下进行。否则，若输出线接触电源，则有时会损坏输出电路。

② 配线时应充分注意电源的极性等。若配线错误，则有时会损坏内部电路。

③ 高压线、动力线与编码器配线分开，应另行配线。若并行配线，则有时会受到感应

造成误动作或损坏。

④ 连接线应在 10m 以下。由于电线的分布电容会延长波形的上升、下降时间，有问题时，请采用施密特电路等对波形进行整形。连接线应采用电阻小、线间电容低的电线（双绞线、屏蔽线）。

⑤ 要尽量用最短距离配线以避免感应噪声等。向集成电路输入时，要特别注意。

（4）忌用绝缘电阻表测试　角编码器在外壳和电气电路间有 500V 的耐压，但如加压方法有误，有可能损坏内部的电子电路，因此一般不要用绝缘电阻表测试。

（5）噪声抑制　电缆配线不要与动力线平行，也不要与其在同在一个管道内。控制盘内的继电器、开关等发生的火花，应尽量用电容及浪涌吸收器件将其除去。应避免放在电焊机、电炉等附近使用，或者采用屏蔽电磁的对策。电缆延长时，务必使用屏蔽电缆。编码器外壳与控制盘箱体之间存在电位差时，可能会由于噪声引起误动作，在此情况下，需在两者间用 $3 \sim 5.5 \text{mm}^2$ 的电线连接。因角编码器与外部机器关系的不同，噪声影响的不同，接地要求各不相同。一般的接地方法见表 3-1。

表 3-1　角编码器的接地方法

与控制盘距离	角编码器的接地方法
30m 以下	角编码器外壳与控制盘箱体之间用截面积为 $3 \sim 5.5 \text{mm}^2$ 的电线连接，然后将 OV（E）端用同种电线与控制盘箱体连接，再接地
30m 以上	在上述连接基础上，将编码器外壳另外再接地

3.1.3　旋转变压器

旋转变压器（resolver/transformer）简称旋变，又称同步分解器，是一种精密角度、位置、速度检测装置，适用于所有使用旋转编码器的场合，特别是高温、严寒、潮湿、高速、高振动等旋转编码器无法正常工作的场合。由于光电编码器受光电器件频率响应的限制（一般在 200kHz 以下），在 12bit 时，转速只能达到 3000r/min。而旋变在输出 12bit 的信号下，允许电动机的转速可达 6000r/min。因此，旋变迅速取代光电编码器成为永磁电动机的位置传感器。目前，家电中电冰箱、空调器、洗衣机的变频控制，采用的是永磁电动机；电动汽车中的位置、速度传感器都是旋转变压器。

旋转变压器在结构上与二相绕线转子异步电动机相似，由定子和转子组成。其中定子绕组作为旋转变压器的一次绕组，接入励磁电压，励磁频率通常为 400Hz、3000Hz 及 5000Hz 等。转子绕组作为旋转变压器的二次绕组，通过电磁耦合输出感应电压。

转子在转动，其输出的感应电压如何引出呢？根据转子电信号引出方式，旋转变压器分为有刷式和无刷式。

有刷旋变的转子绕组与转子上的集电环相接，信号通过定子上的电刷引出。

无刷旋变目前有两种结构形式：环形变压器式和磁阻式。

① 环形变压器式旋变的结构如图 3-3 所示。图中右侧部分是典型的旋转变压器的定子、转子，在结构上有和有刷旋转变压器一样的定、转子绕组，作信号变换。左侧是环形变压器。它的一次绕组在转子上，二次绕组在定子上，两绕组同心放置。转子上的两绕组相连。这样旋转变压器的信号就通过环形变压器二次绕组引出。

② 磁阻式旋转变压器工艺性好、相对位移大、工作可靠、结构简单、成本低。它的励磁绕组和输出绕组放在同一套定子槽内，固定不动。但励磁绕组和输出绕组的形式不一样。两相绕组的输出信号随转角作正弦变化、彼此相差90°。转子磁极形状作特殊设计，使得气隙磁场近似于正弦形。转子形状的设计也必须满足所要求的极数。转子的形状决定了极对数和气隙磁场的形状。

磁阻式旋转变压器一般都做成分装式，不组合在一起，以分装形式提供给用户，由用户自己组装配合。

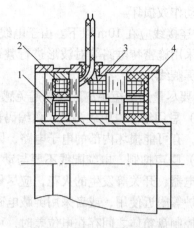

图 3-3 旋转变压器结构图
1—环形变压器一次绕组 2—环形变压器二次绕组
3—旋转变压器一次绕组 4—旋转变压器二次绕组

3.2 感应同步器及应用

感应同步器是应用电磁感应原理来测量直线位移和角位移的一种精密传感器。由于感应同步器是一种多极感应元件，对误差起补偿作用，所以具有很高的精度。

感应同步器的优点是：对环境温度、湿度变化要求低，测量精度高，抗干扰能力强，使用寿命长，便于成批生产和包装运输等。目前，感应同步器广泛应用于程序数据控制机床和加工测量装置中。

3.2.1 感应同步器的结构和种类

感应同步器分旋转式和直线式两种，前者用来检测旋转角度，后者用来检测直线位移。感应同步器的结构都包括固定和运动两部分，对于旋转式分别称为定子和转子；对于直线式，则分别称为定尺和滑尺。本节以直线式感应同步器为例来说明其工作原理。

1. 直线式感应同步器的结构

直线式感应同步器的定尺和滑尺都由基板、绝缘层和绕组构成，绕组的外面包有一层与绕组绝缘的接地屏蔽层。如图 3-4 所示，定尺安装在静止的机械设备上，与导轨母线平行；滑尺安装在活动的机械部件上，与定尺之间保持均匀的狭小气隙，可相对于定尺移动。

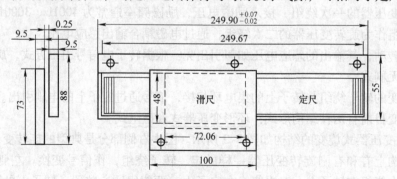

图 3-4 直线式感应同步器外形

直线式感应同步器定尺和滑尺的基板采用铸铁或其他钢材做成。这些钢材的线膨胀系数应与安装感应同步器的床身的线膨胀系数相近，以减小温度误差。

在定尺和滑尺上腐蚀有印制电路绕组，绕组的材料为铜。考虑到接长的要求和安装的方便，将定尺绕组做成连续式，由一连串线圈串联而成；而将滑尺绕组做成分段式，并分别为正弦绕组（S绕组）和余弦绕组（C绕组），它们在空间位置上错开而形成 90°相位差，如图3-5 所示。

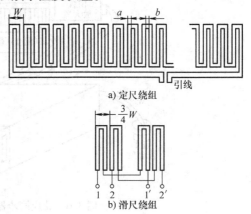

图 3-5 定尺和滑尺绕组结构

2. 直线式感应同步器的种类

根据不同的运行方式、精度要求、测量范围和安装条件等，直线式感应同步器可设计成各种不同的尺寸、形状和种类。

（1）标准型 标准型直线式感应同步器精度高，应用最普遍，每根定尺长 250mm。测量长度超过 175mm 时，可将几根定尺接起来使用，甚至可连接长达十几米，但必须保持安装平整，否则极易损坏。

（2）窄型 窄型直线式感应同步器的定尺、滑尺长度与标准型相同，仅是定尺宽度为标准型的一半。用于安装尺寸受限制的设备，精度稍低于标准型。

（3）带型 定尺的基板改用钢带，滑尺做成滑标式，直接套在定尺上。安装表面不用加工，使用时只需将钢带两头固定即可。

（4）三通道型 在一根定尺上有粗、中、精三种绕组，以便构成绝对坐标系统。

3.2.2 感应同步器数显表及其应用

感应同步器与数字位移显示装置（简称感应同步器数显表）配合，能快速地进行各种位移的精密测量，并进行数字显示。它若与相应电气控制系统组成位置伺服控制系统（包括自动定位及闭环伺服系统），能实现整个测量系统的半自动化及全自动化。如在感应同步器数显表中配上微处理器，将大大提高数字显示功能及位移检测的可靠性。

感应同步器鉴幅位移测量装置如图 3-6 所示。该装置由感应同步器和数显表两部分组成，前置放大器、匹配变压器与感应同步器一起安装在机床上。

感应同步器利用定尺和滑尺的两个平面印制电路绕组的互感随其相对位置变化的原理，将位移转换为电信号。感应同步器工作时，定尺和滑尺相互平行、相对放置，它们之间保持一定的气隙（0.25 ±0.005）mm，定尺固定，滑尺可动。当滑尺的 S 和 C 绕组分别通过一定的正、余弦电压励磁时，定尺绕组中就会有感应电动势产生，其值是定尺、滑尺相对位置的函数。

感应同步器可采用不同的励磁方式，相应信号处理的方式也不同。若给 S 和 C 绕组以同频、同相但不等幅的电压励磁，则可根据感应电动势的幅值来鉴别位移量，称为**鉴幅型**。若给 S 和 C 绕组以等频、等幅、相位差 90°的电压分别励磁，则可根据感应电动势的相位来鉴别位移量，称为**鉴相型**。图 3-6 中，位移数显表的显示分数字和模拟两部分。数字表分辨力设定为 0.01mm；模拟表头称为**微米表**，显示误差部分，分辨力为 μm 级。

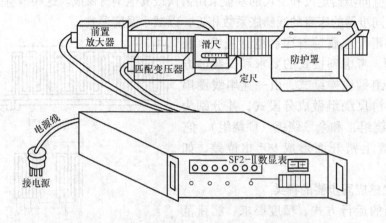

图 3-6 感应同步器鉴幅位移测量装置示意图

3.2.3 感应同步器在镗床上的应用

镗床在加工零件前常使用量块确定零件的加工中心以保证加工精度。这种方法繁琐、效率低。在镗床的垂直方向和纵向安装感应同步器，并配接数显表，可直接准确地确定零件的加工中心。图 3-7 所示为国产 TX611 型数显卧式镗床外形图。在主轴上下移动的垂直坐标（y 轴）装有感应同步器的定尺 4 和滑尺 3，在上滑座横向移动的坐标（x 轴）装有感应同步器的定尺 2 和滑尺 1，采用最简单的半开启式防护罩。数显表 5 安装在可以转动的表架上，以便操作者调整视角。

该镗床坐标定位准确度在全行程为 0.03mm，加工精度可优于 0.06mm。根据标准规定，定位准确度是在全行程内每相距 50mm 检一点。对于 0.03mm 的定位准确度要求，在调整接长感应同步器定尺和检定精度时，长度基准可以选用精密线纹米尺（准确度为 5μm 的），用读数值为 1μm 的读数显微镜读数。

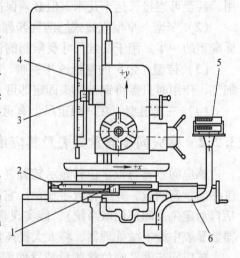

图 3-7 TX611 型数显卧式镗床外形图

1—纵向坐标滑尺 2—纵向坐标定尺
3—垂直坐标滑尺 4—垂直坐标定尺
5—数显表 6—弯管

3.3 光栅传感器及应用

光栅传感器是根据莫尔条纹原理制成的一种脉冲输出数字式传感器，它广泛应用于数控机床等闭环系统的线位移和角位移的自动检测以及精密测量，测量精度可达几微米。只要能够转换成位移的物理量，如速度、加速度、振动和变形等，均可采用光栅传感器测量。

3.3.1 光栅的类型与结构

实际应用的光栅有透射光栅和反射光栅，按其工作原理可分为黑白光栅（辐射光栅）和相位光栅（炫耀光栅）；按其用途可分为直线光栅和圆光栅。

黑白透射直线光栅是在镀有铝箔的光学玻璃上，均匀地刻上许多明暗相间、宽度相同的透光线，称为栅线。设栅线宽为 a，线间缝宽为 b，$a+b=W$ 称为光栅节距（栅距）。通常 $a=b=W/2$，也可刻成 $a:b=1.1:0.9$。目前常用的光栅每毫米刻成 10、25、50、100 或 250 线。使用时，长光栅装在运动部件上，称为标尺光栅；短光栅装在固定部件上，称为指示光栅。

图 3-8 所示是黑白透射直线光栅读数头布置与截面图。光源（LED）通过标尺光栅和指示光栅组成的光栅副形成莫尔条纹，光敏晶体管将莫尔条纹的移动信号转换成电信号，实现位置测量。从截面图看出，标尺光栅牢固地安装在一个坚固的刚性框架内，与包括指示光栅在内的读数头构成组件，以便于快速地安装到机床的相对运动部件上。刚性框架上有良好的密封，可防止油污、尘埃和切屑等损害标尺光栅。

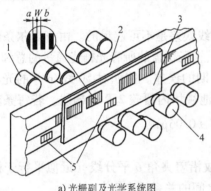
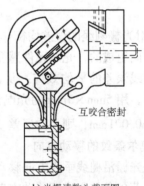

a) 光栅副及光学系统图　　　　b) 光栅读数头截面图

图 3-8　黑白透射直线光栅读数头布置与截面图

1—光源（LED）　2—标尺光栅　3—指示光栅　4—光敏晶体管　5—零位光栅（ABS 标记）

3.3.2 莫尔条纹

1. 莫尔条纹的形成原理

按照光学原理，对于栅距远大于光波波长的粗光栅，可以利用几何光学的遮光原理来解释莫尔条纹的形成。

如图 3-9 所示，当两个有相同栅距的光栅合在一起，其栅线之间倾斜一个很小的夹角 θ，于是在近似垂直于栅线的方向上出现了明暗相间的条纹。例如在 $h\text{-}h$ 线上，两个光栅的栅线彼此重合，从缝隙中通过光的一半，透光面积最大，形成条纹的亮带；在 $g\text{-}g$ 线上，两光栅的栅线彼此错开，形成条纹的暗带，当 $a=b=W/2$ 时，$g\text{-}g$

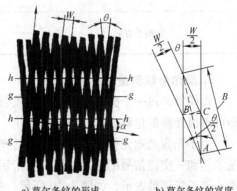

a) 莫尔条纹的形成　　b) 莫尔条纹的宽度

图 3-9　莫尔条纹形成原理图

线上是全黑的。

像这样近似垂直于栅线方向（只差 $\theta/2$ 角）的莫尔条纹称为横向莫尔条纹；而由栅距不等的两光栅形成的莫尔条纹称为纵向莫尔条纹；将形成纵向莫尔条纹的两光栅倾斜一小角度 θ，则形成斜向莫尔条纹。

2. 莫尔条纹的宽度

当 θ 角很小时，由图 3-9b 可求出横向莫尔条纹的宽度 B 与栅距 W（mm）和倾斜角 θ（rad）之间的关系为

$$B \approx \frac{W}{\theta} \tag{3-8}$$

3. 莫尔条纹的特点

根据式（3-8）知，莫尔条纹具有以下特点：

1）对位移的光学放大作用：即把极细微的栅线放大为很宽的条纹，便于测试。例如 $\theta = 10'$，若 $W = 0.01\text{mm}$，则 $B = 3.44\text{mm}$。

2）连续变倍的作用：其放大倍数可通过改变 θ 角连续变化，可获得任意粗细的莫尔条纹。

3）对光栅刻线的误差均衡作用：光栅的刻线误差是不可避免的。由于莫尔条纹是由大量栅线共同组成的，光电元件感受的光通量是其视场覆盖的所有光栅光通量的总和，具有对光栅的刻线误差的平均效应，从而能消除短周期的误差。例如对 50 线/mm 的光栅（$W = 0.02\text{mm}$），用 5mm×5mm 的光电池接收，光电池视场内覆盖 250 条栅线。若每条刻线误差为 $\delta_0 = \pm 0.001\text{mm}$，则平均误差 $\Delta = \delta_0 / \sqrt{250} = \pm 0.06\mu\text{m}$。

4. 莫尔条纹的移动方向

当主光栅沿栅线垂直方向移动时，莫尔条纹沿着夹角 θ 平分线（近似平行于栅线）方向移动。莫尔条纹和光栅移动方向与夹角转向之间的关系见表 3-2。

表 3-2　莫尔条纹和光栅移动方向与夹角转向之间的关系

标尺光栅相对指示光栅的转角方向	标尺光栅移动方向	莫尔条纹移动方向
顺时针方向	向左	向上
	向右	向下
逆时针方向	向左	向下
	向右	向上

5. 莫尔条纹测量位移的原理

光栅每移过一个栅距 W，莫尔条纹就移过一个间距 B。通过测量莫尔条纹移过的数目，即可得出光栅的位移量。

由于光栅的遮光作用，透过光栅的光强随莫尔条纹的移动而变化，变化规律接近于一直流信号和一交流信号的叠加。固定在指示光栅一侧的光电转换元件的输出，可以用光栅位移量 x 的正弦函数表示，如图 3-10 所示。只要测量波形变化的周期数 N（等于莫尔条纹移动数）就可知道光栅的位移量 x，其数学表达式为

$$x = NW \tag{3-9}$$

3.3.3 直线光栅的安装与调整

图 3-11 所示为光栅传感器应用演示装置，标尺光栅（长光栅）安装在固定部件上，指示光栅（短光栅）安装在移动部件上。

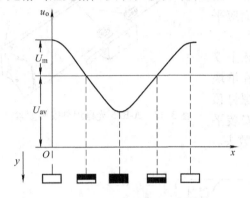

图 3-10 光电转换元件输出与
光栅位移量的关系

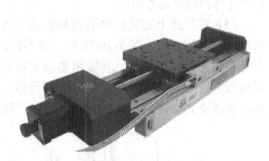

图 3-11 光栅传感器应用演示装置

1. 直线光栅在机床上的安装

现以 A-R/5 型光栅传感器为例说明直线光栅在机床上的安装。A-R/5 是标准型组件，一般情况下（几乎占90%）均采用这种型号，可用于铣床、车床、钻床和镗床等，安装方便，长度规格从300mm 至3050mm，约有 19 种规格，可以满足大多数测量的需要。该组件均可在 0 ~ 50℃ 条件和相对湿度 25% ~ 95%（无冷凝）条件下工作，储存温度为 -40 ~65℃。

（1）光栅组件的尺寸和安装数据 A-R/5 光栅组件的尺寸和安装数据如图 3-12 所示。

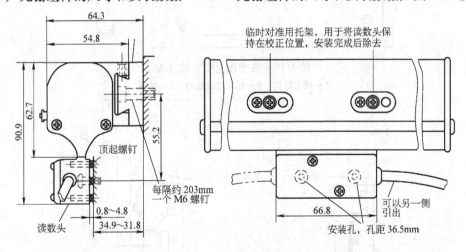

图 3-12 A-R/5 光栅组件的尺寸和安装数据

（2）光栅组件的安装要素 如图 3-13 所示，1 为读数头外壳铸件，2 为标尺架，3 为将标尺壳固定到燕尾板上的安装螺钉，4 为对准托架，5 为燕尾板。

（3）光栅组件在机床的纵向坐标上安装的两种方法 如图 3-14 所示，图 3-14a 是在读数头和滑板之间加垫；图 3-14b 是在燕尾板和滑板之间的每一安装孔下加垫，以使燕尾板远离工作台。

（4）光栅组件在机床毛面上的安装　在机床上没有加工好的安装面，安装光栅组件时建议采用如图 3-15 所示的顶/压螺钉方法。图中箭头所指的表面应平行于工作台的运动方向。

（5）在机床上安装组件的两种方法　在机床上安装组件的两种方法如图 3-16 所示。图 3-16a 为在滑块上有足够大的安装平面，直接用垫块支撑并经螺钉顶起读数头。图 3-16b 为在滑块上没有足够大的安装平面，在滑块上安装一个支架支撑并经螺钉顶起读数头。

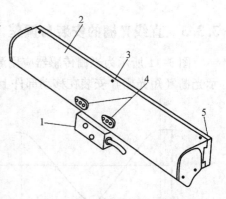

图 3-13　A-R/5 光栅组件安装要素

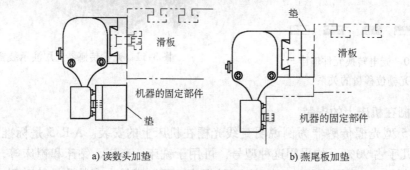

a) 读数头加垫　　　　b) 燕尾板加垫

图 3-14　纵向坐标上安装的两种方法

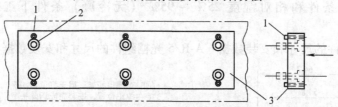

图 3-15　在毛面上安装的方法
1—顶起螺钉　2—安装压紧螺钉　3—基板

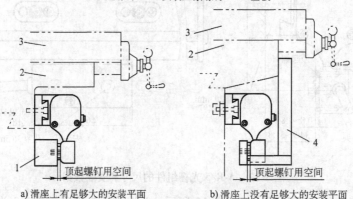

a) 滑座上有足够大的安装平面　　b) 滑座上没有足够大的安装平面

图 3-16　在机床上安装组件的两种方法
1—垫块　2—滑座　3—工作台　4—支架

2. 光栅信号的调整

光栅信号的调整包括光量调整、直流偏移调整和相位调整等，其中最重要的是相位调整。

（1）光栅尺的安装调整 标尺光栅和指示光栅面要平行地安装，允许有少量变化，它们之间的间隙变化不要超过 0.2mm，并在全行程上使标尺光栅和读数头指示光栅不接触。

（2）光量调整 读数头上有四个光量调整螺钉 a、b、c、d，分别遮挡四相光敏晶体管 VT_1、VT_2、VT_3、VT_4 的光量。如图 3-17 所示，VT_1、VT_3 和 VT_2、VT_4 分别经差分放大输出正交的两相信号（相差 90°）。因此，调整螺钉 a 和 c 为一组正弦相，b 和 d 为一组余弦相。若同时按相同比例对一组调整螺钉旋进，则输出信号的幅值减小；

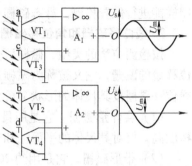

图 3-17 读数头电路原理图

若同时旋出，则幅值增大。信号输出幅值一般为 8～9V（峰-峰值），最小不低于 6V（峰-峰值）。若四个调整螺钉均衡地、对称地全部旋出时，振幅处于过小或过大状态，则应调整光亮旋钮。

（3）前置放大器的偏置调整 对每一相信号如果只旋进或旋出其中一个螺钉，则可调整直流平衡，使输出波形直流分量为零。

（4）相位调整 相位调整是在读数头和标尺光栅相对移动时调整的，其目的是保证两相信号正交，它取决于光敏元件安装的相对位置。读数头上的相位调整螺钉是两个对顶的压紧螺钉，一个螺钉不动时，另一个要稍许松动后才能调整，调整过程中应该少量地、交替地进行调整，最后将螺钉紧固。相位调整的工具为内六角扳手。调整过程中始终要用示波器观测两相信号的相位。相位可以用双踪示波器测量，也可以用单踪示波器李沙育图形法测量。读数头上还有两个紧固螺钉，即相位锁定螺钉。在锁紧过程中也要始终观测两相信号的相位。

（5）检查调整结果

1）观测在全行程范围内的信号，确认信号幅值的变动、直流平衡变化以及相位偏移量等均在所规定的范围之内。

2）检查全行程的精度，用基准量具进行测量后，可调整标尺光栅的倾斜度。

（6）运行中信号不稳的原因与处理

1）标尺光栅安装不好：与移动方向不平行；或安装中被扭曲和倾斜。

2）读数头的指示光栅等有污渍，应擦净。

3）标尺光栅划伤：微小划伤或局部划伤问题不大。

4）读数头调整不良，可依据信号状态处理。

3.4 磁栅传感器及应用

3.4.1 磁栅传感器的类型

1. 动态磁栅和静态磁栅

按被测物体的运动状态，磁栅可分为动态磁栅和静态磁栅。动态磁栅用于检测匀速运动的被测物体，读出磁头通常采用速度响应式磁头（其工作原理相当于录音机磁头）；静态磁栅用于检测变速运动的被测物体，读出磁头需用调制式的磁通响应式磁头（又称静态磁头）。静态磁栅检测系统对被测物体的运动速度的变化无特殊要求，即使处于静止状态下也照样能进行位置检测。静态磁栅检测系统又称磁栅数显系统。

2. 线位移磁栅和角位移磁栅

按检测位移的类型，磁栅可分为线位移磁栅和角位移磁栅。角位移磁栅是用于测量角度位移量的磁栅，它又被称为磁栅盘。线位移磁栅是目前应用最广的一种磁栅，简称为磁栅。线位移磁栅按其尺体的形状又可分为下列几种。

（1）实体形磁栅　它是用具有一定厚度的金属或玻璃作为尺体的一种磁栅。这种磁栅精度高，但对其尺体的平面性和表面粗糙度要求都相当高，故成本较高，长度有一定限制。

（2）带形磁栅　它是用约20mm宽、0.2mm厚的带材作为尺体的一种磁栅。带形磁栅主要应用于大型机床，其有效长度可达30m，甚至更长。

（3）线形磁栅　它是用 $\phi2 \sim \phi4mm$ 的线材作为尺体的一种磁栅。线形磁栅的结构特点是磁栅尺和磁头组装在一起，安装使用都相当方便，且截面积较小。它的有效长度一般在3m以内，是磁栅中应用很广的一个品种。

其他，按精度等级可分为高精度磁栅和粗精度磁栅；按是否带绝对零点可分为增量式磁栅和绝对式磁栅。

3.4.2　磁栅传感器的原理

线位移磁栅传感器由磁头、磁栅尺和检测电路组成。图3-18所示为两磁头与磁栅尺的配置示意图，两个磁头配置在间隔为 $(m \pm 1/4)W$（m 为整数）的位置上，产生两个相位差为90°的信号，用以辨向。

磁栅尺是用非导磁性材料做尺基，在尺基的上面镀一层均匀的磁性薄膜，然后录上一定波长的磁信号。磁信号的波长（周期）又称节距，用 W 表示。磁信号的极性是首尾相接，在N、N重叠处为正的最强，在S、S重叠处为负的最强。

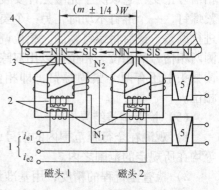

图3-18　两磁头与磁栅尺的配置示意图
1—励磁电流　2—可饱和铁心　3—磁头磁极
4—磁尺　5—带通滤波器

磁头分动态磁头（又名**速度响应式磁头**）和静态磁头（又名**磁通响应式磁头**）两大类。动态磁头与磁栅尺间有相对运动时，才有信号输出，只能在恒速下检测。静态磁头输出与速度无关，应用广泛。

静态磁头有两组绕组 N_1 和 N_2，N_1 为励磁绕组，N_2 为感应输出绕组。在励磁绕组中通入交变的励磁电流，一般频率为5kHz或25kHz，幅值约200mA。励磁电流使磁心的可饱和部分（截面积较小）在每周期内发生两次磁饱和。磁饱和时磁心的磁阻很大，磁栅上的漏磁通不能通过铁心，输出绕组不产生感应电动势。只有在励磁电流每周两次过零时，可饱和磁心才能导磁，磁栅上的漏磁通使输出绕组产生感应电动势 e。由于磁头的铁心是非线性的，因此磁头直接输出的感应电动势为脉冲状波形，其频率 ω 为励磁电流频率的两倍，如图3-19所示。感应电动势 e 的包络线反映了磁头与磁栅尺的位置关系，其幅值与磁栅到磁

心漏磁通的大小成正比，经带通滤波器后的输出信号波形如图 3-20 所示。感应电动势 e 的数学表达为

$$e = E\sin\frac{2\pi x}{\lambda}\cos\omega t \tag{3-10}$$

为增大输出，实际使用时常采用多间隙磁头，各磁头的励磁线圈和信号输出线圈可分别串联或并联。多间隙磁头的输出是许多个间隙磁头所取得信号的平均值，有平均效应作用，因而可提高测量精度。

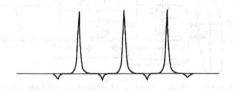

图 3-19　磁头的直接输出信号

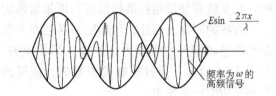

图 3-20　经带通滤波器后的输出信号波形

3.4.3　磁栅传感器的结构

如前所述，磁栅传感器分为带形磁栅和线形磁栅，它们的基本区别是磁栅尺的基体。带形磁栅尺的基体是带材，而线形磁栅尺的基体是线材。另外，带形磁栅的磁头的工作面压在磁带上，是接触式测量；而线形磁栅是用带孔的磁头套在线材上，是非接触式测量。

从结构上分，线形磁栅尺有双端固定式和单端固定式两种。双端固定式又分为不带导向机构的和带导向机构的两种。其中，不带导向机构的双端固定式线形磁栅应用最广。

不带导向机构的双端固定式线形磁栅的结构如图 3-21 所示，它主要由线形磁栅尺、框架、张紧机构、固定块、防尘条和线形磁头、磁头架等组成。线形磁栅尺的线材一般由专门冶炼的磁性合金材料制成，适用于导轨精度高的机床。常用线材的成分有铜、镍、铁和铁铬、钴两种。除了磁性能应满足使用要求外，对线材的几何精度也有很高要求。

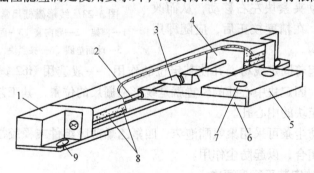

图 3-21　不带导向机构的双端固定式线形磁栅结构图

1—端罩　2—磁栅尺　3—磁头　4—固定块　5—中垫板
6—磁头架　7—磁头架安装孔　8—泡沫垫　9—尺体安装孔

带导向机构的线形磁栅适用于导轨精度较差的机床，或工作中滑板移动时振动较大的机床，缺点是结构较复杂。

单端固定式线形磁栅由测量杆带动磁栅尺移动，测量杆始终与测量对象保持良好的接

触，体积小、全密封，适用于较恶劣环境下在线测量厚度、直径等几何量，测量范围一般小于 200mm。

3.4.4 磁栅传感器的组装

1. 带形磁栅尺的张紧力调整及磁头压入深度

通常，有效长度大于 3000mm 的带形磁栅尺，其拼接组装式框架以散件方式发运到用户处，在安装现场拼接校准好以后，再张紧固定已录好磁的磁带。因此，带形磁栅必须在安装现场调整磁栅尺的张紧力，来校正累积误差。如图 3-22 所示，通过旋转调整螺钉，便可改变磁带所受的张紧力。

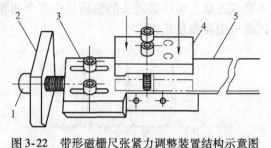

图 3-22　带形磁栅尺张紧力调整装置结构示意图
1—调整螺钉　2—挡板　3—滑块　4—压板　5—磁带

磁头压入深度的选取原则应是在磁头的输出信号满足使用要求的前提下尽量小一些，一般取为 0.3~0.5mm。当磁栅的有效长度小于 300mm 时，磁头的压入深度一般取为 0.3mm。随着有效长度的增大，其压入深度可略微取大一些。

2. 线形磁栅尺的张紧力调整

制造线形磁栅尺时，一般都采取整根线材（长 2.5~3m）在张紧状态下一次性录磁，然后根据所需长度截断。安装时，再调整其张紧力，并恢复其录磁精度。线形磁栅尺的框架一般用 Q235A 冷轧钢板折弯而成。装配和安装使用时，框架表面是平行度基准，应有直线度要求。线形磁栅尺常用的张紧力机构如图 3-23 所示。线材由夹紧块夹紧。调节螺母可使导向套通过球面垫圈带动夹紧块左右移动，从而改变线材的张紧状态，在精度校正后，应随即用粘接剂封固张紧机构。

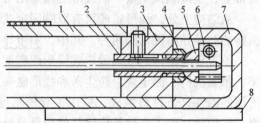

图 3-23　线形磁栅尺常用的张紧力机构
1—框架　2—导向套　3—固定块　4—调节螺母
5—球面垫圈　6—夹紧块　7—端罩　8—底板

两端的固定块起着固定线材，并使其定位的作用，一般选用 H62 铜制成。固定块与框架之间由螺钉紧固。固定块中心孔的位置就是线形磁栅尺的位置，其工艺是在框架与固定块组合后，再加工固定块的中心孔。

线形磁栅尺的防尘条可采用聚氨酯泡沫、四氟乙烯薄膜组件或橡胶带制成，要求它在磁头架移出后能自动闭合，以起防尘作用。

3. 组装磁栅尺的安装平行度要求

组装磁栅尺的安装平行度要求如图 3-24 所示，磁栅盒体安装面 A、B 及磁头滑块安装面 C 的平行度应保持在下述公差范围内：

A、B 面对机床导轨面平行度≤0.01mm；C 面对机床导轨面平行度≤0.10mm；B 面和 C 面间的平行度≤0.05mm；B 面和 C 面间的间隙为 $b±0.10$mm（注：SONY 公司磁栅尺 $b=9$mm）。

但有的厂家规定在两个校正标记间的平行度控制在 0.08mm 以内时，才用螺钉将磁尺盒固定；当磁栅尺的有效长度超过1m时，常常分两步调整平行度，先在一端的校正标记与中心底板（即中间的固定基准面）间进行一次调整，然后在另一端的校正标记与中心底板间再进行一次，均要求平行度≤0.08mm。

安装磁头滑块时，先移动机床运动部件，使准备好的滑块安装托板位于滑块下方，然后装好滑块，当尺寸b不能保证时，可使用垫片塞入。当滑块紧固好以后，可卸下夹紧块，最后用橡胶塞可靠地堵住螺孔，以防止金属粉末、切削油或灰尘进入孔内。

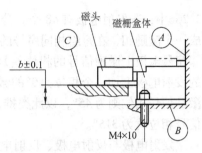

图3-24　组装磁栅尺的安装平行度要求

3.5　容栅传感器

容栅传感器是一种新型大位移数字式传感器，其工作原理就是一种增量式变面积电容式传感器。容栅的重复周期结构是沿袭了感应同步器、光栅、磁栅的思路，它的电极排列如同栅状，故称为容栅传感器。与其他大位移传感器，如光栅、磁栅、感应同步器等相比，虽然精度稍差，但体积小、造价低、耗电省和环境适用性强，广泛应用于电子数显卡尺、千分尺、高度仪、坐标仪和机床行程的测量中。

3.5.1　容栅传感器的结构及工作原理

根据结构形式，容栅传感器可分为三类，即直线形容栅传感器、圆形容栅传感器和圆筒形容栅传感器。其中，直线形和圆筒形容栅传感器用于直线位移的测量，圆形容栅传感器用于角位移的测量，图3-25所示为直线形容栅传感器结构简图。

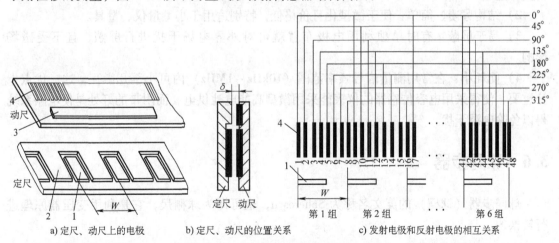

a) 定尺、动尺上的电极　　b) 定尺、动尺的位置关系　　c) 发射电极和反射电极的相互关系

图3-25　直线形容栅传感器结构简图
1—反射电极　2—屏蔽电极　3—接收电极　4—发射电极

容栅传感器由动尺和定尺组成，两者保持很小的间隙δ，如图3-25b所示。动尺上有多个发射电极和一个长条形接收电极；定尺上有多个相互绝缘的反射电极和一个屏蔽电极（接地）。一组发射电极的长度为一个节距W，一个反射电极对应于一组发射电极。在图

3-26c中，若发射电极有48个，分成6组，则每组有8个发射电极。每隔8个接在一起，组成一个激励相，在每组相同序号的发射电极上加一个幅值、频率和相位相同的激励信号，相邻序号电极上激励信号的相位差是45°（360°/8）。设第一组序号为1、9、17、25、33、41的发射电极上加一个相位为0°的激励信号，序号为2、10、18、26、34、42的发射电极上的激励信号相位则为45°，以此类推，则序号为8、16、24、32、40、48的发射电极上的激励信号相位就为315°。

发射电极与反射电极、反射电极与接收电极之间存在着电场。由于反射电极的电容耦合和电荷传递作用，使得接收电极上的输出信号随发射电极与反射电极的位置变化而变化。

当动尺向右移动距离 x 时，发射电极与反射电极间的相对面积发生变化，反射电极上的电荷量发生变化，并将电荷感应到接收电极上，则在接收电极上累积的电荷 Q 为

$$Q = C\sin(\omega t + \theta_x) \tag{3-11}$$

式中，C 为电荷系数；ω 为激励信号频率；θ_x 为由位移 x 引起的相位角。相位角 θ_x 为

$$\theta_x = \arctan(2x/W) \tag{3-12}$$

式中，W 为发射极节距。

由式（3-11）可见，接收电极上的电荷量幅值为常数，其相位角 θ_x 呈周期变化，周期为1个 W；由式（3-12）可知，相位角 θ_x 与位移量 x 间存在一定的非线性误差。一般用于数显卡尺的容栅的极距 $W = 0.635\,\mathrm{mm}$，最小分辨力为 $0.01\,\mathrm{mm}$，非线性误差小于 $0.01\,\mathrm{mm}$，$150\,\mathrm{mm}$ 总测量误差为 $0.02 \sim 0.03\,\mathrm{mm}$。

3.5.2　容栅传感器的特点

1）线性好：可优于 0.01%，从而可制出高精度的测量系统。例如当分辨力为 $1\,\mathrm{\mu m}$ 时，精度可达 $5\,\mathrm{\mu m}/525\,\mathrm{mm}$。

2）结构紧凑、简单：便于微型化且价格低，特别适用于小型量仪、量具。

3）易于屏蔽：有时单独利用电极布置就可对外界电场干扰进行屏蔽，且不受磁场影响。

4）能耗小：在常用测量信号频率范围（$10\,\mathrm{kHz} \sim 1\,\mathrm{MHz}$）内可小至几微瓦，这一优点十分重要，使得采用电容传感器的仪表能采用微型高能电池供电，而附带的好处是使电路系统得以免除电源干扰。

3.6　球同步器

球同步器（球栅）的英文名称为 Spherosyn，也可译为球栅尺，它是利用变压器原理进行转换的。

3.6.1　球同步器的特点

开发球同步器的出发点是考虑到光栅尺不能适应机床使用的恶劣环境，同时玻璃光栅尺在应用中还存在温度变化对精度的影响。

1. 球同步器的优点

1）采用全密封型结构：球同步器的高精度钢球和线圈均被完全密封，可以在水中或油

中工作。因此球同步器特别适用于水下机械和一些必须浸在水中进行加工的材料的加工机械。

2）尺体为金属结构、保护良好：不受冷却水、冷却液、金属粉末或尘土等影响。

3）壳体刚性强、密封好：当使用喷气枪清理机床时，直接喷射到球同步器上也不会被损坏。

4）温度特性好：基准钢球的线胀系数与钢铁相同，对车间温度的变化不敏感。

5）抗干扰能力强：能在强磁场和强辐射条件下工作，可用于核反应堆。

6）安装方便：球同步器采用组装式结构，安装方便。

2. 球同步器的技术指标

Newall 公司作为商品出售的球同步器组装尺的型号是 J 型，与之相配的球同步器数显表是 DIGLPAC5 型，组成测量系统后所能达到的技术指标为：

1）标准长度：3500mm。

2）最大长度：6858mm。

3）最高测量速度：120m/min。

4）分辨力：0.005mm、0.01mm。

5）准确度 A：±（0.005mm + $L \times 10^{-5}$）（其中，L 为量程，单位为 mm）。由此可得不同量程 L 时的准确度 A 见表 3-3。

表 3-3 不同量程球同步器的准确度

量程 L/mm	102	1000	1524	4064	4318	6858
准确度 A/mm	±0.006	±0.015	±0.020	±0.046	±0.048	±0.074

3.6.2 球同步器的结构和原理

1. 球同步器组装尺的外形和结构

球同步器组装尺的外形和结构如图 3-26 所示。图中防磁钢套用于防止外界磁场的干扰；球同步器组装尺的精度主要决定于钢球的精度，即钢球的直径和圆度，由于球径可以精选且能互相补偿，因此球同步器可以达到较高的准确度。

钢球的直径即为球同步器的测量周期，增加球的数量以增加测量周期便可以增大量程，只要装钢球的冷拉不锈钢

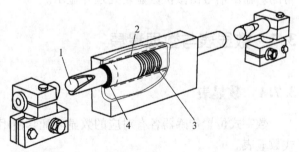

图 3-26 球同步器组装尺的外形和结构图
1—精密钢球 2—防磁钢套 3—线圈组 4—冷拉不锈钢管

管（采用不导磁的材料）足够长，量程便不受其他因素的限制，目前最大长度已达到 6858mm，其长度规格有：102 ~ 1524mm，每 50mm 一档；1524 ~ 4064mm，每 100mm 一档；4318 ~ 6858mm，每 250mm 一档。

2. 球同步器的基本工作原理

球同步器的基本工作原理和传统的电源变压器相似，如图 3-27a 所示。

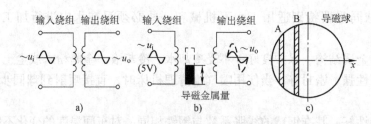

图 3-27 球同步器的工作原理示意图

在一般的电源变压器内有两组绕组，即输入绕组和输出绕组，当输入励磁交流电流时，在输出绕组中便得到交流输出电压。根据输入绕组和输出绕组间介质的不同（磁导率不同），输出电压的大小是不一样的。空气磁导率约为1。如图 3-27b 所示，若在输入绕组和输出绕组间放入导磁金属，在输出绕组中得到的感应电压就增大了，放进的导磁金属越多，输出电压便越大。根据这一原理，如果把导磁金属做成圆球，由于球的每一个截面的金属量都不相等，如图 3-27c 所示，当绕组由位置 A 移动到位置 B 时，输出电压就发生了变化，球同步器便是利用这一原理制成的。

3. 球同步器的位置测量原理

如图 3-28 所示，在不导磁的钢管内依次放入多个钢球，在钢管外配置可沿钢管滑动的读数头，读数头由输入绕组和输出绕组组成，当给输入绕组通以输入励磁电流信号时，输出绕组中就有感应电压信号输出。当读数头沿不导磁管移动时，在输入绕组和输出绕组间起磁耦合作用钢球截面积不断变化，输出电压也将随之变化。输出电压的变化周期就是球的直径。因此，位置的测量就是以球的直径连续累加进行的。输出信号由微机数显表处理并显示。

图 3-28 球同步器实形

3.7 数显表与数显量具

3.7.1 数显表

数字式位置传感器各有对应的数显表配套使用。目前已有感应同步器、光栅和磁栅兼容式数显表。

1. 光栅数显表的基本原理

（1）光栅数显表的基本构成 图 3-29 所示为光栅数显表的基本电路原理框图。一般光栅数显表的主要组成部分有：细分电路，方向判别与控制电路（辨向电路），计数、显示电路，绝对零位电路，功能电路。

简单数显表仅有置零和置数功能。复杂数显表还包括公/英制变换、直径/半径变换、分辨力选择、误差补偿、报警和故障检测等功能。

随着微电子技术和计算机技术的发展，数显表已经从单坐标测量发展为多坐标测量，功能也进一步扩大，实现了一定的编程功能，以及与计算机的连接。

（2）光栅数显表的细分与辨向技术 目前，光栅传感器的输出信号通常有两种：第一种是相位差为90°的两路方波信号，根据激励源的幅值不同，又分为3～5V和10～12V两种；第二种是相位依次相差90°的四路正弦波信号，幅值为1V（峰-峰值），除此之外，还有一个绝对零位脉冲信号输出，

图3-29 光栅数显表的基本电路原理框图

它通常是一个脉宽略窄于光栅栅距的矩形波。上述信号分别由方向判别和细分电路进行处理。

① 辨向技术：在实际工作中，被测物体移动的方向不是固定的。为了判别移动的方向，必须利用光栅传感器输出的两路相位差90°的输出信号。具体的方向判别电路如图3-30所示。图中S和C为光栅传感器输出的相位差90°的两路信号。门1和门2是两个与门。电路工作原理如下：

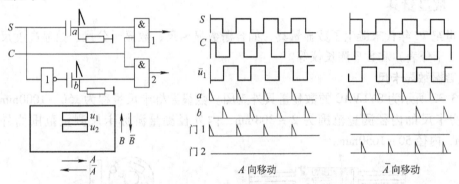

图3-30 方向判别电路

当光栅副的标尺光栅做A向移动时，莫尔条纹做B向运动，C比S超前$\pi/2$。S方波信号经微分电路产生的脉冲与C方波信号的高电平在与门1中相与，从而获得脉冲输出。而S的反相信号所产生脉冲与C方波信号的低电平在与门2中相与，与门2输出低电平。同理，当光栅副做$\overline{A}$向移动时，S比C超前$\pi/2$。于是与门2输出脉冲，而与门1输出低电平。与门1或与门2输出的脉冲信号分别控制计数器的加减计数脉冲，计数器的输出状态就可以正确反映光栅副的相对移动状态。该辨向电路对干扰是不敏感的。

② 细分技术：细分就是将一个计数脉冲分成多个脉冲，来提高分辨力，即对计数脉冲倍频。电子细分技术的基本原理是正/余弦信号组合技术，主要有：直接细分，一般为四倍频细分；电桥细分与电位器链细分，对光栅输出信号要求严格，且消耗一定的功率；复合细分，细分数可以做到40～80，有较高的细分精度，但是电路比较复杂；相位调制细分，细分数可以很高，通常为200～1000，但对电路中的滤波器有相应的要求；锁相倍频，在实现高细分数时有明显的优越性。带有单片机的数显表，还可用软件实现任意的细分数。

最简单的直接细分方法是通过四相光电元件获得四路相位差依次为90°的正弦信号，即一个脉冲代表1/4个节距。对于25线/mm的光栅，其分辨力为0.04mm，四倍频细分后可得到0.01mm的数字读数（分辨力）。光栅数显表中，将四相光电元件输出的四路正弦信号中两个相差180°的信号经差分放大获得两路相差90°的S、C信号，及其反相信号$\overline{S}$、$\overline{C}$，实现四倍频细分。

2. 兼容数显表

图 3-31 所示为一种兼容数显表外形图。感应同步器、光栅和磁栅兼容式数显表电路的主要部分是兼容的。以光栅数显表为基础，在主机仅增加了为感应同步器和磁栅设置的滤波和放大整形电路。因此，其价格可以与目前国内生产的光栅数显表相当。用于感应同步器或磁栅测量系统，需要再配备一个前放盒，它在整机成本中只占很小的一部分。而且它可以根据用户的需要来决定是否必须配置。

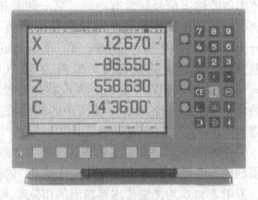

图 3-31　POSITIP808 兼容数显表外形

3.7.2　数显量具

20 世纪 70 年代末诞生了数显量具，如容栅数显卡尺、数显千分尺、数显高度尺、数显百分表（千分表）和数显测长仪等。

1. 容栅数显卡尺

图 3-32 所示为 SYLVAC 的数显量具外观图。数显游标卡尺量程为 150～1000mm；数显内径千分卡尺的内径测量范围为 2～308mm；内外径测量游标卡尺测量范围为外径 0～1000mm，内径 50～1050mm。

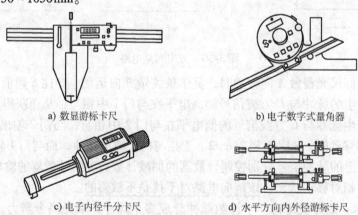

a) 数显游标卡尺　　　　　　　　　　　　b) 电子数字式量角器

c) 电子内径千分卡尺　　　　　　　d) 水平方向内外径游标卡尺

图 3-32　SYLVAC 的数显量具外观图

由于 SYLVAC 容栅系统结构紧凑、简单、可靠、精度高、耗电小、工作速度快，并且抗电磁干扰性能好，已在数显卡尺的生产中占主导地位。

2. 数显千分尺

图 3-33 所示是采用光缝盘编码器的数显千分尺外观图。由于其耗电较大，近期的产品较少采用。

用容栅传感器取代光缝式传感器构成的容栅数显千分尺，由旋转容栅（感应容栅）和固定容栅（励磁容栅）两个元件组成，如图 3-34 所示。旋转容栅上面有 5 块独立的、互相隔离且均匀分布的金属导片，其余部分的金属连成一片和地相通，形成感应极。固定容栅是励磁容栅，它的外圈均匀分布着40条金属导片，共分成8组，每组5条导片，通过金属化小孔，从背面每隔4条连成一组，形成发射极。它的中间有两圈金属环，是接收极，里圈的金属环接地。安装时固定容栅不动，旋转容栅随螺杆旋转，由接收极送出角位移信号。这种容栅传感器只有两个元件，结构简单；但只有5组40条导片，精度稍低。

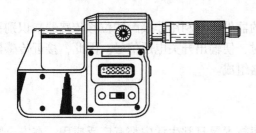

图3-33　数显千分尺外观图

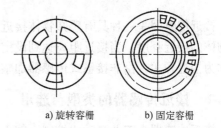

a) 旋转容栅　　　b) 固定容栅

图3-34　数显千分尺用容栅

3. 数显高度尺

较先进的数显高度尺可测量工件的高度、长度、内孔直径、孔距尺寸和形状位置公差（直线度、垂直度），在高度尺上装有系统误差自动补偿机构，测量结果由液晶显示，这种数显尺采用玻璃光栅作为检测元件。高度尺底座中装有空气轴承，当按开关时，气泵打气使底座和检验平台之间形成几微米的气垫，以使移动轻快，便于操作，同时也减少了磨损。

图3-35是TRIMOS公司生产的高度尺外观图。由于采用SYLVAC容栅作为检测元件，所以具有重量轻及外形小的特点。它是一种多功能高度尺，可测孔距、内径、外径、同心度、正方度及平行度等。它还有BCD串接输出接口，可将数据输出到打印机或微机进行数据处理。图3-35a为电子高度测量和垂直检测仪，分辨力为0.001mm；图3-35b为电子高度测量和划线仪，分辨力为0.01mm；图3-35c为电子工具预调和二轴向测量仪，分辨力为0.01mm。

4. 数显百分表（千分表）

图3-36所示是数显千分表外观图。它具有数字和模拟两种显示功能，数字读数表示零

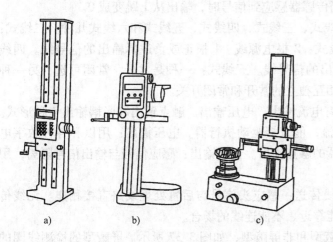

a)　　　　b)　　　　c)

图3-35　TRIMOS公司的高度尺外观图

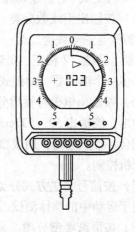

图3-36　数显千分表外观图

位偏差，模拟显示表示测量情况。模拟显示扇形显示刻度值，超差时闪光显示，有6个功能开关自动对零，还有上下定位和测杆限位信号，采用碱性电池供电，量杆为淬硬不锈钢。

3.8　接近传感器及应用

接近传感器是一种具有感知物体接近能力的器件。它利用非接触式位移传感器来识别被测物体的接近程度，当接近距离达到设定阈值时，便输出开关电压信号。因此，接近传感器又称为接近开关，由非接触式传感器加整形电路组成。

3.8.1　接近传感器的类型与选用

接近传感器在工业自动化控制、航天、航海技术及日常生活中都有广泛应用。在安全防盗方面，如资料、财会、仓库、博物馆、金库等重要场合都装有各式各样的接近传感器。在一般工业生产自动控制中大都采用涡流式或电容式接近传感器。在环境比较好的场合，可采用光电式接近传感器。而在防盗系统中，大都使用红外热释电接近传感器、超声波接近传感器和微波接近传感器。有时为了提高识别的可靠性，几种接近传感器可以复合使用。

1. 接近传感器的分类

（1）按原理分类　常见的接近传感器的形式有电感式、电涡流式、电容式、霍尔式、干簧式、光电式、热释电式、多卜勒式、电磁感应式、微波式、超声波式等。电感式和电涡流式只能感应金属体；电容式可感应非金属体；光电式对金属体和非金属体都能感应；霍尔式和干簧式可感应磁性体。

（2）按结构分类　分为一体式、分离式和组合式。一体式是将感应头和信号处理电路置于一体中，又分螺纹式和基地式两种。分离式是将感应头和信号处理电路分开安装。组合式是有多个感应头组合在一体中。

（3）按工作电压分类　分为直流型和交流型。直流型：工作电压为 5 ~ 30V。交流型：工作电压为 AC220V 或 AC110V。

（4）按输出信号分类　分为正逻辑和负逻辑。正逻辑输出：当传感器感应到信号时，输出从 0 跳变成 1。负逻辑输出：当传感器感应到信号时，输出从 1 跳变成 0。

（5）按输出引线数分类　有二线式、三线式、四线式、五线式和六线式几种。二线式：2 根电源线与信号线合二为一。三线式：2 根电源线、1 根正或负逻辑输出的信号线。四线式：2 根电源线，2 根正、负逻辑输出的信号线。五线式：一种是常开、常闭可选，另一种是内部多一个继电器。六线式是有相互独立的常开和常闭开关。

（6）按输出电信号性质分类　有电流输出、电压输出、触点输出和光耦输出 4 种形式。电流输出：能输出 50 ~ 500mA 的电流，能直接驱动执行器。电压输出：用以和各种数字电路相配合。触点输出：用微型继电器的触点输出。光耦输出：感应信号与输出信号隔离，用于计算机控制。

（7）按信号传送方式分类　有线传送：感应头信号与后置处理线路直接相连。无线传送：用于运动中的物体测试，或不能靠近、不能连线的场合。

（8）按屏蔽类型分类　分为屏蔽型和非屏蔽型，如图 3-37 所示。屏蔽型的检测线圈的侧面有金属覆盖，磁通集中在传感器前部，可采用埋入式安装。非屏蔽型的检测线圈的侧面没有金属覆盖，磁通分散在传感器前部，可采用非埋入式安装。

（9）按安装方式分类　分为埋入式和非埋入式。

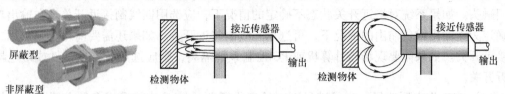

图3-37　屏蔽型与非屏蔽型接近传感器及其安装方式

2. 接近传感器的应用

（1）定位控制　在定位控制中应用最广的是电感式接近开关。距离5mm可输出信号，精度可达±2mm。

（2）限位控制　限位控制是指对机床或自动生产线设备中运动件的控制，如龙门刨床的工作行程，冲床、摩擦压力机的冲程，机械手手臂摆动角度的行程等。

（3）计数及计数控制　计数及计数控制是工业自动化中的重要内容之一，如冲床的冲件计数，饮料生产线的瓶罐计数，彩电、冰箱生产线的产品计数，电线、塑料、纸张的长度计数以及转速测量等。

（4）物位控制　在各种生产线中经常需要自动加料，如在面粉、塑料、水泥、饮料、药品等生产过程中，对这些非金属材料料位的检测和控制，一般都采用电容式接近开关，对液位的控制常采用光电开关。其他超声波、微波、激光等传感器也可以用来检测料位。

（5）逻辑控制　在机械设备的起动或运行中，需要若干个动作按一定的时序进行，利用接近传感器和相应的电路即可实现。

（6）安全保护控制　在工业生产中，高温、高压、有毒等场所，人不易靠近，可用光电开关报警；储存贵重材料或成品，需要大面积的保护区，可用光电开关防盗报警；对于冲床及压力机等设备，用组合式光电感应头形成光幕，在人手伸进时进行保护。

3. 接近传感器的选用原则

（1）按使用要求选择

1）定位限位计数及逻辑控制：可选用JCK系列电感式接近开关、JCL系列霍尔式接近开关或JCH系列干簧式接近开关。

2）粉料、粒料及液位控制，塑料定位及计数：可选用JCE系列电容式接近开关或JCG系列光电开关。

3）判断光标、判断颜色运动边线定位及计数控制、定长控制：选用JCG系列光电开关。

（2）按动作距离选择　动作距离是接近传感器的首选参数。选用动作距离小，调试困难；选用动作距离偏大，动作距离内的其他物体也会起作用，因此抗干扰能力差。对于机床等以导轨形式运动的部件，其平直度好，可选用动作距离小的电感式接近开关；对于传送带、送料车等，应选用动作距离较大的接近开关，同时应使动作距离大于最大晃动差的两倍。一般情况下，应选用动作距离5~12mm为好。

（3）按输出信号要求选择　考虑到电源和不同输出信号的要求，接近开关形成了不同的引线制。交流型接近开关一般为二线制，使用较为方便。大部分直流接近开关用三线制，两根电源线，一根信号线，输出正逻辑或负逻辑，因此一定要判断是正逻辑还是负逻辑。四线制增加了一根信号线，一根输出正逻辑，另一根输出负逻辑，相当于继电器的常开触头和常闭触头。如果系统对接近开关状态不确定的情况下，应选用四线制接近开关。在输出功能已确定为正输出或负输出的情况下，可选用三线制接近开关。如果还需要简化，则选用二线制接近开关。如果需要现场与计算机或 PC 控制系统隔离，则应选用带光耦器件或继电器的接近开关。

（4）按工作电源选择　为了满足不同的工作需要，接近开关采用多种电源，如工作电压为直流 5V、12V、24V 等。JCK 系列电感式接近开关工作电压在直流 5～30V 范围内均可正常工作，用户可根据具体需要来选用。如作为计算机开关量信号输入，可采用直流 5V。如与继电器相连，则可根据继电器所需工作电压来选用直流 12V、24V 等。选用直流电源，使用安全，传感器寿命长。若需要与强电直接相连，则选用交流 220V 的电源，可减少信号转换环节。若选用了直流型接近开关，又想使用交流电源，可选用 JCM 型电源功能模块来实现。在防爆场合，可选用无源接近开关。

（5）按信号感应面的位置选择　接近开关的信号感应面都在一定的位置上。对螺纹式接近开关来说，其信号感应面均在前端面，而对于基座式电子开关来说，其信号感应面可在前端面、上侧面、左侧面、右侧面四个位置，用户可根据使用中的安装方式来选择感应面的合适位置。

（6）按工作环境选择　工作环境也是选择的依据。对机床、自动生产线，有油污或高温的场合不宜采用塑料外壳的接近开关，因油污会加速塑料外壳的老化，过热会引起塑料外壳的变形，应采用金属外壳为好。对于现场有灰、有毒、有干扰的环境，应采用分离式接近开关；而光电开关尽量避免在有灰的场合使用。

（7）按价格选择　对接近开关来说，如果体积愈小，则工艺要求愈高，价格也愈贵。所以在实际情况许可的条件下，应尽量选用体积较大的接近开关。

为了适应不同场合的需要，往往一个接近开关有多种功能，所以对批量较大的产品，应选用功能够用、价格便宜的接近开关。多余的功能不但与价格有关，而且也增加了不可靠环节。

总之，对于接近开关的选用，必须综合权衡利弊得失，选择最佳的组合。

3.8.2　常用接近传感器及其特性

1. 电容式接近传感器

（1）电容式接近传感器的工作原理　电容式接近传感器检测面是一个电极，平时检测电极与大地之间存在一定的电容量，与内部电路组成高频振荡电路。当被检测物体接近检测电极时，其电容量随之增大，从而使振荡电路的振荡减弱，甚至停止。振荡电路的振荡与停振这两种状态信号被检波电路、放大电路、整形电路处理后经输出电路输出。传感器装有灵敏度调节电位器和工作状态指示灯，当传感器动作时指示灯点亮。

（2）电容式接近传感器的特性

1）电容变化与响应距离的关系：当传感器与被检测物体距离超过数毫米时，灵敏度急剧下降，且响应曲线的形状与被检测物体的材料有关。

2）检测距离与被检测物体的关系：电容式接近传感器的检测距离与被检测物体的大小

和材料有关。接地金属和非接地金属的检测距离有较大的差别，对非接地金属的检测距离要比接地金属的距离小许多。

3）动作频率：电容式接近传感器有**直流型**和**交流型**两种。直流型电容式接近传感器的动作频率为 70～200Hz，而交流型电容式接近传感器的动作频率为 10Hz。

4）**动作距离偏差**：在 -25～70℃范围内，电容式接近传感器检测距离的偏差为 ±15%。

5）**动作滞差**：电容式接近传感器的动作滞差与检测距离有关，检测距离越大，动作滞差也越大，在通常情况下为 3%～15%。

（3）电容式接近传感器的安装与使用　电容式接近传感器在安装使用时应远离高频电场，检测区不应有金属物体。图 3-38 所示为正确安装示意图，传感器与周围物体金属距离应大于 80mm。同时，检测区不应安装另外的接近传感器。埋入式接近传感器安装间距大于传感器检测面的直径，非埋入式接近传感器安装间距大于传感器检测面直径的 2 倍。传感器检测面与其正面非被测物体距离应大于 3 倍的额定检测距离。

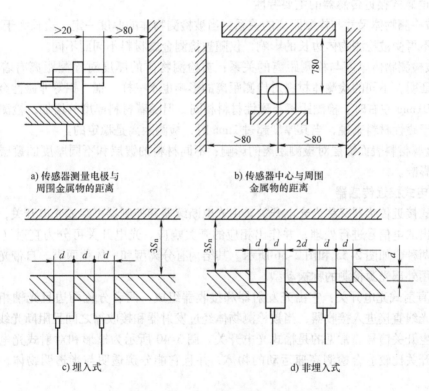

a) 传感器测量电极与
周围金属物的距离

b) 传感器中心与周围
金属物的距离

c) 埋入式

d) 非埋入式

图 3-38　电容式接近传感器正确安装示意图

d—传感器检测面直径　S_n—传感器额定工作距离

2. 电感式接近传感器

电感式接近传感器可用于检测导磁或不导磁金属。按其外形不同可分为圆柱型、方型、槽型、穿孔（贯通）型和分离型，如图 3-39 所示。

（1）电感式接近传感器的检测原理　电感式接近传感器由高频振荡电路、检波电路、放大电路、整形电路及输出电路组成。检测敏感元件为线圈，它与内部电路构成高频振荡电路，在检测线圈的工作面上产生一个交变磁场，当金属物体接近时因电涡流效应使振荡幅值和频率都发生变化。按检测方法不同分为通用型、所有金属型和有色金属型。通用型主要检测黑色金属铁，当被测物接近时，因电涡流增加能量损耗，引起振荡减弱或停振，振幅随金属种类而不同，通过振荡和停振两种状态实现检测。所有金属型是根据金属体接近检测线圈时会使振荡频率升高的原理，在相同检测距离内将输出频率与参考频率比较来识别不同金属。有色金属型主要检测铝一类有色

图 3-39　电感式接近传感器

金属，铜、铝接近时频率升高，超过参考频率即输出信号。但当铁接近时，因其铁磁特性则使振荡频率降低。若将振荡幅值变化通过一个附加电路进行线性化处理并放大后输出 4～20mA 标准模拟信号，即为带模拟量输出的接近传感器。

（2）电感式接近传感器的主要特性

1）被检测物体尺寸与检测距离的关系：当被检测物体的厚度一定、边长大于 30mm 时，检测距离不再受被检测物体边长的影响，仅随被检测金属材料不同而不同。

2）被检测物体厚度与检测距离的关系：被检测物体的厚度对检测距离有着较大的影响。实验证明，不同的检测体材料对检测距离的影响也不一样，铜、铝等非磁性金属材料的厚度在 0.01mm 左右时，检测距离与磁性材料相同，但随着材料厚度的增加，检测距离急剧减小。对于磁性材料来说，当其厚度超过 1mm 时，检测距离是稳定的。

3）金属材料表面镀层对检测距离的影响：不同材料的镀层和不同厚度的镀层对检测距离也都有影响。

3. 光电式接近传感器

光电式接近传感器又称为光电开关。由光电断续器和控制器可组成光电开关，控制器将传感器输出的电信号进行处理，并作出相应的开关响应。光电开关可分为直射（透射）式和反射式两种，如图 2-55 和图 2-56 所示。其结构有分离型和一体化两类。自带光源的称主动型，利用外部光源检测的称被动型。

（1）直射式光电开关：它由光发射器和接收器组成，两者分置两边且光轴相对，发射器发出的光线直接进入接收器，当被检测物体经过发射器和接收器之间且阻断光线时，光电开关就产生开关信号。常见的是槽式光电开关。图 3-40 所示为槽形和对射式光电开关。直射式光电开关比较适合检测高速运动的物体，并且它能分辨透明与半透明物体，使用安全可靠。

（2）反射式光电开关　光发射器和接收器集于一体，当被检测物体经过时，物体将光发射器发射的光线反射到接收器，于是光电开关就产生了开关信号。直接接收被测物体反射光的称为漫反射光电开关。光发射器发出的光线经过反射镜反射回接收器，称为镜反射光电开关。当被检测物体的表面光亮或其反光

图 3-40　直射式光电开关

率极高时，应首选漫反射式光电开关。

（3）分离型光电开关 传感器与控制电路相互独立。图3-41所示为反射分离型光电开关原理框图，它采用主动式探测系统，由振荡电路产生脉冲信号，经发射电路调制二极管的发光，光敏元件将接收的反射光信号送入接收电路，经放大电路放大、同步电路选通整形，再进行检波及积分滤波，然后延时，直接触发驱动电路。

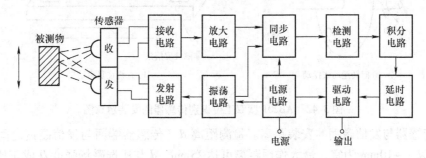

图3-41 反射分离型光电开关的工作原理框图

（4）一体化光电开关 把传感器与控制器组合在一起，称为一体化光电开关。它具有体积小、安装方便、灵敏度高、精度高以及抗干扰能力强等优点，适用于远距离及微小物体的检测以及高速运动或高精度定位物体的检测。改变电源极性可实现亮动、暗动的切换。设有灵敏度调整钮，有利于消除背景物干扰，以及判别缺陷和选择最佳工作区。

（5）光纤式接近传感器 光纤作为光导线，属于非功能型光纤传感器，可以对距离远的被检测物体进行检测，通常分为对射式和漫反射式。

4. 磁电式接近传感器

（1）霍尔式接近传感器 霍尔式接近传感器敏感物质是磁场。集成霍尔传感器具有外围电路少、信号强、抗干扰能力强、对环境条件要求不高等优点，广泛用作工位识别、停动识别、极限位置识别、运动方向识别、运动状态识别传感器及可逆计数传感器、N/S极单稳态传感器等。

（2）干簧开关 感受磁信号来控制开关触点通断，接线无极性要求。一般磁性干簧开关的电流容量较小，仅100mA，故不宜用来直接驱动控制电磁阀，应先由磁性干簧开关控制一只小继电器，再用继电器的触点去驱动控制电磁阀。一般磁性干簧开关就是和PLC配合使用的。

（3）霍尔式接近传感器应用实例 图3-42所示为AB201型双工位识别传感器的安装示意图，其方法如下。

1）发信磁钢的安装。可将发信磁钢直接嵌入旋转机构或直线往复运动机构部件中；或将发信磁钢嵌入发信盘（用尼龙或ABS塑料做成）中，如图3-42a所示，将发信盘（非磁性圆盘）安装在旋转机构转轴上，使其随轴运动，也可将发信盘作为从动轮（或替代其他从动轮），装入机械装置中；或将发信磁钢直接嵌入发信条（用尼龙或塑料做成）中，如图3-42b所示，将发信条固定在直线往复运动机构部件上，使其与直线往复运动部件同步运动即可。

2）传感器的安装。传感器固定安装在与发信磁钢相对应且处于发信磁钢运动轨迹的中部位置上，并使传感器端面与发信磁钢（磁场方向）垂直。

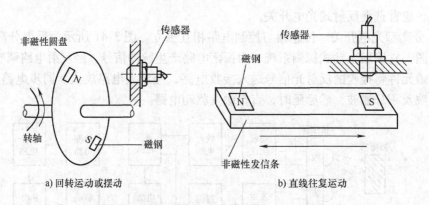

a) 回转运动或摆动   b) 直线往复运动

图 3-42   AB201 型双工位识别传感器的安装示意图

3）传感器与发信磁钢的安装距离。检测距离 d（传感器端面与发信磁钢之间的垂直距离）一般以 2~10mm 为宜，最大作用距离可达 25mm，d 与所选磁场强度 H 成正比，调节到传感器灵敏度所要求的表面磁感应强度 B（饱和值）即可。

AB201 型双工位识别传感器属于万用型，可用于计数、测转速、定位、双工位及多工位行程开关等。当磁极 S 正对传感器时输出高电平（红色 LED 亮）；当磁极 N 正对传感器时输出低电平（绿色 LED 亮）。其灵敏度足以抵抗工业铁屑剩磁和杂散磁场的干扰。

3.8.3 接近式传感器的接线方式

接近传感器的负载可以是信号灯、继电器线圈或可编程序控制器（PLC）的数字量输入模块。接近传感器的连接形式有电缆式连接和插座式连接。图 3-43 所示为电缆式连接形式的配线方式。图 3-44 所示为插座式连接形式的配线方式，可参照电缆式的二线式、三线式和四线式的配线方式。

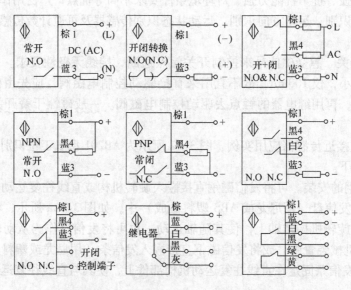

图 3-43   接近传感器电缆式连接的配线方式

1. 二线式接近传感器配线

无论是交流还是直流，无论是常开还是常闭，只要将传感器与负载串联后接到电源即可。二线式接近传感器受工作条件的限制，导通时开关本身产生一定压降，截止时又有一定的剩余电流流过，选用时应予考虑。

2. 三线式接近传感器配线

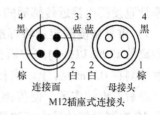

图 3-44　插座式配线方式

三线式接近传感器分为 NPN 型和 PNP 型，它们共构成 6 种形式：NPN–N·O（常开型）、NPN–N·C（常闭型），NPN–N·C+N·O（常闭和常开共有型）；PNP–N·O（常开型）、PNP–N·C（常闭型），PNP–N·C+N·O（常闭和常开共有型）。引出线功能以颜色区分：一般 Bk（Black）黑色为信号输出线，Bn（Brown）棕色为电源正极线，Bu（Blue）蓝色为电源负极线，Wh（White）白色为常闭输出线。NPN 型常开或常闭都接上拉负载，负载接于黑（4）棕（1）线之间，有信号触发时，常开型（N·O）输出低电平 0，为负逻辑；常闭型（N·C）输出高电平，为正逻辑。PNP 型常开或常闭都接下拉负载，负载接于黑（4）蓝（3）线之间，有信号触发时，常闭型（N·C）输出高电平 1，为正逻辑，常开型（N·O）输出低电平 0，为负逻辑。

3. 四线式接近传感器配线

四线式就是多了一根输出线，常开与常闭各有一根输出线，常开为黑（4）线，常闭为白线（2）。可参照三线式，黑、白线各通过负载接电源。

五线式和六线式接近传感器可参考图示根据具体控制要求进行配线。图中，五线式继电器的白线为中线，黑线为常开，灰线为常闭，具体可先用万用表测量一下。

插座式连接的接近传感器可按线号或颜色参照电缆式的连接方法。

3.8.4　接近传感器的参数检测

检测接近传感器的物体的材料、形状、尺寸都有规定，称为标准检测物体。

1）动作距离测定：如图 3-45 所示，用指定的方法移动标准检测物体，由正面靠近接近开关的感应面，当接近传感器发生动作时距离基准位置（传感器基准面）的距离为最大动作距离，测得的数据应在产品的参数范围内。一般设定动作距离为最大（额定）动作距离的 70% 左右。

2）释放距离测定：标准检测物体由正面离开接近开关的感应面，当开关动作复位时，测定检测物体到基准面的距离为最大释放距离。

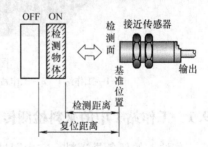

图 3-45　动作距离测定

3）回差 H 的测定：最大动作距离和释放距离之差的绝对值即为回差。

4）动作频率测定：如图 3-46 所示，检测试样为金属或非金属制作的带齿圆盘，用调速电动机带动圆盘，调整接近传感器感应面和圆盘齿面间的距离约为接近传感器动作距离 d 的 80% 左右（图中为 50%），传感器的输出信号经整形接至数字频率计。在圆盘主轴上装有测速装置，起动电动机，逐步提高转速，在转速与齿数的乘积与频率计数相等的条件下，可由频率计直接读出接近传感器的动作频率。

5）重复精度测定：将标准检测物体固定在量具上，从动作距离的 120% 以外向感应面正面靠近传感器的动作区，运动速度控制在 0.1mm/s 上。当传感器动作时，读出量具上的读数，然后退出动作区，使传感器复位。如此重复 10 次，最后计算 10 次测量值的最大值和最小值与 10 次平均值之差，差值大者为重复精度误差。

图 3-46　动作频率测定

3.9　传感器在 MPS 系统中的应用

MPS 是模拟生产系统的英文缩写，用于模拟一个典型的顺序控制系统。如图 3-47 所示，它由 5 个不同的工作站组成，采用气压驱动，S7 - 300 型可编程序控制器控制。本节仅简要介绍各工作站所用到的主要传感器及其作用。

图 3-47　MPS 全景图

1—工作站 1　2—工作站 2　3—工作站 3　4—工作站 4　5—工作站 5

3.9.1　工作站 1 中的来料检测传感器

工作站 1 的任务是送料。它由圆柱形料仓、推出气缸、真空吸盘、摆动气缸及传感器组成。起动后若料仓中有料，推出气缸将物料推出，工作站 2 的摆动气缸摆向物料并用真空吸盘吸取，然后再摆向工作站 2，将物料送到工作站 2。

在本站主要使用了四种感测装置：如图 3-48 所示，光纤对射式传感器用来检测圆柱形料仓中有无物料；干簧片式传感器用来检测物料推出气缸是否伸出到位；真空阀检测真空吸盘吸取物料时的真空度；行程开关检测摆动缸的摆动是否到位。光纤对射式传感器由发射器和接收器组成。干簧片式传感器实际是一个干簧继电器，由气缸活塞的磁环发信，对气缸的

伸出和缩回是否到位进行检测。真空阀实质是一个检测
负压的压力继电器，通过压力大小控制电路的通断。

圆柱形料仓
光纤对射
式传感器

3.9.2 工作站2中的材料检测传感器

工作站2的任务是选送料。它由无杆气缸带动的升
降平台，气缸带动的厚度检测传感器，传送物料的推出
气缸，检测物料颜色的电容式、电感式及漫射式光电传
感器和检测无杆气缸升降是否到位的霍尔式传感器组成。
它对工作站1送来的物料进行颜色辨别，其信息通过
PLC传送到工作站5；用厚度检测传感器对物料的厚度
进行检测，符合要求的物料经推出气缸推入滑槽，滑入
工作站3；不符合要求的物料随平台下降，从下方推出。

图3-48 工作站1的传感器

电容式传感器可以检测各种材质的物体，电感式传感器只能检测金属物体，漫射式光电
传感器则对表面吸收光的黑色物体不敏感。利用它们的特性组合，可以判别到来的三种材
料。第一种是表面镀铬的圆柱形塑料
件，三种传感器都有输出；第二种是红
色圆柱形塑料件，只有电容式和光电式
传感器有输出；第三种是黑色圆柱形塑
料件，只有电容式传感器有输出。它们
的位置如图3-49a所示。利用这三种状
态，PLC便可识别物料的颜色，并将信
号送到工作站5，用于三种工件的分
类。利用霍尔传感器作接近开关来检测
无杆气缸的升降位置。物料厚度的检测
是一个模拟量的检测，它是一个线性度
很好的线绕电位器式传感器。

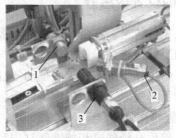

a) 物料颜色识别传感器　　b) 厚度检测传感器

图3-49 工作站2的传感器
1—光电式传感器 2—电容式传感器
3—电感式传感器 4—电位器式传感器

很好的线绕电位器式传感器，其安装位置如图3-49b所示。传感器的滑动臂由气缸带动，当
气缸压到物料上时会回缩，气缸的回缩量随物料厚度而不同，从而将厚度变成电阻的变化，
其分压值通过A-D转换器送PLC，与设定值进行比较，可以确定该物料是否符合要求。

3.9.3 工作站3中的多种传感器

工作站3的任务是对物料进行加工。它由转盘、电钻和物料夹紧气缸组成。所用的传感
器有检测是否来料的电容式传感器、检验孔径的测杆、检测转盘旋转90°的电感式传感器和
检测夹紧装置的干簧式传感器。

转盘上周边有四个凸起的位置，以防止物料因惯性而滑出。每个凸起位置的底部开有直
径约15mm的孔，侧面开有直径约10mm的孔。在转盘下方正对15mm小孔处装一个电容式
传感器，当工作站2送来的物料到达凸起位置时，转盘开始旋转90°，使物料到达电钻的下
方。夹紧气缸的活塞杆通过10mm的孔伸出对物料进行夹紧。夹紧后电钻开始工作，在另一
气缸带动下对物料进行钻孔加工。气缸伸出到位表明钻孔完成，气缸缩回，夹紧气缸随后缩
回，转盘再旋转90°，物料到达下一个工位。在这个工位上由一个气缸带动一根金属杆下

降，插入前一位置所钻的孔内，如果气缸能下降到位则说明所钻的孔符合要求，可进行下一步加工。检验完毕，转盘再转90°，将工件送至第四个工位，由工作站4的吸取装置（或抓取装置）运送到工作站5。以上过程连续循环。

本站的物料夹紧检测、钻头下降检测、钻孔检验及三个气缸的到位检测全部采用干簧片式传感器；物料的到达与否采用电容式传感器，以保证对所有物体（金属或非金属）都能检测；在转盘底面每隔90°装有四个金属凸块，当金属凸块靠近固定在底座上的电感式传感器时，电感式传感器发出信号表明转动到

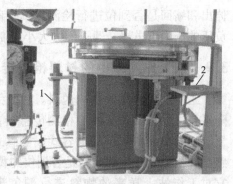

图3-50 工作站3的传感器
1—电容式传感器 2—电感式传感器

位。如图3-50所示，电感式和电容式传感器的安装高度和位置应有区别，以免电容式传感器将金属凸块视作新来的物料或者电感式传感器将物料视作旋转到位的金属凸块。

3.9.4 工作站4中的位置传感器

工作站4的任务是工件传递。它由升降气缸、吸盘、伸缩气缸和摆动气缸组成。其功能是将工作站3加工完的工件传送到工作站5。当工作站3的转动到位信号发出后，转盘停止转动，同时工作站4开始工作。工作站4的摆动气缸摆向工作站3，伸缩气缸伸出，伸到位后，升降气缸带动吸盘下降吸取工件。吸取工件后，升降缸上升，伸缩缸缩回，摆动缸摆向工作站5。此时，伸缩缸再次伸出，升降气缸下降，下降到位，吸盘停止吸气，将工件放在工作站5的传送带上。然后升降气缸和伸缩气缸先后缩回，一个动作过程结束。

本站检测气缸到位的传感器都是干簧片式传感器，缺点是使用时其两个金属片间可能出现粘连，造成误动作。

3.9.5 工作站5中的光断续器

工作站5的任务是将工件分类送出。用对射式光断续器检测传送带上由工作站4送来的工件。PLC结合工作站2发出的颜色判别信号，使相应的阻挡气缸带动挡板伸出，伸出到位后，传送带开始移动，向前传送工件。工件遇到挡板，滑入三个滑槽中对应的滑槽，实现物料的分类摆放。如图3-51所示，在滑槽的前端装有一个直射式光断续器，在物料滑入滑槽时，将发射光隔断，表明物料已滑入槽内，则阻挡气缸缩回，传送带停止移动，一个工作过程结束，等待新的工件到来。若滑槽已满，该反射式光断续器发出信号，不会自动进入下一个循环。

光断续器

图3-51 工作站5的直射式光断续器

3.10 传感器在无损检测中的应用

在机械制造业中，对原材料的无损检测和对焊接部位无损检测，是一种广泛应用的技术。常用的无损检测技术有电涡流检测、漏磁检测、超声波检测和红外无损检测等。其中，电涡流检测仅适用于金属材料，漏磁检测仅适用于铁磁材料。下面介绍超声波检测和红外无损检测。

3.10.1 超声波检测

超声波检测可检测高速运动的板料和棒料，也可构成全自动检测系统，不但能发出报警信号，还可在有缺陷区域喷上有色涂料，并根据缺陷的数量或严重程度做出"通过"或"拒收"的决定。

（1）透射测试法 当材料内有缺陷时，材料内的不连续性成为超声波传输的障碍，超声波通过这种障碍时只能透射一部分声能。只要有百分之几那样的细裂纹，在无损检测中即可构成超声波不能透过的阻挡层。此即缺陷透射测试法的原理，如图3-52所示。在检测时，把超声发射探头置于试件的一侧，而把接收探头置于试件的另一侧，并保证探头和试件之间有良好的声耦合，以及两个探头置于同一条直线上，在超声波束的通道中出现的任何缺陷都会使接收信号下降，甚至完全消失。为保证良好的声耦合，在自动化装置中采用向探头下面喷水的方法。图3-52a所示的装置可在精度要求不高的情况下用于板材的粗检，多个超声波检测探头并联安装，每个通道激励各自的笔式记录器，所绘制图形如图3-52b所示。

（2）反射测试法 用反射法的脉冲回波技术精度较高。如图3-53所示，脉冲发生器通过探头将超声波脉冲向试件发射，如果有缺陷，其回波会在示波管上显示，根据示波器上的读数所获得的脉冲间隔时间即可测得缺陷的深度。这里使用的自激时基发生器要比通用示波器的复杂一些，因为在每个锯齿波终结后要等待足够长的时间，使试件中的混响逐渐平息下去，这个等待时间设在新的动作循环之前，为扫描时间的4~5倍。时基发生器的另一功能是向示波管阴极提供方波信号，加亮显示脉冲。脉冲发生器正好在锯齿波起始后被触发，把快速上升的短促高电压尖峰脉冲送入探头。探头中的压电换能器受短促高电压脉冲的激励，以本身的固有谐振频率进行阻尼振荡，将超声脉冲发射到试件内。超声脉冲很短促，通常只有几个周期。超声回波脉冲由同一探头拾取后转换为电信号，但其电压要比发送脉冲小几个

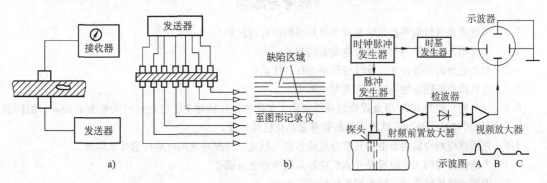

图 3-52　透射测试法超声波检测原理图　　　　图 3-53　脉冲回波检测原理图

数量级。图中 A 迹线为发送脉冲，B 迹线为缺陷回波，C 迹线为界面回波。

3.10.2 红外无损检测技术

红外无损检测是通过测量热流或热量来鉴定金属或非金属材料质量、探测内部缺陷的。对于某些采用 X 射线、超声波等无法探测的局部缺陷，用红外无损检测可取得较好的效果。

红外无损检测分主动式和被动式两类。主动式是人为地在被测物体上注入（或移出）固定热量，探测物体表面热量或热流变化规律，并以此分析判断物体的质量。被动式则是用物体自身的热辐射作为辐射源，探测其辐射的强弱或分布情况，判断物体内部有无缺陷。

（1）焊接缺陷的无损检测 焊口表面起伏不平，采用 X 射线、超声波、涡流等方法难于发现缺陷。而红外无损检测则不受表面形状限制，能方便和快速地发现焊接区域的各种缺陷。

在焊接区的两端加一交流电压，交流电流通过焊口时，由于电流的趋肤效应，靠近表面的电流密度将比下层大。电流在焊口处将产生一定的热量，热量的大小正比于材料的电阻率和电流密度的二次方。在没有缺陷的焊接区内，电流分布是均匀的，表面温度分布也是均匀的。而存在缺陷的焊接区，缺陷处的电阻很大，温度升高。应用红外测温设备即可清楚地测量出热点，由此可断定热点下面存在着焊接缺陷。改变电源频率可控制电流的透入深度。用低频电流可探测内部深处的缺陷。

（2）铸件内部缺陷探测 有些精密铸件内部非常复杂，采用传统的无损检测方法，不能准确地发现内部缺点。而用红外无损检测，就能很方便地解决这些问题。

当用红外无损检测时，只需在铸件内部通以液态氟利昂冷却，使冷却通道内有最好的冷却效果，然后利用红外热像仪快速扫描铸件整个表面。如果通道内有残余型芯或者壁厚不匀，在热图中即可明显地看出。冷却通道畅通，冷却效果良好，热图上显示出一系列均匀的白色条纹；假如通道阻塞，冷却液体受阻，则在阻塞处显示出黑色条纹。

（3）疲劳裂纹探测 探测疲劳裂纹可采用主动探测法。例如用一个点辐射源在飞机或导弹蒙皮表面一个小面积上注入能量，再用红外辐射温度计测量表面温度。由于裂纹附近热量不能很快传输出去，使裂纹附近表面温度很快升高。当辐射源分别移到裂纹两边时，裂纹两边温度都很高。当热源移到裂纹上时，表面温度下降到正常温度。由此便可探测出疲劳裂纹位置。

思考与练习

3-1 增量式光电角编码器与绝对式光电角编码器有何区别？

3-2 如何用光电旋转编码器测量电动机的转速？

3-3 与光电角编码器相比，旋转变压器有什么优点？

3-4 光电式角编码器使用时应注意哪些事项？

3-5 一个刻线数为 1024 增量式角编码器安装在车床的丝杠转轴上，已知丝杠的螺距为 2mm，编码器在 10s 内输出 204800 个脉冲，试求刀架的位移量和丝杠的转速。

3-6 直线感应同步器主要由哪几部分组成？将几根定尺接起来使用时应注意什么问题？

3-7 光栅传感器的工作原理是什么？莫尔条纹的特点有哪些？

3-8 说明光栅传感器的安装数据和组件安装方法。

3-9 磁栅传感器由哪几部分组成？动态磁头和静态磁头的主要区别是什么？

3-10　分别说明带型磁栅尺和线型磁栅尺张紧力的调整方法。

3-11　容栅传感器有什么特点？

3-12　球同步器有什么特点？

3-13　说明光栅传感器实现辨向的基本条件和细分的意义。

3-14　某光栅传感器，刻线数为 100 线/mm，未细分时测得莫尔条纹数为 1000，问光栅位移为多少毫米？若经四倍频细分后，记数脉冲仍为 1000，问光栅位移为多少？此时测量分辨力为多少？

3-15　数显量具有哪些种类？

3-16　接近传感器有哪些类型？

3-17　对于接近传感器，什么是正逻辑输出？什么是负逻辑输出？

3-18　屏蔽型和非屏蔽型接近传感器有何不同？

3-19　三线式接近传感器有哪些类型？试说明其接线方式。

3-20　接近传感器有哪些用途？

3-21　以霍尔式接近传感器为例，说明其安装方法。

3-22　列举 MPS 系统中所使用的传感器类型，分别说明它们的作用。

3-23　说明超声波无损检测的方法和特点。

3-24　说明红外无损检测的方法、特点及应用。

第4章

力与运动学量传感器及应用

力学量和运动学量的测量，在机械制造业中与位移测量有着同等重要的地位。这类传感器一般都由弹性敏感元件和相应的转换元件及转换电路组成。本章主要介绍荷重、扭矩、速度、加速度等传感器及其应用。

4.1 测力与称重

力学量包括力、力矩、应力、质量和称重等。位移传感器与变换力的弹性敏感元件组合可以测量力。测力与称重在原理上基本相同，但在定义、评价和计量性能上却有很大差异。称重是使用地点重力加速度和空气浮力来测量质量的，而测力则用于力值比较和传递。力的单位用牛顿（N）及其倍、分量，而质量的单位用克（g）及其倍、分量。因此，目前把力学量传感器明确地分为测力传感器和称重传感器。称重传感器固定地安装在衡器上，力总是以相同的方式引入，对力引入时可能产生的误差在检定时已考虑了。测力传感器则会因安装状态不正确而受到侧向力、弯曲力的作用，因此对安装技术应提出相应要求。

4.1.1 测力传感器及应用

1. YDS – 781 型压电式单向力传感器

图 4-1 所示是 YDS – 781 型压电式单向力传感器的结构，它主要用于变化频率中等的动态力的测量，如车床动态切削力的测试。被测力通过传力上盖 1 传递到压电石英晶片 2 上。两块晶片沿电轴反方向叠起，中间是一个片形电极，它收集负电荷。两压电晶片正电荷表面分别与传感器的传力上盖和底座 6 相连，构成并联结构。片形电极和传感器底座通过电极引出插头 4 与外部电缆相接。

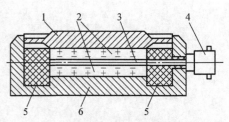

图 4-1 YDS – 781 型压电式单向
力传感器的结构

1—传力上盖 2—压电石英晶片 3—电极
4—电极引出插头 5—绝缘材料 6—底座

该传感器的测力范围为 0 ~ 5000N，非线性误差小于 1%，电荷灵敏度为 3.8 ~ 4.4μC/N，固有频率为数十千赫。

2. 用压电式力传感器测量刀具的切削力

图 4-2 所示是利用压电陶瓷传感器测量刀具切削力的示意图。由于压电陶瓷元件的自振频率高，特别适合测量变化剧烈的载荷。图中压电传感器位于车刀前部的下方，当进行切削加工时，切削力通过刀具传给压电传感器，压电传感器将切削力转换为电信号输出，记录下

电信号的变化便测得切削力的变化。

3. 用应变式力传感器测试拉刀的切削力

图 4-3 所示是拉刀的切削力试验图。在切削加工中，因为切削速度低，可以在拉刀的卡具上粘贴应变片进行受力状态的测试。应变片与测试电路组成桥路并由放大电路及示波器进行测试。

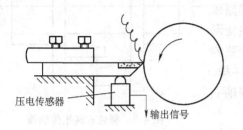

图 4-2　刀具切削力测量示意图

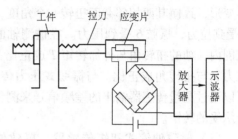

图 4-3　拉刀切削力试验图

4.1.2　扭矩测量及扭矩传感器

扭矩是各种机械传动轴的基本载荷形式，扭矩的测量对传动轴载荷的确定、传动系统各工作零件的强度设计及电动机容量的选择，都有重要意义。

1. 测量原理

扭矩是一种力矩，它是改变物体转动状态的原因。扭矩的大小可用下式表示：

$$M = lF \tag{4-1}$$

式中，M 为扭矩；l 为转轴与力作用点的距离（即力臂）；F 为力。

扭矩传感器与力传感器一样，要使用弹性元件，它利用弹性体把扭矩转换为角位移，再由角位移转换成电信号输出。用于扭矩传感器的弹性元件是扭矩轴，如图 4-4 所示。把扭转轴连接在驱动源和负载之间，扭转轴就会产生扭转，所产生的扭转角可用下式表示：

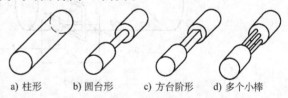

a) 柱形　　b) 圆台形　　c) 方台阶形　　d) 多个小棒

图 4-4　一些扭转轴的结构

$$\theta = \frac{32L}{\pi GD^4}M \tag{4-2}$$

式中，θ 为扭转轴的扭转角；L 为扭转轴长；D 为扭转轴直径；G 为扭转轴材料的弯曲系数。

从式（4-2）中可看出，当扭转轴的参数固定，扭矩对扭转轴作用时，产生的扭转角与扭矩成正比关系。因此只要测得扭转角，便可知扭矩的大小。

2. 扭矩传感器

（1）应变片式扭矩传感器　当扭转轴发生扭转时，在相对于轴中心线45°方向上产生的应力最大，应变也最大。沿扭转轴中心线45°方向粘贴四个电阻应变片，或直接粘贴如图2-3d 所示的专用应变片，并组成桥式电路，将应力转换为电压输出，由此便可测量扭矩的大小。由于应变片随扭转轴旋转，为了给电桥输入电压以及取出检测信号，在扭转轴上安装有集电环和电刷。它是一种接触式测量，结构复杂。

（2）振弦式转矩传感器　振弦式转矩传感器的结构如图4-5所示，将套筒1、2分别卡在被测轴的两个相邻面上，然后将振弦5与6分别安装在套筒上的支架3、4和3′、4′上，安装时必须使振弦具有一定的预应力。当被测轴转动传递转矩 T 时，轴产生扭转变形，致使其两相邻截面扭转一个角度，造成振弦5受到拉力，振弦6受到压力。在被测轴的弹性变形范围内，轴的扭转角与外加转矩 T 成正比，而振弦的张力又与扭转角成正比。与振弦式压力传感器一样，可以通过测量传感器输出的差频信号来测量被测轴上所承受的转矩。

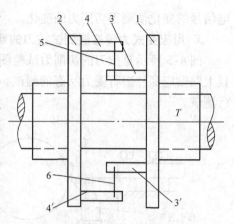

图4-5　振弦式转矩传感器
1、2—套筒　3、4、3′、4′—支架　5、6—振弦

（3）磁致伸缩式扭矩传感器　磁致伸缩式扭矩传感器的转换原理是磁致伸缩效应。采用铁磁材料制作的扭转轴在受到扭矩作用时，扭转轴中产生方向性应力，扭转轴表面的磁场分布会变得不对称，从而出现磁的各向异性。

图4-6所示是磁致伸缩式扭矩传感器工作原理图。为了检测扭转轴由于扭转产生的磁场，在离扭转轴表面1~2mm处设置有两个交叉90°的铁心1和2，在铁心1上绕有励磁绕组，在铁心2上绕有感应绕组。两个绕组与检测电路组成一个磁桥。

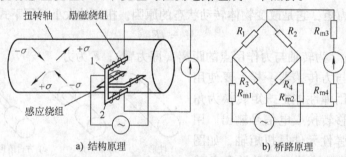

a) 结构原理　　　　　　　　b) 桥路原理

图4-6　磁致伸缩式扭矩传感器工作原理图

假设 R_{m1}、R_{m2}、R_{m3}、R_{m4} 分别为铁心和扭转轴之间的气隙磁阻；R_1、R_2、R_3、R_4 分别为扭转轴表面的磁阻。当励磁绕组用50Hz交流电励磁时，如果扭转轴不受扭矩作用，则轴的表面磁场分布是均匀的，$R_1 = R_2 = R_3 = R_4$，桥路是平衡的，在感应绕组中没有感应电动势输出。当扭转轴受扭矩作用时，则在正应力 $+\sigma$ 作用下，磁阻 R_1、R_4 减小；而在负应力 $-\sigma$ 作用下，磁阻 R_2、R_3 增大。这样在整个磁路中就产生一个不平衡磁通，在感应绕组中产生大小与扭矩 M 成比例的电动势，可由检测仪表测出。

鉴于以下优点，磁致伸缩式扭矩传感器被广泛应用于大型动力机械的扭矩测量。

1）可实现非接触测量，避免了接触测量需经常检修的麻烦，也没有电刷和集电环产生的干扰信号，因而工作可靠，坚固耐用。

2）对扭转轴的材质要求不高，一般采用低碳钢即可。

3）当扭转轴切应力在 $3000N/cm^2$ 以下时，输出电动势与扭矩呈线性关系，测量误差较小。

（4）磁电式扭矩传感器 磁电式扭矩传感器是根据磁电转换和相位差原理制成的，它可以将转矩力学量转换成有一定相位差的电信号。

图4-7所示为磁电式扭矩传感器的工作原理图。在驱动源和负载之间的扭转轴的两侧安装有齿形圆盘，它们旁边装有相应的两个磁电传感器。传感器的检测元件部分由永久磁铁、感应绕组和铁心组成。永久磁铁产生的磁力线与齿形圆盘交链，当齿形圆盘旋转时，圆盘齿凸凹引起磁路气隙的变化，于是磁通量也发生变化，在绕组中感应出交流电压，其频率等于圆盘上齿数与转数的乘积。

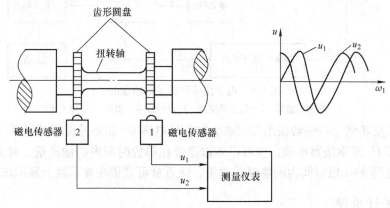

图4-7 磁电式扭矩传感器工作原理

当扭矩作用在扭转轴上，两个磁电传感器输出的感应电压 u_1 和 u_2 存在与扭转轴的扭转角成正比的相位差，它与转矩测量仪表配套，可直接测量各种动力机械的转矩。这种传感器可以广泛地应用于发动机的台架试验、电动机扭矩及转速的测量、减速器和变速器扭矩及转速的测量、风机扭矩和转速的测试、各种旋转机械扭矩及转速的测试等场合。

这种将扭矩转换成电信号相位差的方法，也可以用光电式、霍尔式、电感式、电容式等非接触式传感器测量，应用广泛。

4.1.3 电子皮带秤

电子皮带秤是一种能连续称量散状颗粒物料重量的装置，它不但可以对某一瞬间在输送带上的输送物料重量进行称重，而且可以对在某段时间内输送的物料总重进行称重。因此，电子皮带秤在建材水泥、煤矿、冶金化工和粮仓、码头得到了普遍的应用。

电子皮带秤的工作原理如图4-8所示。电子皮带秤主要由称架与称重传感器、测速传感器、称重仪表等组成。皮带秤使用两个传感器，一个是测力传感器，它通过输送带下方的秤架感受称量区间 L 的物料重量；另一个为测速传感器，它和输送带导轮同轴，当输送带传动时，通过导轮随动检测输送带的运行速度。

在电子皮带秤某一称量区间的物料重量为

$$W(t) = q(t)L \tag{4-3}$$

式中，$W(t)$ 为 L 区间的物料重量；$q(t)$ 为皮带单位长度上的物料重量；L 为区间长度。

皮带在单位时间内的输送量为

$$Q(t) = q(t)v(t) \tag{4-4}$$

式中，$Q(t)$ 为单位时间里的输送物料重量；$v(t)$ 为皮带速度。

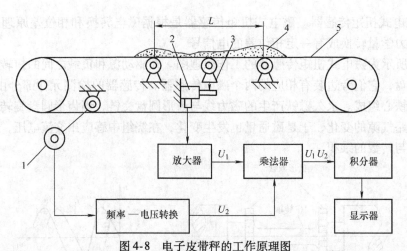

图 4-8 电子皮带秤的工作原理图
1—测速传感器 2—测力传感器 3—秤架 4—物料 5—输送带

这样，只要将测力传感器输出并经放大的信号电压 U_1 和测速传感器经 F/V 转换电路输出的电压信号 U_2 经乘法器相乘，便可得知输送带在单位时间内的输送量。将此值经积分器积分，即可得到 $0 \sim t$ 段时间内的物料总重量，该重量可直接在显示器上显示出来。

4.1.4 电子计价秤

电子计价秤通常是指称量范围在 $3 \sim 30kg$ 内带有计价功能的商用电子计价秤。一般电子计价秤的外形图如图 4-9 所示。前面的三个数字显示窗口，左面的为质量显示，中间的为商品单价显示，右面的为计价显示。通过键盘可输入商品单价，称量物品后，计价显示窗口便显示金额。

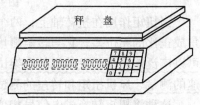

图 4-9 电子计价秤的外形

目前我国的电子计价秤系列一般为 3kg、6kg、15kg、30kg，相应的分度值分别为 1g、2g、5g 和 10g。它们的准确度（分度值/最大称量）都是 1/3000，准确度等级属于 Ⅲ 级。其中，15kg 的电子计价秤使用最普遍，最具典型性和代表性。

电子计价秤的电路结构是由电源、称重传感器、模拟信号放大器、模-数转换器、单片机、驱动显示器、键盘和打印输出接口等部分组成。

电子计价秤通常选用如图 4-10 所示的以铝合金为材料的双复梁式结构的称重传感器。其中，图 4-10a 为双连椭圆孔构成应力集中合理的力学结构，秤盘用悬臂梁端部上平面的两个螺孔紧固；图 4-10b 为用四连孔构成应力集中合理的力学结构，秤盘用悬臂梁端部侧面的两个螺孔紧固，中间圆孔安插过载保险支杆。以上两种结构形式的称重传感器均可通过锉磨修正四角误差。当称重传感器受外力 F 作用时，产生平行四边形变形，四个应变片分别粘贴在变形较大的部位，电阻值随之变化。当外载荷改变时，由四个电阻应变片组成的电桥的输出电压与外加载荷成正比。

为满足商用电子秤的 Ⅲ 级秤允许误差要求，称重传感器也必须选用 C 级，并要求进行零位及满度的温度补偿。传感器的四角误差通常采用修正孔边缘的几何尺寸进行实测修正。典型的 15kg 电子计价秤的称重传感器的技术性能见表 4-1。

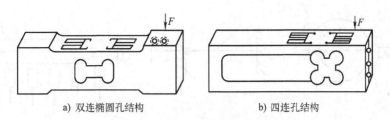

a) 双连椭圆孔结构　　　　　　　　b) 四连孔结构

图 4-10　双复梁式称重传感器

表 4-1　15kg 铝合金传感器性能

测量范围	$0 \sim 20$kg	最大激励电压	15V
非线性（包括滞后）	0.02% F.S	输入阻抗	$406\Omega \pm 15\Omega$
重复性	0.01% F.S	输出阻抗	$351\Omega \pm 3\Omega$
蠕变（30min）	0.02% F.S	允许工作温度	$-30 \sim +80$℃
输出灵敏度	(1.8 ± 0.09)mV/V	安全超载范围	130%

4.2　运动学量传感器及应用

运动学量包括速度、角速度、加速度、角加速度、振动、频率和时间等。

4.2.1　振动的测量

1. 振动及其分类

振动是指物体围绕平衡位置做往复运动。振动可按下述方法分类。

（1）按振动对象分类　可分为机械振动、土木振动、运输工具振动、武器及爆炸引起的冲击振动等。

（2）按振动频率分类　可分为高频振动、低频振动、超低频振动。

（3）按信号特征分类　可分为周期振动、非周期振动、随机振动等。

2. 振动测量的内容

振动测量的内容包括振动频率、振动振幅、振动速度和加速度。

3. 振动传感器的类型

1）非接触式传感器：如电感式（包括电涡流式）、电容式、霍尔式、光电式等。如图 4-11 所示，将传感器置于试件的最大振幅处，可以测量振幅。用电涡流传感器测量时，试件材料为金属导体，图 4-11a 表示测量转轴的径向振幅，若要测量轴向振幅，可将传感器安装在轴的端部；图 4-11b 表示测量弹簧片的振幅；图 4-11c 表示测量复杂形状试件，如机床等，用多个传感器分别测量各个部位的振动情况，以便进行研究分析。若要测量非金属材料的振动，可用光电式传感器等。

2）接触式传感器：如磁电式、电感式和压电式等。接触式振动传感器必须由质量块、弹簧和阻尼元件组成机械二阶系统，如图 4-12 所示。图中，C 为阻尼比。其固有振动频率为

$$f_0 = \frac{1}{2\pi}\sqrt{\frac{K}{m}} \tag{4-5}$$

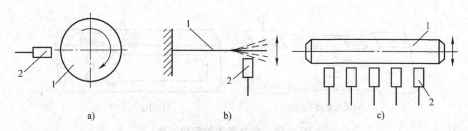

图 4-11　用电涡流传感器测量振幅原理图
1—试件　2—传感器

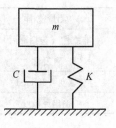

式中，f_0 为传感器的固有振动频率；K 为弹簧的刚度；m 为质量块的质量。

　　在振动测量中主要考虑传感器固有振动频率 f_0 和被测振动频率 f 的关系，可分别测量振幅、速度和加速度。当 $f_0 \ll f$ 时，质量块与振动体振幅成正比，用以测量振幅，称为振幅计。如差动变压器式测振仪。当 $f_0 = f$ 且阻尼很大时，质量块与振动体速度成正比，用以测量速度，称为速度计，如电动式测振仪。当 $f_0 \gg f$ 时，质量块与振动体加速度基本一致，用以测量加速度，称为加速度计，如压电式加速度传感器。

图 4-12　机械二阶系统

4.2.2　加速度传感器

　　加速度传感器实质上是一种测量力的装置。加速度是运动参数位移对时间的二阶微分，其运动方程是一个二阶线性微分方程。因此，需要经过一个惯性系统——质量-弹簧系统，即机械二阶系统，将加速度变成位移 x 或力 F。所有的加速度传感器都由这样一个系统组成，所不同的是转换原理、结构形式和响应特性。根据不同的转换原理，常见的加速度传感器有应变式、电感式、电容式、磁电式和压电式等几种。

1. 应变式加速度传感器

　　如图 4-13 所示，应变式加速度传感器是利用电阻应变片 3 作为转换元件，与质量块 1 和等强度弹性梁 2 构成。应变式加速度传感器具有体积小、重量轻和输出阻抗低等特点，广泛应用于飞机、轮船、机车、桥梁等振动加速度的测量。测量时，传感器外壳与被测物刚性固定在一起，当被测物体做上下加速度运动时，由于质量块受到一个与加速度方向相反的惯性力 $F = ma$，使悬臂梁发生弯曲变形，通过应变片检测出悬臂梁的应变量。

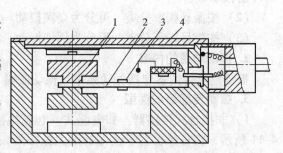

图 4-13　应变式加速度传感器结构示意图
1—质量块　2—等强度弹性梁
3—电阻应变片　4—壳体

当振动频率小于传感器的固有振动频率时，悬臂梁的应变量与加速度成正比。应变式加速度传感器不适用于频率较高的振动和冲击场合，一般适用频率为 10~60Hz 的场合。

2. 电容式加速度传感器

　　近年来，利用表面微加工技术制造电容式加速度传感器发展迅速。它的核心部分只有 $\phi 3mm$ 左右，与测量转换电路封装在一起，有 8 脚的 TO–5 金属封装，也有 16 脚 DIP 封装，形同普通的集成电路。

图 4-14 所示是表面微加工的电容式加速度传感器，它由三个多晶硅层组成差动电容。第一层和第三层固定不动。第二层是梁，它与本身的质量构成惯性系统，并与第一层和第三层组成差动电容 C_1、C_2。当传感器壳体随被测对象沿垂直方向做直线加速运动时，C_1、C_2 做相反的变化，通过集成在一起的检测电路输出相应的电压信号。

这种电容式加速度传感器采用空气或其他气体作阻尼物质，其频率响应高、量程范围大，灵敏度可达 $0.35mV/g$。

图 4-15 所示是另一种电容式加速度传感器的结构图。在硅片上安装有类似 H 状的弹性元件，形成 4 个弯曲梁。在弹性元件上加工有 42 组动极片，它们和固定极片是等间隔的，因此所形成的电容 $C_1 = C_2$。当硅片受到加速度作用时，弹性元件位移，动极片和固定极片的位置会发生变化，此时，$C_1 \neq C_2$。通过检测电容量的变化就可以检测出传感器所受到的加速度的大小。该传感器输出电压的灵敏度为 $19mV/g$。加速度的最大测量范围为 $\pm 50g$，相应的电压输出量为 $\pm 0.95V$。

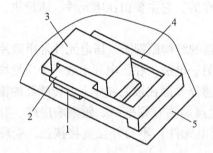

图 4-14 表面微加工的电容式加速度传感器
1—第一层多晶硅 2—第二层多晶硅
3—第三层多晶硅 4—悬臂 5—绝缘体

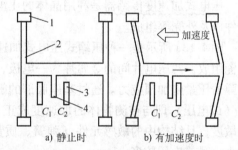

图 4-15 电容式加速度传感器结构示意图
1—固定点 2—弯曲梁
3—固定极片 4—动极片

3. 电感式加速度传感器

图 4-16 所示为电感式加速度传感器的原理结构示意图。它由悬臂梁和差动变压器构成。测量时，将悬臂梁底座及差动变压器的线圈骨架固定，而将衔铁的 A 端与被测振动体相连，此时传感器作为加速度测量中的惯性元件，它的位移与被测加速度成正比，使加速度测量转变为位移的测量。当被测体带动衔铁以 Δx 振动时，导致差动变压器的输出电压也按相同的规律变化。

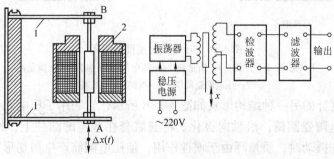

图 4-16 电感式加速度传感器原理结构示意图
1—悬臂梁 2—差动变压器

4. 磁电式加速度传感器

由磁电式速度传感器配用微分电路，可获取加速度信号。图 4-17 所示为磁电式加速度传感器的结构示意图。其结构主要特点是，钢制圆形外壳里面用铝支架将圆柱形永久磁铁与外壳固定成一体，永久磁铁中间有一小孔，穿过小孔的芯轴两端架起绕组和阻尼环，芯轴两端通过圆形膜片支撑架空且与外壳相连。工作时，传感器与被测物体刚性连接，当物体振动时，传感器外壳和永久磁铁随之振动，而架空的芯轴、绕组和阻尼环因惯性而不随之振动。因此，磁路空气隙中的绕组切割磁力线而产生正比于振动速度的感应电动势，绕组再通过引线接到测量电路。在测量电路中接入微分电路，则输出电压与加速度成正比。

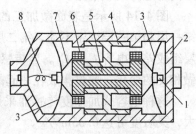

图 4-17 磁电式加速度
传感器结构示意图

1—芯轴 2—外壳 3—弹簧片 4—铝
支架 5—永久磁铁 6—绕组 7—阻
尼环 8—引线

5. 压电式加速度传感器

压电式加速度传感器是利用晶体的压电效应工作的，它主要由压电元件、质量块、弹性元件以及外壳等组成。

图 4-18a 所示是一种压缩式压电式加速度传感器的结构原理图。压电元件常用两片压电陶瓷组成，两压电片间的金属片为一电极，基座为另一电极。在压电片上放一个质量块，用一弹簧压紧施加预应力。通过基座底部的螺孔将传感器紧固在被测物体上，传感器的输出电荷（或电压）即与被测物体的加速度成正比。其优点是固有频率高、频率响应好、有较高灵敏度，且结构中的敏感元件（弹簧、质量块和压电元件）不与外壳直接接触，受环境影响小，目前应用较多。

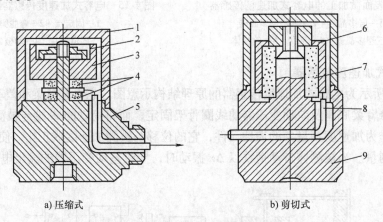

a) 压缩式   b) 剪切式

图 4-18 压电式加速度传感器

1—壳体 2—弹簧 3—质量块 4—压电片 5—基座 6—质量环
7—压电陶瓷圆筒 8—引线 9—基座

压电式加速度计的另一种结构形式如图 4-18b 所示，它利用了压电元件的切变效应。压电元件是一个压电陶瓷圆筒，沿轴向极化。将圆筒套在基座的圆柱上，外面再套惯性质量环。当传感器受到振动时，质量环由于惯性作用，使压电圆筒产生剪切形变，从而在压电圆筒的内、外表面上产生电荷，其电场方向垂直于极化方向。其优点是具有很高的灵敏度，横向灵敏度很小，其他方向的作用力造成的测量误差很小。

压电式加速度计的使用下限频率，一般压缩式为 3Hz，剪切式为 0.3Hz，上限频率达 10kHz，但在很大程度上与环境温度有关；加速度测量范围可达 $(10^{-5} \sim 10^{-4})\,g\,(g = 9.8\text{m/s}^2$ 为重力加速度)，并有工作温度范围宽等特点；广泛应用于医学上和其他需低频响应好的领域，如地壳和建筑物的振动等。

压电式加速度传感器属于自发电型传感器，它的输出为电荷量，以 pC 为单位，而输入量为加速度，单位为 m/s²，灵敏度是以 pC/(m·s⁻²) 为单位。

压电式加速度传感器在安装压电片时必须加一定的预应力，一方面保证在交变力作用下，压电片始终受到压力；另一方面使两压电片间接触良好，避免在受力的最初阶段接触电阻随压力变化而产生的非线性误差。但预应力太大，将影响灵敏度。

4.2.3 多普勒效应测量线速度

1. 多普勒效应

当声源、光源及微波等波源与观测者之间有相对运动时观测到的频率与静止情况下不相同，这种现象称为多普勒效应。大家可能都有这种体会，当一辆鸣着汽笛的消防车从我们身边通过时，我们听到鸣笛的音调是随着消防车的接近而升高，随着消防车的远离而降低，这就是一个最常见的多普勒效应实例。利用多普勒效应可实现声、光（电磁波）→频率的转换，广泛应用于速度检测、人体探测，甚至天体结构研究等。

当位置固定的发射器发出一个固定频率的电磁波作用于一个运动的物体时，反射回来的电磁波的频率同样会发生变化，这种变化的频率称为频移，也叫多普勒频率。多普勒频率为

$$f_d = f_R - f_0 = \pm 2v/\lambda_0 \qquad (4-6)$$

式中，f_R 为反射信号的频率；f_0 为发射信号的频率；v 为运动物体的速度；$\lambda_0\,(= C/f_0)$ 为发射信号波长（C 为电磁波的传播速度）。当物体做接近运动时，v 取正值；当物体做远离运动时，v 取负值。

当发射机和接收机在同一地点，两者无相对运动，而被测物体以速度 v 向发射机和接收机运动时，被测物体的运动速度 v 可以用式 (4-6) 表示的多普勒频率来描述。

2. 多普勒雷达测速

多普勒雷达电路原理框图如图 4-19 所示。它由发射机、接收机、混频器、检波器、放大器及处理电路等组成。当发射信号和接收到的回波信号经混频器混频后，两者产生差频现象，差频的频率正好为多普勒频率。

利用多普勒雷达可以对被测物体的线速度和转速进行测量。

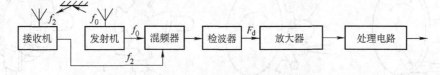

图 4-19 多普勒雷达电路原理框图

图 4-20 所示是多普勒雷达检测线速度的工作原理图。多普勒雷达产生的多普勒频率为

$$F_d = 2v\cos\theta/\lambda_0 = Kv \qquad (4-7)$$

式中，v 为被测物体的线速度；θ 为电磁波方向与速度方向的夹角；λ_0 为电磁波的波长；$v\cos\theta$ 为电磁波方向上被测物体的速度分量。

用多普勒雷达测运动物体线速度的方法，已广泛应用于检测车辆的行驶速度。

3. 激光多普勒测速原理

根据多普勒效应，当激光作为光源照射运动物体或流体时，其反射或散射光的频率将随物体或流体的速度变化。图 4-21 所示为激光多普勒测速示意图。将激光器发出的光作为参考光束，与散射光束在分光镜上产生差频，经光电器件将频率差转换为电信号。该电信号与物体或流体运动速度成比例。由于激光频率高，而频率的测量又可达到极高的精度，因此激光多普勒测速可用于高精度、宽范围（1cm/h 的超低速到超音速的高速）非接触性的测量中。

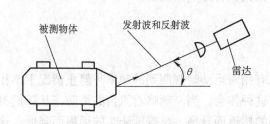

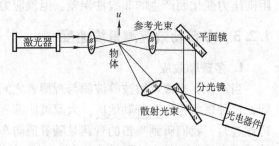

图 4-20　多普勒雷达检测线速度工作原理图　　　　图 4-21　激光多普勒测速示意图

4.2.4　转速测量

在控制系统中，常用的转速测量方法大致有两类：一种是用直流测速发电机测量，其输出电压与转速成正比；另一种是用非接触式开关类传感器将转数变换成脉冲数实现的。设每转产生的脉冲数为 Z，测得脉冲的频率为 f，则转速为

$$n = \frac{60f}{Z} \tag{4-8}$$

式中，n 为转速（r/min）。

接近开关属非接触式传感器，大部分接近传感器都可以很容易地实现转速的测量。在被测转轴上装一个转盘，转盘上安装能使传感器敏感的标志，标志接近传感器时便输出脉冲。如用霍尔传感器测转速，可在转盘上粘上磁钢或隔磁叶片；用光电传感器测转速，可在转盘上粘平面镜反光条或刻蚀透光狭缝；用电感传感器测转速，可将金属转盘边沿制作成凸齿或凹槽。图 4-22 所示为霍尔式转速传感器的几种不同结构形式。

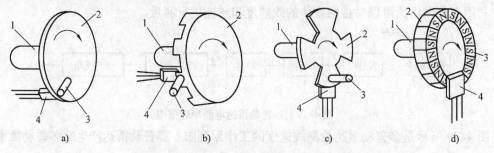

图 4-22　霍尔式转速传感器的几种不同结构形式

1—输入轴　2—磁性转盘　3—永久磁铁　4—霍尔传感器

思考与练习

4-1 测力与称重有什么区别？能够测力的传感器有哪些类型？它们是如何实现测力的？

4-2 实现扭矩测量的方法有哪些？它们各有哪些优缺点？

4-3 说明电子皮带秤的组成和原理。

4-4 说明电子计价秤的传感器结构类型。

4-5 什么是运动学量？为什么加速度传感器可以测量振幅、速度和加速度？

4-6 说明加速度传感器的基本组成，说明各类加速度传感器的特点。

4-7 应用多普勒效应如何测量速度？

4-8 分别以电感式和光电式接近传感器拟订一个测量转速的方案。

第 5 章
压力、流量和物位传感器及应用

压力、流量、物位、成分和温度 5 种物理量统称为过程量或热工量，在化工、印染、冶金等工业生产领域都是依靠传感器和自动化仪表进行自动检测和控制的。其中，流量和物位也都可以用压力传感器来测量。因此，本章将压力、流量和物位传感器的应用合并介绍。

5.1 压力传感器及应用

压力是重要的热工参数之一，如煤气压力、空气压力、炉膛压力、烟道吸力等，都一定程度地标志着生产过程的情况。因此，压力测量在热工测量中占有相当重要的地位。

5.1.1 压力的基本概念及单位

1. 压力的基本概念

压力是垂直而均匀地作用在单位面积上的力。它的大小由两个因素所决定，即受力面积和垂直作用力的大小，用数学式表示为

$$p = \frac{F}{S} \qquad (5-1)$$

式中，p 为压力；F 为垂直作用力；S 为受力面积。

压力也可以用相当的液柱高度来表示，如图 5-1 所示。根据压力的概念有

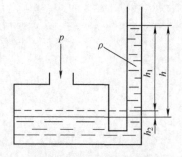

图 5-1　液柱压力示意图

$$p = \frac{F}{S} = \frac{\rho g h S}{S} = \gamma h \qquad (5-2)$$

式中，$\gamma = \rho g$，γ 为压力计中液体的重度；h 为液柱的高度。可见压力等于液柱高度与液体重度的乘积。

2. 压力的单位

在国际单位制中，压力单位是帕斯卡，简称帕，单位符号为 Pa，它的定义是在每平方米面积上，垂直作用了 1N 的力，即

$$1\text{Pa} = 1\text{N/m}^2 \qquad (5-3)$$

帕斯卡与其他压力单位的换算关系见表 5-1。

表 5-1　常用压力单位换算表

单位	帕（Pa，N/m^2）	巴（bar）	毫米水柱*（mmH_2O）	标准大气压（atm）	工程大气压（kgf/cm^2）	毫米汞柱（mmHg）
帕	1	1×10^{-5}	1.019716×10^{-1}	0.9869236×10^{-5}	1.019716×10^{-5}	0.75006×10^{-2}

（续）

单位	帕（Pa，N/m^2）	巴（bar）	毫米水柱*（mmH_2O）	标准大气压（atm）	工程大气压（kgf/cm^2）	毫米汞柱（mmHg）
巴	1×10^5	1	1.019716×10^4	0.9869236	1.019716	0.75006×10^3
毫米水柱	0.980665×10	0.980665×10^{-4}	1	0.9678×10^{-4}	1×10^{-4}	0.73556×10^{-1}
标准大气压	1.01325×10^5	1.01325	1.033227×10^4	1	1.0332	0.76×10^3
工程大气压	0.980665×10^5	0.980665	1×10^4	0.9678	1	0.73556×10^3
毫米汞柱	1.333224×10^2	1.333224×10^{-3}	1.35951×10	1.316×10^{-3}	1.35951×10^{-3}	1

注：表中各单位除帕和巴以外，均规定重力加速度是以北纬45°的海平面为标准，其值为$9.80665 m/s^2$。此表是以纵
　　坐标为基准1，读出横坐标相对应的数值。*是指水在4℃，密度为$1000 kg/m^3$时的数值。

3. 大气压力、绝对压力、表压力与真空度

1）大气压力：是由于空气的重量垂直作用在单位面积上所产生的压力。

2）绝对压力：是指流体的实际压力，它以绝对真空为零压力。

3）相对压力：是指流体的绝对压力与当时当地的大气压力之差。当绝对压力大于大气压力时，其相对压力称为表压力。当绝对压力小于大气压力时，其相对压力称为真空度或负压力。因此

$$p_表 = p_绝 - p_气 \tag{5-4}$$

式中，$p_表$为表压力；$p_绝$为绝对压力；$p_气$为大气压力。

5.1.2 常用压力传感器

1. 压力传感器类别

压力传感器的主要类别有电位器式、应变式、霍尔式、电感式、压电式、压阻式、电容式及振弦式等，测量范围为$7 \times 10^{-5} \sim 5 \times 10^8 Pa$；信号输出有电阻、电流、电压及频率等形式。压力测量系统一般由传感器、测量线路和测量装置以及辅助电源所组成。常见的信号测量装置有电流表、电压表、应变仪及计算机等。

目前利用压阻效应、压电效应或其他固体物理特性的压力传感器已实现小型化、数字化、集成化和智能化，直接把压力转换为数字信号输出，通过计算机实现工业过程的现场控制。

几种常见的压力传感器性能比较见表5-2。

表5-2 几种常见的压力传感器性能比较

类 别			准确度等级	测量范围	输出信号	温度影响	抗振动冲击性能	体积	安装维护
电位器式			1.5	低中压	电阻	小	差	大	方便
应变式	粘贴式	膜片式	0.2	中压	20mV	大	好	小	方便
		弹性梁式（波纹管）	0.3	负压及中压	24mV	小	差	较大	方便
		应变筒式（垂链膜片）	1.0	中高压	12mV	小	好	小	强制水冷，较小温度误差，测量方便
	非粘贴式	张丝式	0.5	低压	10mV	小	好	小	方便
霍尔式			1.5	低中压	30mV	大	差	大	方便

（续）

类 别		准确度等级	测量范围	输出信号	温度影响	抗振动冲击性能	体积	安装维护
电感式	气隙式	0.5	低中压	200mV	大	较好	小	复杂
	差动变压器式	1.0	低中压	10mV *（30mV）*	小	差	大	方便
压电式		0.2	微低压	1~5mV *	小	较好	小	方便
压阻式		0.2	低中压	100mV	大	好	小	方便
电容式		1.0	微低压	1~3V *（20mV）*	大	好	较大	复杂
振弦式		0.5	低中高压	频率	大	差	小	复杂

注：* 表示输出信号经过放大。

2. 单圈弹簧管压力表

（1）弹簧管压力表的结构　弹簧管压力表的结构如图 5-2 所示。它主要由弹簧管、一组传动放大机构（简称机心，包括拉杆、扇形齿轮、中心齿轮）及指示机构（包括指针、面板上的分度标尺）所组成。

被测压力由接头 9 引入，迫使弹簧管 1 的自由端 B 向右上方扩张。弹簧管 A 端固定，自由端 B 的弹性变形位移通过拉杆 2 使扇形齿轮 3 做逆时针偏转，进而带动中心齿轮 4 做顺时针偏转，使与中心齿轮同轴的指针 5 也做顺时针偏转，从而在面板 6 的刻度标尺上显示出被测压力 p 的数值。由于自由端的位移与被测压力之间具有比例关系，因此弹簧管压力表的刻度标尺是线性的。游丝 7 用来克服因扇形齿轮和中心齿轮间的间隙而产生的仪表变差。改变调整螺钉 8 的位置（即改变机械传动的放大系数），可以实现压力表量程的调整。

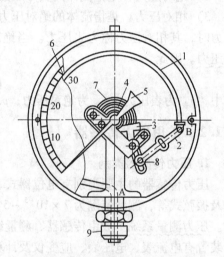

图 5-2　弹簧管压力表结构图
1—弹簧管　2—拉杆　3—扇形齿轮
4—中心齿轮　5—指针　6—面板
7—游丝　8—调整螺钉　9—接头

（2）弹簧管压力表的选型　弹簧管应根据被测介质的性质和被测压力的高低不同选择不同材质，一般在 $p<20MPa$ 时，采用磷铜；$p>20MPa$ 时，采用不锈钢或合金钢。在选用压力表时，必须注意被测介质的化学性质。例如，测量氨气压力必须采用不锈钢弹簧管，而不能采用易被腐蚀的铜质材料；测量氧气压力时，则严禁沾有油脂，以免着火甚至爆炸。

目前，我国出厂的弹簧管压力表量程有 0.1MPa、0.16MPa、0.25MPa、0.4MPa、0.6MPa、1MPa、1.6MPa、2.5MPa、4MPa、6MPa、10MPa、16MPa、25MPa、40MPa 和 60MPa 等。

（3）弹簧管压力表的应用　目前，利用变频控制进行恒压供水已广泛应用。在弹簧管压力表中装入电触头，可构成具有上、下限指示与控制的电接点式压力表；与电位器配合，可构成电位器式远传压力表，如 YCD-150 型压力传感器，它结构简单，价格便宜。

3. 应变式压力传感器

应变式压力传感器用于液体、气体压力的测量，其测量压力范围 $10^4 \sim 10^7 \mathrm{Pa}$。应变式压力传感器采用筒式、薄板式、膜片式和组合式弹性元件。

(1) 板式压力传感器　板式压力传感器包括薄板式、膜片式和组合式。测量气体或液体压力的薄板式压力传感器如图 5-3a 所示。圆薄板直径为 10mm，厚度为 1mm，和壳体连接在一起，引线自上端引出。工作时将传感器的下端旋入引压管，压力均匀地作用在薄板的下表面。薄板受压变形后表面上应变分布如图 5-3b 所示。在薄板周边上，其切向应变为零，径向应变为负应变，且绝对值最大，而在中心处其切向应变与径向应变相等且最大。因此，在贴片时，一般在薄板中心处沿切向贴两片 R_2 和 R_3，在边缘处沿径向贴两片 R_1 和 R_4。将应变片按 R_1、R_2、R_4、R_3 的顺序接成闭合回路，便构成差动电桥，可以提高灵敏度和进行温度补偿。图 2-3f 所示为其专用应变片。

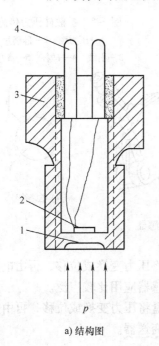

a) 结构图

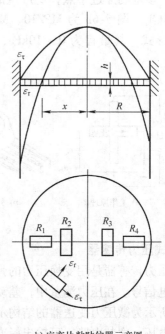

b) 应变片粘贴位置示意图

图 5-3　板式压力传感器

1—弹性薄板　2—应变片　3—壳体　4—引线

(2) 筒式压力传感器　当被测压力较大时，多采用筒式压力传感器，如图 5-4 所示。图中工作应变片 R_1 贴在空心的筒臂外感受应变，补偿应变片 R_2 贴在不发生变形的实心部位作为温度补偿用。这种传感器可用来测量机床液压系统的压力（几十千克力/厘米^2 ~ 几百千克力/厘米^2）和枪、炮筒腔内压力（几千千克力/厘米^2）（$1 \mathrm{kgf/cm^2} = 0.098 \mathrm{MPa}$）。

(3) 扩散硅固体压力传感器　如图

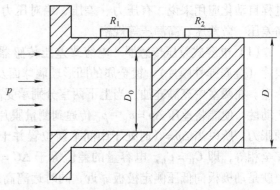

图 5-4　筒式压力传感器

5-5 所示，扩散硅固体压力传感器是在一块圆形膜片上集成四个等值电阻并串接成电桥，膜片四周用硅杯固定，高压腔与被测压力相接，低压腔与大气相通，通过应变测量压力。

（4）硅 X 形压力传感器　利用半导体材料的压阻效应，在硅膜片表面用离子注入制作一个 X 形的四端元件，一只 X 形压敏电阻器被置于硅膜边缘，其原理如图 5-6 所示。其中，1 脚接地，3 脚加电源电压，激励电流流过 3 脚和 1 脚。加在硅膜上的压力与电流垂直，该压力在电阻器上建立了一个横向电场，该电场穿过中点，所产生的电压差由 2 脚和 4 脚引出。图 5-6b 为 MPZ10、MPX12 系列器件外封装形式，其量程为 0 ~ 10kPa，线性度为 $\pm 1.0\%$。

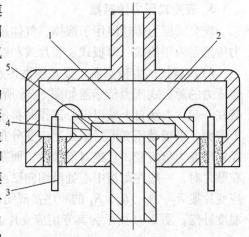

图 5-5　扩散硅压力传感器
1—压力腔　2—硅膜片
3—引线　4—硅杯　5—高压腔

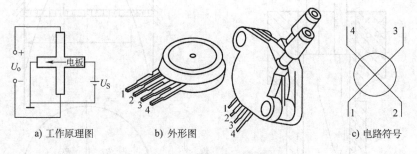

a) 工作原理图　　b) 外形图　　c) 电路符号

图 5-6　硅 X 形压力传感器

4. 电感式压力传感器

电感式压力传感器是用变换压力的弹性敏感元件将压力变换成位移，再由电感式位移传感器转换成电信号。在压力测量中，差动变压器式传感器应用比较广泛。

图 5-7 所示为微压力变送器的结构示意图。由膜盒将压力变换成位移，再由差动变压器转换成输出电压。内装电路，可输出标准信号，故称变送器。

5. 电容式压力传感器

电容式压力传感器是将压力的变化转换成电容量变化的一种传感器。目前，从工业生产过程自动化应用来说，有压力、差压、绝对压力、带开方的差压（用于测流量）等品种及高差压、微差压、高静压等规格。

（1）电容式差压传感器　电容式差压传感器的核心部分如图 5-8 所示。它主要由测量膜片（金属弹性膜片）、镀金属的凹形玻璃球面及基座组成。测量膜片上下空间被分隔成两个室。在两室中充满硅油，当上下两室分别承受高压 p_H 和低压 p_L 时，硅油的不可压缩性和流动性，便能将差压 $\Delta p = p_H - p_L$ 传递到测量膜片的上下面上。因为测量膜片在焊接前加有预张力，所以当 $\Delta p = 0$ 时处于中间平衡位置并十分平整，此时动极板上下两电容的电容值完全相等，即 $C_H = C_L$，电容量的差值等于 $\Delta C = 0$。当有差压作用时，测量膜片发生变形，也就是动极板向低压侧定极板靠近，同时远离高压侧定极板，使得电容 $C_H < C_L$。通过引出线将这个电容变化输送到转换电路，可实现对压力或差压的测量。

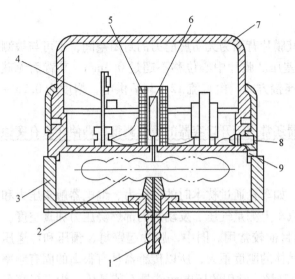

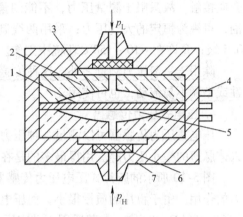

图 5-7　微压力变送器结构示意图

1—接头　2—膜盒　3—底座

4—线路板　5—差动变压器　6—衔铁

7—罩壳　8—插头　9—通孔

图 5-8　电容式差压传感器

1—弹性膜片　2—凹玻璃圆片

3—金属涂层　4—输出端子

5—空腔　6—过滤器　7—壳体

这种电容式差压传感器的特点是灵敏度高、线性好，并减少了由于介电常数受温度影响引起的不稳定性。

（2）变面积式电容式压力传感器　这种传感器的结构原理如图 5-9a 所示。被测压力作用在金属膜片 1 上，通过中心柱 2、支撑簧片 3 使可动电极 4 随膜片中心位移而动作。

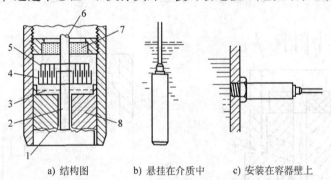

a) 结构图　　b) 悬挂在介质中　　c) 安装在容器壁上

图 5-9　变面积式电容式压力传感器

1—金属膜片　2、6—中心柱　3—支撑簧片　4—可动电极　5—固定电极　7—绝缘支架　8—挡块

可动电极 4 与固定电极 5 都是由金属材质切削成的同心环形槽构成的，有套筒状突起，断面呈梳齿形，两电极交错重叠部分的面积决定电容量。固定电极的中心柱 6 与外壳间有绝缘支架 7，可动电极则与外壳连通。压力引起的极间电容变化由中心柱引至电子电路，变为直流信号 4～20mA 输出。电子电路与上述可变电容安装在同一外壳中，整体小巧紧凑。

传感器可利用软导线悬挂在被测介质中，如图 5-9b 所示；也可用螺纹或法兰安装在容器壁上，如图 5-9c 所示。

金属膜片为不锈钢材质，或加镀金层，使其具有一定的防腐蚀能力，外壳为塑料或不锈钢。为保护膜片在过大压力下不致损坏，在其背面有带波纹表面的挡块 8，压力过高时膜片与挡块贴紧可避免变形过大。

这种传感器的测量范围是固定的，因其膜片背面为无防腐能力的封闭空间，不可与被测介质接触，故只限于测量压力，不能测量差压。膜片中心位移不超过0.3mm，其背面无硅油，可视为恒定的大气压力；采用两线制连接方式，由直流12～36V供电，精度为0.25～0.5级；允许在–10～150℃环境中工作。

除用于一般压力测量之外，这种传感器还常用于开口容器的液位测量，即使介质有腐蚀性或粘稠不易流动，也可使用。

6. 压电式压力传感器

压电式压力传感器可以测量各种压力，如车轮通过枕木时的强压力、继电器触头压力和人体脉搏的微小压力等。用得最多的是在汽车上测量气压、发动机内部燃烧压力和真空度。

图5-10所示的膜片式压电压力传感器目前较常用。图中，膜片起密封、预压和传递压力的作用。由于膜片的质量很小，而压电晶体的刚度很大，所以传感器具有很高的固有频率（高达100kHz以上），尤其适用于动态压力测量。常用的压电元件是石英晶体。为了提高灵敏度，可采用多片压电元件层叠结构。

这种压力传感器可测量10^2～10^8Pa的压力，且外形尺寸可做得很小，其下限频率由电荷放大器决定。传感器中，常设置一个附加质量块和一组极性相反的补偿压电晶体，以补偿测量时因振动造成的测量误差。

7. 振弦式压力传感器

图5-11所示是振弦式压力传感器的原理结构图。在圆形压力膜1的上、下两侧安装了两根长度相同的振弦3、4，它们被紧固在支座2上，并加上一定的预应力。当它们受到激

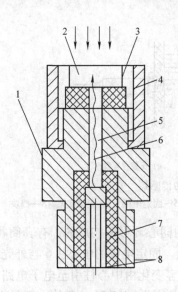

图5-10 膜片式
压电压力传感器
1—壳体 2—压电元件 3—膜片
4—绝缘圈 5—空管 6—引线
7—绝缘材料 8—电极

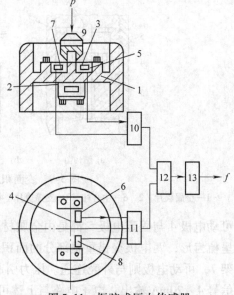

图5-11 振弦式压力传感器
1—压力膜 2—支座 3、4—振弦
5、6—拾振器 7、8—激振器 9—柱体
10、11—放大、振荡电路 12—混频器
13—滤波整形电路

励而振动时，产生的振动频率信号分别经放大、振荡电路10、11后到混频器12进行混频，所得差频信号经滤波、整形电路输出。如无外力作用时，压力膜上、下两根振弦所受张力相同，受激励后产生相同的振动频率，由混频器所得差频信号的频率为零。若有外力 p 垂直作用于柱体9上时，压力膜受压弯曲，使上侧振弦3的张力减小，振动频率减低，而下侧振弦4的张力增大，振动频率增高。由混频器输出两者振动频率的差频信号，其频率随外力增大而升高。

图中两根振弦互相垂直安置，是为了补偿作用力不垂直时由侧向作用力引起的测量误差，同时也具有温度补偿作用。

8. 霍尔式压力传感器

霍尔式压力计是由霍尔元件和压力弹性元件组成的，它结构简单、体积小、频率响应宽、动态范围（输出电动势的变化）大、可靠性高、易于微型化和集成化。但信号转换频率低、温度影响大，使用于要求转换准确度高的场合时必须进行温度补偿。

图5-12所示是霍尔式微压力传感器的原理示意图。当被测压力为零时，霍尔元件的上半部分感受的磁力线方向为从左至右，而下部分感受的磁力线方向从右至左，它们的方向相反，而大小相等，相互抵消，霍尔电动势为零。当被测微压力从进气口进入弹性波纹膜盒时，膜盒膨胀，带动杠杆（起位移放大作用）的末端向下移动，从而使霍尔元件在磁路系统中感受到的磁场方向以从右至左为主，产生的霍尔电动势为正值。如果被测压力为负压，杠杆端部上移，霍尔电动势为负值。由于波纹膜盒的灵敏度很高，又有杠杆的位移放大作用，所以可用来测量微小压力的变化。

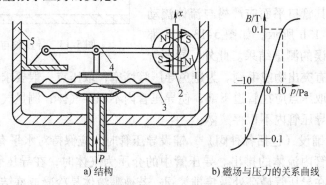

a) 结构　　　　　　　　　b) 磁场与压力的关系曲线

图5-12　霍尔式微压力传感器的原理示意图
1—磁铁　2—霍尔元件　3—波纹膜盒　4—杠杆　5—外壳

霍尔式压力传感器也可由弹簧管与霍尔式位移传感器构成。

5.1.3　压力计的选择和使用

1. 压力计的选择

压力计的选择应根据具体情况作具体分析。在符合工艺过程及热工过程所提出的技术要求、适应被测介质的性质和现场环境条件的前提下，本着节约的原则，合理地选择压力计的种类、仪表型号、量程和准确度等级等，以及是否需要带报警、远传、变送等附加装置。对于弹性式压力计，为了保证弹性元件能在弹性变形的安全范围内可靠工作，在选择量程时必须留有足够的余量。一般在被测压力较稳定的情况下，最大压力值应不超过满量程的3/4；在被测压力波动较大的情况下，最大压力值应不超过满量程的 2/3。为保证测量准确度，被测压力最小值应不低于全量程的 1/3。

例如要测量高压油喷嘴雾化剂（蒸气）的压力，已知蒸气压力为 $(2 \sim 4) \times 10^5 Pa$，要求最大测量误差小于 $10^4 Pa$，如何选择压力表呢？

根据已知条件及弹性式压力计的性质决定选 Y-100 型单圈管弹簧压力计，其测量范围为 $(0 \sim 6) \times 10^5 Pa$（当压力从 $2 \times 10^4 Pa$ 变化到 $4 \times 10^5 Pa$ 时，正好处于量程的 1/3 ~ 2/3）。要求最大测量误差小于 $10^4 Pa$，即要求仪表的相对误差为

$$|\delta_{max}| \leqslant \frac{10^4 Pa}{(6-0) \times 10^5 Pa} = 1.7\%$$

所以应选 1.5 级表。

2. 压力计的使用

即使压力计很精确，如果使用不当，测量误差也会很大，甚至无法测量。正确使用压力计应注意以下几个方面。

（1）测量点的选择　测量点的选择应能代表被测压力的真实情况。因此，取压点不能处于流束紊乱的地方，应选在管道的直线部分，也就是离局部阻力较远的地方。导压管最好不要伸入被测对象内部，而在管壁上开一形状规整的取压孔，再接上导压管，如图 5-13a 所示。当一定要插入对象内部时，其管口平面应严格与流体流动方向平行，如图 5-13b 所示。如图 5-13c、d 那样放置就会得出错误的测量结果。此外，导压管

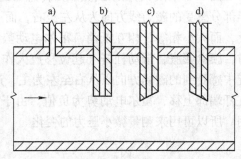

图 5-13　导压管与管道的连接

端部要光滑，不应有突出物或毛刺。为避免导压管堵塞，取压点一般要求在水平管道上。在测量液体压力时，取压点应在管道下部，使导压管内不积存气体；测量气体压力时，取压点应在管道上部，使导压管内不积存液体。

（2）导压管的铺设（包括各种阀）　铺设导压管时，应保持对水平有 1:10 ~ 1:20 的倾斜度，以利于导压管内流体的排出。导压管中的介质为气体时，在导压管最低处需装排水阀；为液体时，则在导压管最高处需装排气阀；若被测液体易冷凝或冻结，必须加装管道保温设备。在靠近取压口的地方应装切断阀，以备检修压力计时使用。在需要进行现场校验和经常冲洗导压管的情况下，应装三通开关。导压管内径一般为 6 ~ 10mm，长度 ≤50m（以减少滞后），否则要装变送器。

（3）压力计的安装　压力计安装示例如图 5-14 所示。测量蒸气压力或压差时，应装冷凝管或冷凝器。冷凝器的作用是使导压管中被测量的蒸气冷凝，并使正负导压管中冷凝液具有相同的高度且保持恒定。冷凝器的容积应大于全量程内差压计或差压变送器工作空间的最大容积变化的三倍。

当被测流体有腐蚀性，易冻结、易析出固体或是高黏度时，应采用隔离器和隔离液，以免破坏差压计或差压变送器的工作性能。隔离液应选择沸点高、凝固点低、化学与物理性能稳定的液体，如甘油、乙醇等。

被测压力波动频繁和剧烈时（如压缩机出口）可用阻尼装置。

安装压力计时应避免温度的影响，如远离高温热源，特别是弹性式压力计一般应在低于50℃的环境下工作。安装时还应避免振动的影响。如图5-14c所示，压力计上的指示值比管道内的实际压力高。这时，应减去从压力计到管道取压口之间一段液柱的压力，即

$$p = p_表 - \rho h \tag{5-5}$$

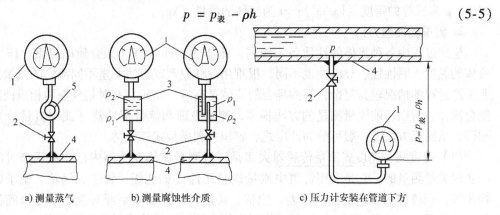

a) 测量蒸气   b) 测量腐蚀性介质   c) 压力计安装在管道下方

图 5-14 压力计安装示例图

1—压力计 2—切断阀门 3—隔离器 4—生产设备 5—冷凝管

ρ_1、ρ_2—被测介质和中性隔离液的密度

（4）压力计的维护 为防止脏污液体或灰尘积存在导压管和差压计中，应定期进行清洗。其方法是：被测流体为气体或液体时，可用洁净的空气吹入主管道；如果被测流体是液体，也可用清洁的液体通入主管道。

5.2 流量传感器及应用

在工业生产过程中，很多原料、半成品、成品是以流体状态出现的。流体的流量就成为决定产品成分和质量的关键，也是生产成本核算和合理使用能源的重要依据。因此流量的测量和控制是生产过程自动化的重要内容。

5.2.1 流量及其测量方法

1. 流量的概念

单位时间内流过管道某一截面的流体数量，称为瞬时流量。而在某一段时间间隔内流过管道某一截面的流体量的总和，即瞬时流量在某一段时间内的累积值，称为总量或累积流量，如用户的水表、气表等。工程上讲的流量常指瞬时流量，下面若无特别说明均指瞬时流量。瞬时流量有体积流量和质量流量之分。

（1）体积流量 q_V 单位时间内通过某截面的流体的体积，单位为 m^3/s。根据定义，体积流量可表示为

$$q_V = \frac{\mathrm{d}V}{\mathrm{d}t} = vS \tag{5-6}$$

式中，S 为管道截面面积（m^2）；v 为管道内平均流速（m/s）；V 为流体体积（m^3）；t 为时间（s）。

（2）质量流量 q_m 单位时间内通过某截面的流体的质量，单位为 kg/s。根据定义，质

量流量可表示为

$$q_m = \frac{dm}{dt} = \rho v S \tag{5-7}$$

式中，ρ 为流体的密度（kg/m³）；m 为流体的质量（kg）。

2. 流量的测量方法

生产过程中各种流体的性质各不相同，流体的工作状态（如介质的温度、压力等）及流体的黏度、腐蚀性、导电性也不同，很难用一种原理或方法测量不同流体的流量。尤其工业生产过程的情况较为复杂，某些场合的流体是高温、高压，有时是气液两相或液固两相的混合流体。所以目前流量测量的方法很多，测量原理和流量传感器（或称流量计）也各不相同，从测量方法上一般可分为速度式、容积式和质量式三大类。

（1）速度式　速度式流量传感器大多是通过测量流体在管路内已知截面流过的流速大小实现流量测量的。它是利用管道中流量敏感元件（如孔板、转子、涡轮、靶子或非线性物体等）把流体的流速变换成压差、位移、转速、冲力或频率等对应的信号来间接测量流量的。差压式、转子、涡轮、电磁、旋涡和超声波等流量传感器都属于此类。

（2）容积式　容积式流量传感器是根据已知容积的容室在单位时间内所排出流体的次数来测量流体的瞬时流量和总量的。常用的容积式流量传感器有椭圆齿轮式、旋转活塞式和刮板式等。

（3）质量式　质量式流量传感器有两种：一种是根据质量流量与体积流量的关系，测出体积流量再乘以被测流体的密度的间接式质量流量传感器，如工程上常用的补偿式质量流量传感器，它采取温度、压力自动补偿；另一种是直接式质量流量传感器，如热电式、惯性力式、动量矩式质量流量传感器等。直接法测量具有不受流体的压力、温度和黏度等变化影响的优点，是一种正在发展中的质量式流量传感器。

5.2.2　流量传感器举例

流量传感器种类很多，这里仅介绍几种流量传感器的原理及应用。

1. 差压式流量传感器

（1）差压式流量传感器及其原理　差压式流量传感器又称节流式流量传感器，主要由节流装置和差压传感器（或差压变送器）组成，如图5-15所示。当被测流体流过节流元件时，流体受到局部阻力，在节流元件前后产生压力差，就像电流流过电阻元件产生电压差那样，节流元件上游压力 p_1 高于下游压力 p_2。然后用差压传感器将压差信号转换成电信号，或直接用差压变送器把压差信号转换为与流量对应的标准电流信号或电压信号，以供测量、显示、记录或控制。在气动控制中，还可以转换成气动信号，然后显示、记录或控制。

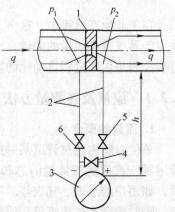

图 5-15　差压式流量传感器
1—节流元件（孔板）　2—引压管
3—差压式流量传感器　4—平衡阀
5—正压室切断阀　6—负压室切断阀

（2）差压式流量传感器的投入运行　差压式流量传感器投入运行时，要特别注意其弹性元件不能突然受到压力冲击，更不要处于单向受压状态。开表前，必须使引压管内充满液体或隔离液，引压管中的空气要通过排气阀和仪表的放气排除干净。开表过程中，先打开平衡阀4，并逐渐打开正压室切断阀5，使正负压室承受同样压力，然后打开负压室切断阀6，并逐渐关闭平衡阀4，便可投入运行。仪表在停止运行时与开表过程相反，先打开平衡阀，然后关闭正、负室切断阀，最后再关闭平衡阀。

2. 电磁流量传感器

（1）电磁流量传感器的工作原理　电磁流量传感器是根据法拉第电磁感应定律测量导电性流体的流量。如图5-16所示，在磁场中安置一段不导磁、不导电的管道，管道外面安装励磁绕组（或一对磁极）。在励磁绕组通电后，当有一定电导率的流体在管道中流动时就切割磁力线。与金属导体在磁场中的运动一样，在导体（流动介质）的两端也会产生感应电动势，由设置在管道上的电极导出。该感应电动势大小与磁感应强度、管径大小、流体流速大小有关。通过测量感应电动势来间接测量被测流体的流量 q_V 值。

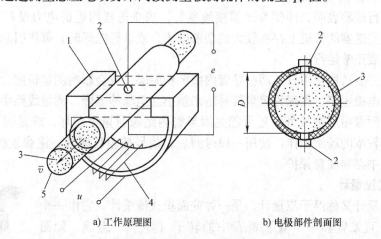

a) 工作原理图　　　　　b) 电极部件剖面图

图5-16　电磁流量传感器

1—铁心　2—电极　3—绝缘套管　4—励磁绕组　5—导电性流体

电磁流量传感器产生的感应电动势信号是很小的，常与电磁流量转换器组成变送器，输出 0～10mA 或 4～20mA 的标准电流信号或一定频率的脉冲信号，配合单元组合仪表或计算机对流量进行显示、记录、运算、报警和控制等。

（2）电磁流量传感器的特点　电磁流量传感器适用于测量各种腐蚀性酸、碱、盐溶液，固体颗粒悬浮物，黏性介质（如泥浆、纸浆、化学纤维、矿浆等）溶液；也可用于各种有卫生要求的医药、食品等部门的流量测量（如血浆、牛奶、果汁、卤水、酒类等），还可用于大型自来水管道和污水处理厂流量测量等。电磁流量传感器反应迅速，可以测量脉动流量。电磁流量计的测量范围很广，对于同一台电磁流量计，量程比可达1∶100。它的口径可以从1mm到2m以上。

当然，电磁流量计也有其局限性和不足之处。使用温度和压力不能太高，使用温度一般低于120℃，最高工作压力一般不得超过1.6MPa。电磁流量计不能用来测量气体、蒸气和石油制品等非导电流体的流量。对于导电液体，其电导率的下限值一般也不得小于 $2 \times 10^{-3} \sim 5 \times 10^{-3}$ S/m（西门子/米）。

（3）使用电磁流量计应注意的问题

1）安装要求：变送器安装位置应选择在无论何时测量导管内都能充满液体的地方，以防止由于测量导管内没有液体而指针不在零位所造成的错觉。最好是垂直安装，使被测液体自下向上流经仪表，这样可以避免在导管中有沉淀物或在介质中有气泡而造成的测量误差。如不能垂直安装时，也可水平安装，但要使两电极在同一水平面上。

2）接地要求：电磁流量计的信号比较弱，在满量程时只有 $2.5 \sim 8mV$，流量很小时，输出只有几微伏，外界略有干扰就会影响测量的精度。因此变送器的外壳、屏蔽线、测量导管以及变送器两端的管道都要接地，并且要求单独设置接地点，绝对不要连接在电动机、电器等的公用地线或上下水管道上。转换部分已通过电缆线接地，故勿再行接地。

3）安装地点：变送器的安装地点要远离一切磁源（例如大功率电动机、变压器等），不能有振动。

4）电源要求：传感器和变换器必须使用同一相电源，否则由于检测信号和反馈信号相差120°的相位，使仪表不能正常工作。

仪表的运行经验表明，即使变送器接地良好，当变送器附近的电力设备有较强漏电电流，或在安装变送器的管道上存在较大的杂散电流，或进行电焊时，都将引起干扰电动势的增加，影响仪表正常运行。

此外，如果变送器使用日久而在导管内壁沉积垢层，也会影响测量精度。尤其是垢层电阻过小将导致电极短路，表现为流量信号越来越小甚至骤然下降。测量线路中电极短路，除上述导管内壁附着垢层造成外，还可能是因导管内绝缘衬里被破坏，或是因变送器长期在酸、碱、盐雾较浓的场所工作，使用一段时间后，信号插座被腐蚀，绝缘被破坏而造成的。所以，在使用中必须注意保护。

3. 转子式流量计

转子式流量计又称浮子流量计，是一种变面积式流量计。它由一个上大下小的垂直锥管和一个置于锥管中的转子（浮子）组成，如图5-17所示。转子式流量计两端可通过法兰、螺纹或软管垂直安装在被测管道上。流体自下而上流入锥管时，转子上下产生压力差。在压力差作用下，转子向上移动。此时，转子受到流体向上的动压力和浮力、转子自身向下的重力三个力的作用。随着转子向上移动，转子与锥管间的环形面积，即流体流动的截面面积不断增大，从而流速降低，动压力减小。当转子的受力达到平衡时，就稳定地停在某一位置上。对于一台给定的转子式流量计，转子在锥管中的位置与流体流经锥管的流量大小成对应关系。

图5-17　转子式流量计

为了使转子沿锥管的中心线上下移动时不碰到管壁，通常采用两种方法：一种是在转子中心装有一根导向芯棒；另一种是在转子圆盘边缘开有一道道斜槽，当流体流过时，使转子绕中心线不停地旋转。转子式流量计的转子材料可用不锈钢、铝、青铜等制成。

转子式流量计一般按锥形管材料的不同，可分为玻璃管转子式流量计和金属管转子式流量计两大类。前者一般为就地指示型；后者一般被制成流量变送器，按转换器不同可分为气远传、电远传、指示型、报警型、带积算等，按变送器的结构和用途可分为基型、夹套保温型、防腐蚀型、高温型及高压型等。

转子式流量计的特点：可测多种介质的流量，特别适用于测量中小管径中雷诺数较低的中小流量；压力损失小且稳定，反应灵敏，量程较宽（约 10∶1），示值清晰，近似线性刻度；结构简单，价格便宜，使用维护方便；还可测有腐蚀性的介质流量。但转子式流量计的精度受测量介质的温度、密度和黏度的影响，而且仪表必须垂直安装。

4. 超声波测量流速和流量

超声波流量计是一种新型流量计，按作用原理可分为三类：①时间差法、相位差法和频率差法；②声束偏移法；③多普勒效应法。

频率差法最大优点是不受声速的影响，即不必对因流体温度改变而引起的声波的变化进行补偿，因此是常用的方法。下面只介绍频率差法。

图 5-18 所示是超声波频率差法流量计原理图，它是利用液体的运动对超声波在液体中传播速度的影响而测出液体流速的。在管道壁上设置两个相对的超声波探头，它们的连线与管道轴线之垂直线的夹角为 θ。由探头 TR_1 发射超声波顺流而下传到探头 TR_2，TR_2 收到超声脉冲后，经电路而触发发射探头 TR_1 再次发射脉冲。同理，探头 TR_2 发射超声波逆流而上传到探头 TR_1，TR_1 收到超声脉冲后，经电路而触发发射探头 TR_2 再次发射脉冲。由于顺流而下的超声波比逆流而上的超声波传播速度多了流速分速度的 2 倍，因此两个超声波频率不同，其频率差 Δf 与流速成正比而与声速无关。

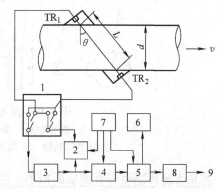

图 5-18　超声波频率差法流量计原理图
1—切换开关　2—发射机　3—接收机　4—倍频器
5—可逆计数器　6—累计器　7—控制系统
8—A – D 转换和瞬时指示　9—遥测系统

用计数器将依次测得的 Δf 进行积算，就可以得到累计流量。如图所示，通过切换开关和接收机就可以将信号引入测量电路。测量电路由倍频器、可逆计数器、累计器及 A – D 转换和瞬时指示电路所组成。倍频器可提高测量精确度，可逆计数器测出 Δf，累计器得到累计流量，可逆计数器的输出信号送到累计器的同时送入 A – D 转换和瞬时指示电路，后者将数字信号变为模拟信号后显示出来，此信号（0～5V）也可供给遥测系统。

超声波流量计可测任何液体的流量，特别是腐蚀性、高黏度、非导电液体的流量，也可测量大口径管水流量以及海水流速等。从原理上讲，也能测量气体流量和含有固体微粒的液体流量。但是，若流体中含有的粒子过大、过多，将会使超声波大大地衰减，从而影响测量准确度。超声波流量计的量程比一般为 20∶1，误差为 ±2% ～ ±3%。若超声波探头安装在管外，则压力损失小，对流体扰动小，安装方便。考虑到管道截面的流速分布对测量准确度的影响，变送器上、下游应具有一定长度的直管段。

虽然超声波流量计可能在广泛的范围内应用，但由于其结构较复杂、价格较贵，目前多用于其他流量计不能测量的地方。

5. 激光流速计

激光流速计的工作原理基于大家已知的多普勒效应：当波源和观测者彼此相接近时，所接收到的频率变高；当波源和观测者彼此分开时，所接收到的频率变低。当激光照射到跟随流体一起运动的微粒上时，激光被运动着的微粒（可看作波源）所散射，散射光的频率与入射光的频率之差和流速成正比。多普勒频率 f_D 与运动微粒流速的关系为

$$v = \frac{\lambda}{2\sin\frac{\theta}{2}} f_D \qquad (5-8)$$

式中，λ 为入射光波长；θ 为两束入射光夹角。

图 5-19 所示是激光流速传感器的结构示意图。从激光源射出的激光束通过偏振面偏转器后，由光束分解器将激光分为两束，再由焦点透镜聚焦在焦点位置，这个焦点便是测定点。测定点的粒子引起的散射光由聚焦透镜导向光敏元件，光敏元件输出的电信号由电路处理后，即可得到流速。

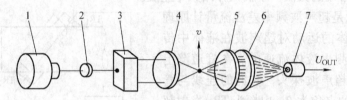

图 5-19 激光流速传感器的结构示意图
1—激光发生器 2—偏振面偏转器 3—光束分解器
4—焦点透镜 5—聚光透镜 6—聚焦透镜 7—光敏元件

激光流速传感器具有测量面积小、空间分辨力高、能进行非接触的测量、不需要校正、响应特性好和应用范围宽等特点。除此之外，激光流速传感器能够测量其他流量传感器无法测量的流体，例如燃烧的流体、高温高压流体等，所以在这些领域中使用激光流速传感才能发挥出它显著的特点。

因为激光流速传感器是利用流体中所含粒子引起的散射光进行测定，所以粒子的大小、浓度、折射率等都会对测量信号带来影响。为了抑制噪声对信号的影响，传感器所使用的激光波长，要比使用的粒子直径小。

6. 光纤流速传感器

图 5-20 所示是光纤流速传感器的结构示意图。将多模光纤插入顺流放置的铜管中，在其输入端射入激光。当管道中的流体流动时，流体的压力使光纤发生机械应变，从而使光纤中传输的各模式的光的相位差发生变化，光纤中射出的发射光强度就会出现强弱的变化，其振幅与流体的流速成正比。因此可根据测出的振幅，得知流体的流速。

由光纤输出的光信号经光敏二极管检测转换为电信号，经放大、滤波、整流、积分后成为直流电压信号，该信号的幅值正比于流体的流速，因此可从直流电压表的测量电压得到流体的流速。

7. 热导式流速传感器

各种流体在管道中流动时，任意两点间传递的热量与单位时间内通过给定面积的运动流体的质量成正比，根据这一原理可以制成流速传感器。

图 5-21 所示是采用热导方法进行气体流速测量的工作原理示意图。将感受气体流速的热敏元件装在流通气体的管道内，热敏元件可以是热敏电阻，也可以是电热丝。其工作原理是，用电流加热的热敏元件，由于气体的流动带走了部分热量使热敏元件冷却，从而使热敏元件的阻值发生变化。由于热敏元件阻值的变化与气体的流速有一定的关系，因此，只要测出热敏元件阻值变化的大小，就可以求得气体的流速。

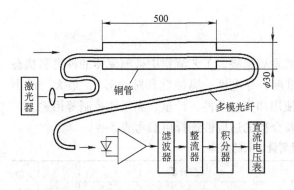

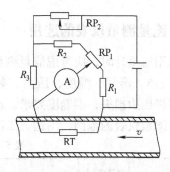

图 5-20 光纤流速传感器的结构示意图　　图 5-21 热导式流速测量原理

　　热敏元件 RT 与标准电阻、调节桥路平衡的电位器等共同组成测量桥路。在测量气体流速之前，调整电位器 RP_1 使电桥处于平衡状态，此时，表头指示为零。电位器 RP_2 用来调节电桥的起始工作电流，以便使电桥的灵敏度处于一种合适的工作状态。热敏元件的阻值和标准电阻应一致。

　　热敏元件阻值随气体流速 v 的变化而发生相应的变化，使电桥失去原有的平衡而产生一个不平衡的电流信号，该信号的大小与气体流速有一定的对应关系，从而可从表头的指示上测出气体流速的大小。

　　热导式流速传感器主要用于各种气体流速和气体浓度的测量，但应指出，各种气体的导热系数是不相同的。常见气体及溶剂蒸气在 0℃时的相对导热系数见表 5-3。

表 5-3　常见气体及溶剂蒸气在 0℃时的相对导热系数

气体名称	相对导热系数	气体名称	相对导热系数	气体名称	相对导热系数	气体名称	相对导热系数
空气	1.000	一氧化碳	0.964	氧化亚氮	0.648	乙烷	0.807
氧	1.015	二氧化碳	0.614	氨	0.897	水蒸气	0.760（100℃时）
氮	0.998	氢	7.13	甲烷	1.318	汽油蒸气	0.370

　　根据上述原理，利用半导体技术可以制成热导式集成流速传感器，图 5-22 是这种传感器的芯片布局及内部电路图。传感器由三个晶体管等组成，其中 VT_3 为加热管，VT_1 和 VT_2 为两个对称分布在 VT_3 两侧的温度传感器。VT_1 用来检测流体的温度 T_1，VT_2 则用来检测由于流体流

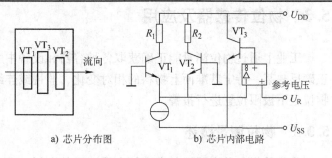

a) 芯片分布图　　　　b) 芯片内部电路

图 5-22　热导式集成流速传感器

动从加热管 VT_3 带走热量而形成的附加温度 T_2。当流体按图 5-22a 所示方向流动时，在芯片的两侧将形成温度差 $T_2 - T_1$，这个温差通过差分电路输出。随着流体速度的增加，芯片两端的温差也增大，导致差分电路输出信号的增加。因此检测差分电路输出信号的大小，便可测得流体的流速。

5.2.3 流量测量仪表的选用

在选用流量计时，应考虑流量测量仪表的发展趋势，工艺流程中被测流体的种类和状态（液体、气体、蒸气、温度、压力、黏度、重度、导电性、腐蚀性和脉动等），最大、最小流量，容许压力损失，准确度要求，价格，使用和安装条件，计量、测量和控制等用途。

流量测量仪表的范围、用途、工况条件及介质的适应性选择可参考表5-4。

表5-4 流量测量仪表的选择

流量计		测量范围/最大流量与最小流量比	精确度/（%）	用途		适应介质							温度/℃	上限压力/kPa
代号	名称			测控	计量	净液	净气	蒸气	浆液	黏液	腐蚀液	脏液气		
LG	差压式	3:1	1.5、2.5	适	可	适	适	适			可		250	300
LZB	玻璃管转子式	5:1/10:1	2.5、4	适		适	适			可	适		120	20
LZ	金属管转子式	5:1/10:1	2.5	适		适	适	适		可	适		200	60
LC	椭圆齿轮式	10:1	0.5		适	适				适	可		120	20
LH	旋转活塞式	10:1	0.5		适	适				适			120	20
LW	涡轮式	6:1	0.5、1.0	可	适	适	适			可	可		-50/120	150
LB	靶式	3:1	1.5、2.5	适		适	适	可	适			可	200	60
LD	电磁式	10:1	1.0、1.5	适	适	适			适			适	100	20
LO	旋进旋涡式	30:1	1.0	可	适		适						60	20
LR	涡流式	30:1	1.0、1.5	适	可		适						200	100

5.3 物位传感器及应用

工业上通过物位测量能正确获取各种容器和设备中所储存的物质的体积和质量，以迅速正确反映某一特定基准面上物料的相对变化，监视或连续控制容器设备中的介质物位，或对物位上下极限位置进行报警。

5.3.1 物位测量概述

物位是指各种容器设备中液体介质液面的高低、两种不溶液体介质的分界面的高低和固体粉末状颗粒物料的堆积高度等的总称。物位传感器根据用途分为液位、料位和界位传感器。

物位传感器种类较多，按其工作原理可分为下列几种类型。

1）直读式：根据流体的连通性原理测量液位。

2）浮力式：根据浮子高度随液位高低而改变或液体对浸沉在液体中的浮子（或称沉筒）的浮力随液位高度变化而变化的原理测量液位。

3）差压式：根据液柱或物料堆积高度变化对某点上产生的静（差）压力变化的原理测量物位。

4）电学式：把物位变化转换成各种电量变化而测量物位。

5）核辐射式：根据同位素射线的核辐射透过物料时，其强度随物质层的厚度变化而变化的原理测量物位。

6）声学式：根据物位变化引起声阻抗和反射距离的变化而测量物位。

7）其他形式：如微波式、激光式、射流式和光纤维式传感器等。

下面以静压式和超声波式液位测量为例说明液位测量的基本原理、方法与技术要点。

5.3.2　静压式液位计

在图 5-1 中，液柱式压力计是用液柱高度来表示压力（或压差）大小的。与此相反，也可用压力（或压差）的大小来表示液柱高度（即液位的高低）。静压式液位计就是以这一原理为基础的液位测量仪表。

1. 压力式液位计

压力式液位计是静压式液位计的一种，其原理以流体静力学为基础。它一般仅适用于敞口容器的液位测量，有利用压力表测量液位和利用吹气法测量液位两种形式。在此仅介绍利用压力表测量液位的方法。

利用压力表测量液位的原理如图 5-23 所示。测量仪表通过导压管与容器底部相连，由测压仪表的示值即可得知液位高度（可以用液位高度标度），即

$$p = H\rho g = \gamma H \tag{5-9}$$

如需将信号远传，则可采用气动或电动压力变送器进行检测并发送信号。但是液体密度不是定值时，会引起一定的误差。

当压力表与其取压点和取压点与被测液位的零位不在同一水平位置时，必须对因位置高低引起的压力差值进行修正，否则仪表示值与实际液位不相符。

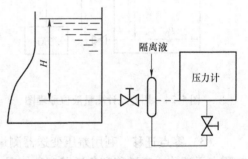

图 5-23　用压力表测量液位原理图

2. 差压式液位计

（1）差压式液位计工作原理　差压式液位计也是静压式液位计的一种，它广泛适用于密封容器的液位测量。因为在有压力的密闭容器中，液面上部空间的气相压力不一定为定值，所以用压力式液位计来测量液位时，其示值中就包含有气相压力值，即使在液位不变时，压力表的示值也可能变化，因而无法正确反映被测液位。为了消除气相压力变化的影响，故需采用差压式液位计。

差压式液位计是利用容器内的液位改变时，由液柱高度产生的静压也相应变化的原理而工作的，如图 5-24 所示。设 p_A 为密闭容器中的气相 A 点的静压（气相压力），p_B 为密闭容器中的液相 B 点的静压，H 为液柱高度，ρ 为液体密度。根据流体静力学原理可知：A、B 两点的压差为

$$\Delta p = p_B - p_A = p_A + H\rho g - p_A = H\rho g \tag{5-10}$$

如果为敞口容器，则 p_A 为大气压，公式（5-10）可变为

$$p = p_B = H\rho g \tag{5-11}$$

通常，被测介质的密度是已知的，即式中的 ρ 为定值，因此只要测出 Δp 或 p 就可以知道密闭容器或敞口容器中的液位高度。因此，各种压力计、差压计和差压变送器都可以用来测量液位的高度。

（2）法兰式差压变送器原理　为了解决测量具有腐蚀性或含有结晶颗粒及黏度大、易凝固等液体液位时，引压管线被堵、被腐蚀的问题，需要用法兰式差压变送器。如图 5-25 所示，变送器的法兰直接与容器上的法兰相连接，作为敏感元件的金属膜盒经毛细管与变送器的测量室相通。在膜盒、毛细管和测量室所组成的封闭系统内充入硅油，作为传压介质。为使毛细管经久耐用，其外部均套有金属蛇皮保护管。法兰式差压变送器的测量部分及气动转换部分的动作原理与气动差压变送器基本相同。

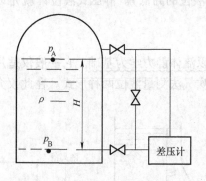

图 5-24　用差压计测量液位原理图

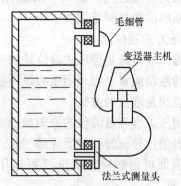

图 5-25　法兰式差压变送器
测量液位原理图

（3）零点迁移　利用差压变送器测量密闭容器液位时，由于现场的安装条件不同，存在零点无迁移、正迁移和负迁移三种情况。

当差压变送器的测量室与容器最低液位安装在同一水平面上时，式（5-10）成立，无零点迁移。

如图 5-26 所示，当差压变送器的测量室的安装位置低于容器最低液位 h 高度时，不论实际液位如何变化，差压计变送器输出为 $\Delta p = H\rho g + h\rho g$，即变送器的测量室总是增加了一个固定的压差 $h\rho g$，需要抵消固定正值 $h\rho g$ 的作用，其方法称为<u>正迁移</u>。

如图 5-27 所示，当液位上的介质是可凝气体（如蒸气）时，负压侧连通管中充满介质的冷凝液，为使连通管中液柱恒定，正压室的压力只随液位的变化而变化，在图中点画线所示部分装有截面积较大的平衡容器（又称<u>冷凝器</u>）。假定连通管中充满介质的冷凝液与容器中液体密度相同，则作用在变送器正、负压室的压差为 $\Delta p = p_1 - p_2 = H\rho g - (H_0 - h)\rho g$，$H_0$ 为通气连通管中冷凝液柱高度（m）。可见，无论实际液位如何变化，变送器测量室总是减少了一个固定的压差 $(H_0 - h)\rho g$，抵消固定负值 $(H_0 - h)\rho g$ 的方法称为<u>负迁移</u>。

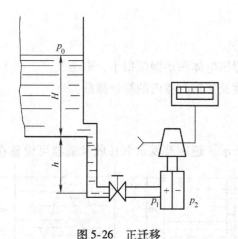

图 5-26 正迁移

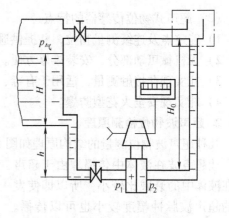

图 5-27 负迁移

零点迁移的方法是用调整变送器的零点迁移弹簧，使液位由零变化到最高液位时，Δp 由零变化到最大差压 Δp_{max}，变送器的输出从下限变化到上限。零点迁移弹簧的作用实质是改变测量范围的上限值和下限值，相当于测量范围的平移，它不改变量程的大小。

在差压变送器规格中，一般都注有是否带正、负迁移装置。型号后面加"A"的为正迁移，加"B"的为负迁移，必须根据现场要求正确使用。

3. 水深测量仪

水的深度不同，其压力也不同，水的压力随水的深度以 0.01MPa/m 呈线性变化。这样只要能测得水的压力，便可知水的深度。根据这一原理，利用 CYG04 型压阻式压力传感器制成水深测量仪。

水深测量仪的工作原理如图 5-28 所示。CYG04 型压阻式压力传感器设置在测量探头的中央，其感压膜正对进水压力通道。使用时将探头投入水中，传感器便可测得水的压力而输出电压，经测试仪表的转换，便可直接从显示器上读出水的深度。

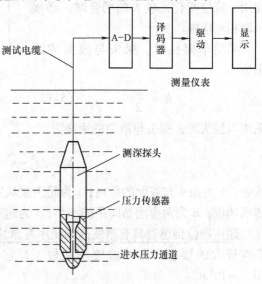

图 5-28 水深测量仪的工作原理

5.3.3 超声波物位传感器及应用

超声波物位检测是利用超声波在两种物质的分界面上的反射特性，测量超声波传感器从发射超声脉冲开始到接收反射回波脉冲为止的时间间隔来实现的。

1. 超声波物位传感器的类型与特点

（1）超声波物位传感器的类型 超声波物位传感器根据使用特点可分为定点式物位计和连续式物位计两大类；根据传感器放置位置的介质不同，超声波物位传感器可分为气介式、液介式和固介式三类；超声波传感器既可采用单探头，也可采用双探头。

（2）超声式物位传感器的特点

1）能定点及连续测量物位，并提供遥控信号。

2）无机械可动部分，安装维修方便。换能器压电体振动振幅很小，寿命长。

3）能实现非接触测量，适用于有毒、高黏度及密封容器内的物位测量。

4）能实现安全火花型防爆。

2. 超声波物位检测原理

几种超声波物位测量的结构原理如图 5-29 所示。超声波发射和接收换能器可设置在水中，让超声波在液体中传播。由于超声波在液体中的衰减比较小，所以即使发出的超声波脉冲幅度较小也可以传播。超声波发射和接收换能器也可以安装在液面的上方，让超声波在空气中进行传播，这种方式虽然便于安装和维修，但由于超声波在空气中的衰减比较大，因此用于液位变化比较大的场合时，必须采取相应措施。

采用单探头时，探头与液面的距离为

$$h = \frac{vt}{2} \tag{5-12}$$

采用双探头时，探头与液面的距离为

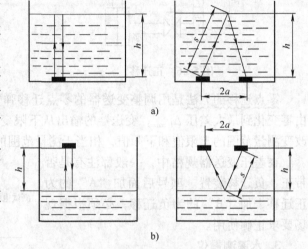

图 5-29 超声波物位测量的结构原理图

$$h = \sqrt{s^2 - a^2} = \sqrt{\left(\frac{vt}{2}\right)^2 - a^2} \tag{5-13}$$

式中，h 为探头与液面的距离；t 为超声波从发射到接收的间隔时间；v 为超声波在介质中的传播速度；a 为两换能器间距的一半；s 为超声波反射点到换能器的距离。

超声物位传感器具有精度高和使用寿命长的特点，但若液体中有气泡或液面发生波动时会有较大的误差。在一般使用条件下，它的测量误差为 ±0.1%，检测物位的范围为 $10^{-2} \sim 10^4 \mathrm{m}$。

3. 定点式超声波物位计

定点式物位计用来测量被测物位是否达到预定高度（通常是安装测量探头的位置），并发出相应的开关信号。根据不同的工作原理及换能器结构，可以分别用来测量液位、固体料位、固 – 液分界面、液 – 液分界面以及测知液体的有无。其特点是简单、可靠、使用方便、适用范围广，广泛应用于化工、石油、食品及医药等工业部门，常用的有声阻尼式、液介穿透式和气介穿透式三种。

（1）声阻尼式液位计　声阻尼式液位计是利用气体比液体对超声振动的阻尼小的原理来实现液位检测的。如图 5-30 所示，在压电陶瓷前面是不锈钢

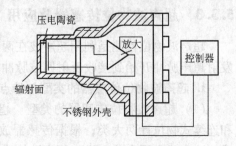

图 5-30　声阻尼式液位计原理

辐射面，在气体中，传感器处于振荡状态；当不锈钢辐射面接触液体时，传感器停止振荡，传感器的工作频率约为40kHz。

声阻尼式液位计结构简单，使用方便。换能器上有螺纹，使用时可从容器顶部将换能器安装在预定高度。它适用于化工、石油、食品等工业中各种液面的测量，也用于检测管道中有无液体存在，重复性可达1mm。该传感器不适用于黏滞液体测量，因为有部分液体黏附在换能器上不随液面下降而消失时，容易误动作；同时也不适用于溶有气体的液体，当气泡附在换能器辐射面上时，会导致误动作。

（2）液介穿透式超声波液位计   它是利用超声波换能器在液体中和气体中发射系数显著不同的特性，来判断被测液面是否到达传感器的安装高度。传感器的结构如图5-31所示。两片相隔一定距离（12mm）平行放置的压电陶瓷分别构成超声波发射头和接收头。发射头和接收头与放大器构成正反馈环路。当间隙内充满液体时，放大器工作在连续振荡状态。当间隙内是气体时，振荡停止。该液位计结构简单，不受被测介质物理性质的影响，工作安全可靠。

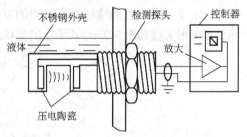

图5-31 液介穿透式超声波液位计

（3）气介穿透式超声波物位计   如果将两换能器相对安装在预定高度的一直线上，使其声路通过空气保持畅通。当被测料位升高而遮断声路时，接收换能器收不到超声波，控制器内继电器动作，发出相应的控制信号。由于超声波在空气中传播，故频率选择得较低（20~40kHz）。这种物位计适用于粉状、颗粒状、块状等固体料位的极限位置检测；结构简单、安全可靠，且不受被测介质物理性质的影响；适用范围广，如可适用于相对密度小、介电率小、电容式难以测量的塑料粉末、羽毛等物位的测量。

4. 连续式超声波物位计

连续式超声波物位计大都采用回波测距法（即声纳法）连续测量液位、固体料位或液-液分界面位置。根据不同应用场合所使用的传声媒介质不同，又可分为液体、气体和固体介质式三种。

（1）液介超声波液位计   此液位计是以被测液体为导声介质，利用回波测距方法来测量液面高度。如图5-32

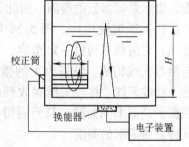

图5-32 液介超声波液位计

所示，超声波脉冲穿过外壳和容器壁进入被测液体，在被测液体表面上反射回来再由换能器转换成电信号送回电子装置。液面高度 H 与液体中声速 v 及被测液体中来回传播时间 t 成正比，参见式（5-13）。

这种液面计适用于测量油罐、液化石油气罐之类容器的液位，具有安装方便、可多点检测、准确度高、直接数字显示液面高度等优点。但当被测介质温度、成分经常变动时，由于声速随之变化，因此装入一个固定长度的校正筒，测定声速进行校正。

（2）气介超声波物位计   它以被测介质上方的气体为导声介质，利用回波测距法测量物位。因此，被测介质不受限制，有悬浮物的液体、高黏度液体与粉体、块体都可测量，使用维护方便。除了能测各种密封、敞开容器中的液位外，还可以用于测塑料粉粒、砂子、煤、矿石、岩石等固体料位，以及测沥青、焦油等黏糊液体及纸浆等介质料位。

5.3.4 微波物位传感器及应用

1. 微波物位传感器

微波是波长为 1m～1mm 的电磁波，其频率范围为 300MHz～300GHz。微波物位传感器由振荡器与微波天线等构成。微波振荡器有速调管、磁控管或某些固体元件。小型微波振荡器也可以采用体效应管。

微波信号需要用波导管（波长在 10cm 以上可用同轴线）传输，并通过天线发射出去。如图 5-33 所示，为了使发射的微波具有尖锐的方向性，天线具有特殊的结构。常用的有图 5-33a、b 所示的喇叭形天线和图 5-33c、d 所示的抛物面形天线，以及介质天线、隙缝天线等。

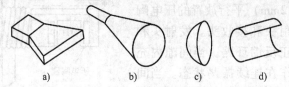

图 5-33　常用微波天线

喇叭形天线结构简单，制造方便，它可以看作是波导管的延续。喇叭形天线在波导管与敞开的空间之间起匹配作用，以获得最大能量输出。抛物面形天线犹如凹面镜产生平行光一样，能使微波发射的方向性得到改善。

2. 微波传感器检测物位

微波传输中遇到被测物时将被吸收或反射，其功率将发生变化。与超声波检测原理一样，测量发射波与反射波的时间间隔或被吸收后的微波功率，便可实现被测物的位置、厚度、含水量等参数的检测。因此，微波检测也可分为反射式与遮断式。

（1）微波液位计　图 5-34 所示为微波液位计示意图。它由相互构成一定角度、相距为 S 的发射天线与接收天线构成。波长为 λ 的微波经被测液面反射后进入接收天线。接收天线接收到的微波功率将随被测液面的高低不同而异。只要测得接收到的功率，就可获得被测液面的高度。

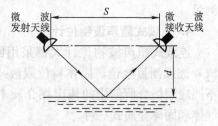

图 5-34　微波液位计示意图

（2）微波物位计　图 5-35 所示为开关式物位计示意图。当被测物位较低时，发射天线发出的微波束全部由接收天线接收，经检波、放大、电压比较器比较后，发出正常工作信号。当被测物位升高到天线所在高度时，微波束部分被吸收，部分被反射，接收天线接收到的功率相应减弱，经检波，放大后，低于设定电压信号，微波物位计就发出被测物位高出设定物位的信号。

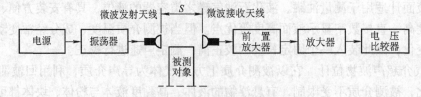

图 5-35　开关式微波物位计示意图

5.3.5 电极式与电容式物位传感器

1. 电极式液位传感器

电极式液位传感器是利用被测液体的导电性实现测量的。电极式液位传感器如图 5-36a 所示。

电极式液位传感器分一体式和分体式两种安装方式。一体式的传感器电路板装在电极的接线盒内，组成一体结构；分体式的传感器与检测电极分开安装，有控制箱内轨道和控制盘面板安装两种形式。根据不同的使用环境，液位检测电极可分为塑料壳体和铝合金防爆壳体，与设备连接有尼龙连接件和不锈钢连接件两种。

电极式液位传感器的电极数有一根、两根、三根和四根，以实现不同的功能。一根电极适合金属罐体液位报警和管路检漏报警等（罐体作为公用端）；两根电极则适合非金属罐体、水槽单点报警和非金属管路检漏报警；三根电极最常用，适合给排水和其他进液或排液控制，与机泵结合可实现自动控制给排水；四根电极则是在进液或排液功能的基础上增加了上限报警或下限报警功能，防止水位超高溢流或过低空泵运行。

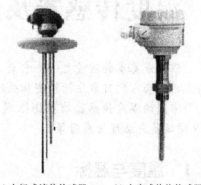

a) 电极式液位传感器   b) 电容式物位传感器

图 5-36 电极式和电容式物位传感器

2. 电容式物位传感器

图 5-36b 所示的电容式物位传感器由传感器和二次仪表两部分组成。传感器放在料仓顶，探极垂直伸进料仓内，二次仪表放在其他合适的地方。传感器把物位的变化转变成与之对应的电脉冲信号，远传给二次仪表处理，再用光柱显示物位高度，并有高低限报警和 4 ~ 20mA 变送输出，适用于液体/固体物料作物位高度显示、报警、控制和远传显示或组成系统。该物位传感器能够实现进料一次完成标定的简易操作，可广泛应用于各行业中液体及固体料仓物位的连续测量，特别是能在高温、强腐蚀、强黏附、粉尘大的环境下进行测量。

思考与练习

5-1 什么是热工量？

5-2 压力和力有什么区别？压力的单位是什么？什么是表压力？

5-3 测量压力的传感器有哪些类型？

5-4 安装压力表时，导压管的安装应注意哪些事项？

5-5 说明流量的表示方法。流量测量有哪些方法？

5-6 说明差压式流量传感器的原理和投入运行方法。

5-7 说明电磁流量传感器的原理和特点。

5-8 说明超声波测量流量的方法。

5-9 说明应用多普勒效应测量流量的方法。

5-10 如何选择流量测量仪表？

5-11 什么叫物位？物位测量有哪些方法？说明用压力式液位计测量液位的原理。

5-12 什么叫零点迁移？应用中如何调整零点迁移？

5-13 从超声波和微波物位测量中任选一例，说明其工作原理。

第6章
温度传感器及应用

温度是基本物理量之一，它是工农业生产和科学试验中需要经常测量和控制的主要参数，也是与人们日常生活紧密相关的一个重要物理量。

常用的温度传感器有：膨胀式、双金属片式、磁性式、热电偶、热电阻、热敏电阻、PN结及集成温度传感器等。

6.1 温度与温标

温度是表示物体冷热程度的物理量。温标是衡量温度的标准尺度，它分为经验温标、热力学温标和国际温标。

1. 经验温标

借助于某一种物质的物理量与温度变化的关系，用实验方法或经验公式所确定的温标，称为经验温标，有华氏、摄氏、兰氏、列氏等温标。

（1）华氏温标　华氏温标单位为℉（度），规定水的沸腾温度为212℉，氯化铵和冰的混合物为0℉，这两个固定点中间等分为212份，每一份为1℉。

（2）摄氏温标　摄氏温标单位为℃（度），规定冰点为0℃，水的沸点为100℃，将两个固定点之间的距离等分为100份，每一份为1℃。

经验温标的缺点在于它的局限性和随意性。例如，不同的物质（如水银、酒精等），其温度标定不相同，且使用温度范围也不能超过上下限。

2. 热力学温标

热力学温标的建立和使用是相当繁杂的，不实用。

3. 国际温标

自1927年第一个国际温标（称为"1927年国际温标"，记为ITS-27）诞生，相继有ITS-48、IPTS-68和EPT-76、ITS-90。ITS-90从1994年1月1日起全面实行。

ITS-90的热力学温度仍记作T，为了区别于以前的温标，用"T_{90}"代表新温标的热力学温度，其单位仍是K。与此并用的摄氏温度记为t_{90}，单位是℃。T_{90}与t_{90}的关系仍是

$$t_{90} = T_{90} - 273.15 \tag{6-1}$$

各温标间换算关系见表6-1。

表6-1　各温标间换算关系

	热力学温度 T/K	摄氏温度 $t/℃$	华氏温度 $\theta/℉$	兰氏温度 $\Theta/℉R$
T/K	1	$T - 273.15$	$(T - 273.15) \times 1.8 + 32$	$1.8T$
$t/℃$	$t + 273.15$	1	$1.8t + 32$	$(t + 273.15) \times 1.8$
$\theta/℉$	$(\theta - 32)/1.8 + 273.15$	$(\theta - 32)/1.8$	1	$\theta + 459.67$
$\Theta/℉R$	$t/1.8$	$t/1.8 - 273.15$	$t - 459.67$	1

6.2 热电偶及应用

6.2.1 热电偶的原理及种类

热电偶测温范围高，是工业上常用的测温元件。

1. 热电偶的原理

热电偶的原理是基于热电效应。如图6-1a所示，将两种不同导体A、B两端连接在一起组成闭合回路，并使两端处于不同温度环境，在回路中会产生热电动势而形成电流，这一现象称为热电效应。这样的两种不同导体的组合称为热电偶，相应的电动势和电流称为热电动势和热电流，导体A、B称为热电极，置于被测温度（T）的一端称为工作端（热端），另一端（T_0）称为参考端（冷端）。实验证明，热电动势与热电偶两端的温度差成比例，即

$$E_{AB}(T,T_0) = K(T - T_0) \tag{6-2}$$

式中，K 与导体的电子浓度有关。

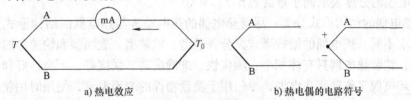

a) 热电效应　　　　　　　　　　　b) 热电偶的电路符号

图6-1　热电偶的原理

当热电偶的材料均匀时，热电偶的热电动势大小与热电极的几何尺寸无关，仅与热电偶材料的成分和冷、热两端的温差有关。但是，热电偶的使用温度与线径有关，线径越粗使用温度越高。若冷端温度恒定，热电动势就与被测温度成单值关系。同时也应指出，同种金属导体不能构成热电偶，热电偶两端温度相同不能测温。

根据国际电工委员会（IEC）规定，热电偶的电路符号有两种，如图6-1b所示。图中粗线表示负极，细线表示正极。

2. 热电偶的结构和种类

（1）热电偶的结构　热电偶的结构如图6-2所示，通常由热电极、绝缘套管、保护套管和接线盒等部分组成。

（2）热电偶的种类　热电偶可按热电极的材料和结构形式进行分类。

1）按热电偶的热电极材料分类：式（6-2）说明热电偶的热电动势与热电极的材料有关，1977年国际电工委员会（IEC）对8种热电偶制订了国际标准。它们的分度号是T（铜-康铜）、E（镍铬-康铜）、J（铁-康铜）、K（镍铬-镍硅）、N（镍铬硅-镍硅）、R（铂铑$_{13}$-铂）、B（铂铑$_{30}$-铂铑$_6$）、S（铂铑$_{10}$-铂）。我国标准化热电偶也有8种，已经应用的有S、

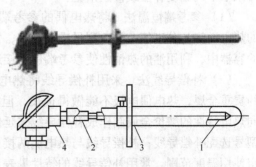

图6-2　热电偶的结构

1—热电极　2—绝缘套管　3—保护套管　4—接线盒

B、K、T 四种。我国常用的热电偶的技术特性见表6-2。

表6-2 我国常用的热电偶的技术特性

名称	型号	分度号	测温范围/℃	特　　点
铂铑$_{30}$-铂铑$_6$	WRR	B（LL-2）	0～1800	性能稳定，准确度高，可用于氧化和中性介质中；但价格贵，热电动势小，灵敏度低
铂铑$_{10}$-铂	WRP	S（LB-3）	0～1600	性能稳定，准确度高，复现性好；但热电动势较小，高温下铑易升华，污染铂极，价格贵，一般用于较精密的测温中
镍铬-镍硅	WNR	K（EU-2）	-200～1300	热电动势大，线性好，价廉，但材质较脆，焊接性能及抗辐射性能较差
镍铬-康铜	WRK	E（EA-2）	-250～870	热电动势大，线性好，测温范围小

应当指出，热电偶的特性不是用公式计算，也不是用特性曲线表示，而是用分度表给出。K型热电偶的分度表示例于章后表6-7。

2）按热电偶的结构形式分类：尽管热电偶的热电动势与热电偶的结构形式无关，但是由于使用要求不同，热电偶的结构形式又分普通型、铠装型、表面型和快速型四种。与普通热电偶相比，铠装热电偶具有体积小、响应快、准确度高、强度好、可挠性好和抗振性好等优点。表面热电偶又称薄膜热电偶，专门用于测量物件的表面温度，使用时用胶水贴附于被测表面，它的热惯性极小，响应极快。快速热电偶用于测量高温熔融物质的温度，通常是一次性使用，故又称消耗式热电偶。

6.2.2　热电偶的使用

在使用热电偶测温时，必须能够熟练地运用热电偶的参考端（冷端）处理方法、安装方法、测温电路、测温仪表及在表面测温时的焊接方法等实用技术。

1. 热电偶的参考端（冷端）温度处理

式（6-2）说明，热电偶在工作时，必须保持冷端温度恒定，并且热电偶的分度表是以冷端温度为0℃做出的。然而在工程测量中冷端距离热源近，且暴露于空气中，易受被测对象温度和环境温度波动的影响，使冷端温度难以恒定而产生测量误差。为了消除这种误差，可采取下列温度补偿或修正措施。

（1）参考端恒温法　将热电偶的参考端放在有冰水混合的保温瓶中，可使热电偶输出的热电动势与分度值一致，测量准确度高，常用于实验室中。工业现场可将参考端置于盛油的容器中，利用油的热惰性使参考端保持接近室温。

（2）补偿导线法　采用补偿导线将热电偶延伸到温度恒定或温度波动较小处。为了节约贵重金属，热电偶电极不能做得很长，但在0～100℃范围内，可以用与热电偶电极有相同热电特性的廉价金属制作成补偿导线来延伸热电偶。在使用补偿导线时，必须根据热电偶型号选配补偿导线；补偿导线与热电偶两接点处温度必须相同，极性不能接反，不能超出规定使用温度范围。常用补偿导线的特性见表6-3。

表 6-3　常用热电偶补偿导线的特性

配用热电偶正-负	补偿导线正-负	导线外皮颜色		100℃热电动势/mV	150℃热电动势/mV	20℃时的电阻率/Ω·m
		正	负			
铂铑$_{10}$-铂	铜-铜镍	红	绿	0.645 ± 0.023	$1.029^{+0.024}_{-0.025}$	$< 0.0484 \times 10^{-6}$
镍铬-镍硅	铜-康铜	红	蓝	4.095 ± 0.15	6.137 ± 0.20	$< 0.634 \times 10^{-6}$
镍铬-康铜	镍铬-铜镍	红	棕	10.69 ± 0.38	10.69 ± 0.38	$< 1.25 \times 10^{-6}$

（3）热电动势修正法　热电偶的分度表是以参考端温度 $T_0 = 0℃$ 时获得的，当参考端温度 $T_n \neq 0℃$ 时，热电偶的输出热电动势将不等于 $E_{AB}(T, T_0)$，而等于 $E_{AB}(T, T_n)$，如图 6-3 所示。为求得真实温度，可根据热电偶中间温度定律：

$$E_{AB}(T, T_0) = E_{AB}(T, T_n) + E_{AB}(T_n, T_0) \tag{6-3}$$

将测得的电动势的 $E_{AB}(T, T_n)$ 加上一个修正电动势 $E_{AB}(T_n, T_0)$ 算出 $E_{AB}(T, T_0)$ 再查分度表，方得实测温度值。$E_{AB}(T_n, T_0)$ 可从分度表查出。

（4）电桥补偿法　利用热电阻测温电桥产生的电动势来补偿热电偶参考端因温度变化而产生的热电势，称为电桥补偿法。如图 6-4 所示，在热电偶与仪表之间接入一个直流电桥（常称为冷端补偿器），四个桥臂由 R_1、R_2、R_3（均由电阻温度系数很小的锰铜丝绕制）及 R_{Cu}（由电阻温度系数较大的铜丝绕制）组成，阻值都是 1Ω。由图可知电路的输出电压为 $U_o = E(T, T_0) + U_c$。R_{Cu} 和参考端感受相同的温度，当环境温度发生变化时，引起 R_{Cu} 值的变化，使电桥产生的不平衡电压 U_c 与热电偶的热电势变化大小相等、极性相反，达到自动补偿的目的。

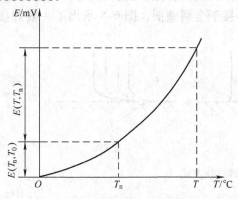

图 6-3　热电偶的热电动势与温度关系

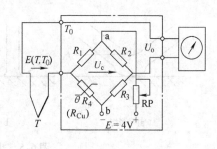

图 6-4　冷端补偿器

国产冷端补偿器的电桥一般是在 20℃ 时调平衡的，即 20℃ 时无补偿，因此必须进行修正或将仪表的机械零点调到 20℃ 处。当环境温度高于 20℃ 时，热电偶输出热电动势减小，R_{Cu} 增大，电桥输出电压左正右负；低于 20℃ 时，R_{Cu} 减小，电桥输出电压左负右正。设计好电桥参数，可在 0~50℃ 范围内实现补偿。

常用国产冷端补偿器见表 6-4。

2. 热电偶的安装

关于热电偶的安装，在产品说明书中均有介绍，应仔细阅读，在此仅介绍其要领。

表6-4 常用国产冷端补偿器

型号	配用热电偶	补偿范围/℃	电桥平衡时温度/℃	电源/V	内阻/Ω	功耗/V·A	补偿误差/mV
WBC-01	铂铑$_{10}$-铂						±0.045
WBC-02	镍铬-镍硅（铝）	0~50	20	AC220	1	<8	±0.16
WBC-03	镍铬-康铜						±0.18
WBC-57-LB	铂铑$_{10}$-铂						±(0.015+0.0015Δt)
WBC-57-EU	镍铬-镍硅（铝）	0~10	20	4	1	<0.25	±(0.04+0.004Δt)
WBC-57-EA	镍铬-康铜						±(0.065+0.0065Δt)

① 注意插入深度。一般热电偶的插入深度：对金属保护管应为直径的15~20倍；对非金属保护管应为直径的10~15倍。对细管道内流体的温度测量时应尤其注意。

② 如果被测物体很小，安装时应注意不要改变原来的热传导及对流条件。

③ 含有大量粉尘的气体温度的测量，最好选用铠装热电偶。

3. 热电偶的测温电路

利用热电偶测量大型设备的平均温度时，可将热电偶串联或并联使用。串联时热电动势大，准确度高，可测较小的温度信号或者配用灵敏度较低的仪表；缺点是只要一支热电偶发生断路则整个电路不能工作，而个别热电偶的短路将会导致示值偏低。并联时总电动势为各个热电偶热电动势的平均值，可不必更改仪表的分度；缺点是如果有一支热电偶断路，仪表反映不出来。

4. 热电偶表面测温

在300℃以下用热电偶测量物体表面温度，可用黏接剂将热电偶结点黏附于金属壁面。在温度较高时，常采用焊接方法把热电偶头部焊接于金属壁面，图6-5示出了一般焊接的方式。

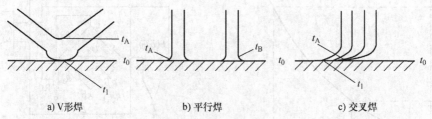

a) V形焊   b) 平行焊   c) 交叉焊

图6-5 热电偶头部焊接方式

6.3 电阻式温度传感器及应用

电阻式温度传感器分为金属热电阻和半导体热敏电阻，其电路符号如图6-6所示。

6.3.1 热电阻温度传感器及应用

1. 热电阻

热电偶传感器适用于测量500℃以上的高温，对于

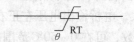

图6-6 热电阻的图形和文字符号

500℃以下的中、低温的测量就会遇到热电动势小、干扰大和冷端温度引起的误差大等困难，

为此常用热电阻作为测温元件。热电阻是利用导体电阻随温度变化这一特性来测量温度的，在测温和控温中广泛应用。

（1）热电阻的工作原理和材料　纯金属具有正的温度系数，可以作为测温元件。作为测温用的热电阻应具有下列要求：电阻温度系数大，以获得较高的灵敏度；电阻率高，元件尺寸可以小；电阻值随温度变化尽量是线性关系；在测温范围内，物理、化学性能稳定；材料质纯、加工方便和价格便宜等。铂、铜、铁和镍是常用的热电阻材料，其中铂和铜最常用。

1）铂热电阻：铂热电阻的统一型号为WZP，其物理、化学性能非常稳定，长期复现性最好，测量精度高。铂热电阻主要用作标准电阻温度计。国际标准有Pt100，测温范围为 $-200 \sim 960℃$，电阻温度系数为 $3.9 \times 10^{-3}/℃$，0℃时电阻值为100Ω。但铂在高温下，易受还原性介质污染，使铂丝变脆并改变铂丝电阻与温度间的关系，因此使用时应装在保护套管中。

2）铜热电阻：铜热电阻的统一型号为WZC，其优点是价格便宜、纯度高、复制性好，电阻温度系数为 $a = (4.25 \sim 4.28) \times 10^{-3}/℃$，线性特性仅次于铂和银，但比铂电阻有较高的灵敏度，常用来做 $-50 \sim 150℃$ 范围内的工业用电阻温度计；其缺点是电阻率较低，容易氧化，为此只能用在较低温度和没有水分及腐蚀性的介质中。目前国标规定的铜热电阻有Cu50和Cu100两种。

3）薄膜铂热电阻：一般铂热电阻的时间常数为几秒至几十秒，在测量表面温度和动态温度时准确度不高。薄膜铂热电阻和厚膜铂热电阻的热响应时间特别短，一般在 $0.1 \sim 0.3\ s$，适用于表面温度和动态温度的测量。

（2）热电阻的结构　热电阻的结构通常由电阻体、绝缘体、保护套管和接线盒四部分组成。一般是将电阻丝绕在云母或石英、陶瓷、塑料等绝缘骨架上，固定后套上保护套管，在热电阻丝与套管间填上导热材料即成。图6-7所示是铂电阻测温元件的结构，铂丝的直径为 $0.03 \sim 0.07mm$。

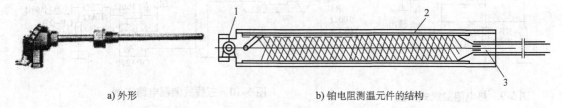

a) 外形　　　　　　　　　　　　b) 铂电阻测温元件的结构

图6-7　铂电阻测温元件的外形与内部结构

1—铜铆钉　2—铂电阻丝　3—引导线

2. 热电阻的基本应用电路

（1）热电阻的接线方式　热电阻的端子接线方式有二线式、三线式和四线式三种，如图6-8所示。二线式适用于印制电路板上，测量电路与传感器不太远的情况。在距离较远时，为消除引线电阻受环境温度影响造成的测量误差，需要采用三线式或四线式接法。

（2）热电阻的测量方法　热电阻的测量方法有恒压法和恒流法两种。恒压法就是保持热电阻两端的电压恒定，测量电流变化的方法。恒流法就是保持流经热电阻的电流恒定，测量其两端电压的方法。恒压法的电路简单，组成桥路就可进行温漂补偿，使用比较广泛。但电流与铂热电阻的阻值变化成反比，当用于很宽的测温范围时，要特别注意线性化问题。恒流法的电流与铂热电阻的阻值变化成正比，线性化方法简便，但要获得准确的恒流源，电路比较复杂。

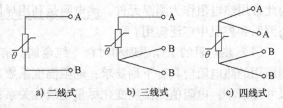

图 6-8　热电阻的不同接线方式

（3）热电阻测温电路实例

1）二线式铂热电阻恒温器电路：图
6-9所示是二线式的铂热电阻接线实例。这是一种用来检测印制电路板上功率晶体管周围温度的恒温器电路，温度超过60℃时，A 输出低电平，控制有关电路进行温度调节。电路中，RT 采用 100Ω 的铂热电阻，RT 与 R_1 串联接到恒压源（+12V），RT 中流经约 1mA 的电流。这种接法虽属于恒压法，但由于 R_1 阻值比 RT 大很多，RT 阻值变化引起的测量电流变化不大，因此能够获得近似恒流法的线性输出。

2）三线式测温电路实例：图 6-10 是三线式测温电路实例。电路中，铂热电阻 RT 与高精度电阻 $R_1 \sim R_3$ 组成桥路，而且 R_3 的一端通过导线接地。R_{W1}、R_{W2} 和 R_{W3} 是导线等效电阻。R_{W1} 和 R_{W2} 分接在两个相邻桥臂中，只要导线对称，便可实现温度补偿。R_{W3} 接在电源支路中，不会影响测量结果。放大电路常采用三个运算放大器构成仪表放大器，具有高的输入阻抗和共模抑制比（CMRR）。经放大器放大的信号，一般要由折线近似的模拟电路或 A－D 转换器构成数据表，进行线性化，因为 R_1 的阻值比 RT 要大得多，所以 RT 变动的非线性对温度特性影响非常小。调整时，调整基准电源 U_T 使 R_2 两端电压为准确的 20V 即可。

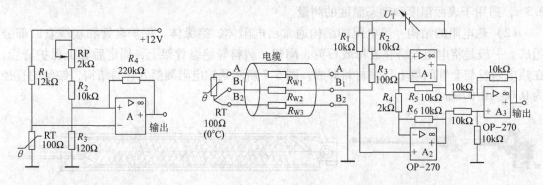

图 6-9　热电阻二线式接法　　　　图 6-10　三线式测温电路实例

3）四线式测温电路实例：图 6-11 所示是四线式测温电路实例。该电路需要采用线性好的恒流源电路，恒流源电路输出 2mA 的电流。RT 两端电压通过 R_{W2} 和 R_{W3} 直接输入由运算放大器 $A_1 \sim A_3$ 构成的仪表放大器的输入端。从 A_2 和 B_1 两点看，放大器的输入阻抗非常高，因此，流经两导线的电流近似为 0，其电阻 R_{W2} 和 R_{W3} 可忽略不计。R_1 和 C_1 及 R_2 和 C_2 构成低通滤波器，用于补偿高频时运算放大器 CMRR 的降低。R_{W1} 和 R_{W4} 串联在恒流源电路中，除作为电流的通路以外，还用于限制恒流源电路和放大器的工作电压范围，与 A_2 和 B_1 端子间电位差无关，对测量准确度影响不大。测量准确度依赖于恒流源电路输出电流的调整，调整时若无实际使用的传感器与电缆，可用适当的电阻进行调整。

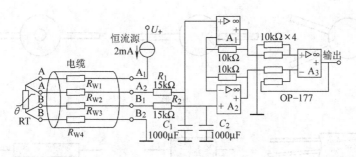

图 6-11 四线式测温电路实例

6.3.2 热敏电阻温度传感器及应用

1. 热敏电阻

半导体材料的电阻率温度系数为金属材料的 10～100 倍，甚至更高，而且根据选择的半导体材料不同，电阻率温度系数可有从 −(1～6)%/℃ 到 +60%/℃ 范围内的各种数值。用半导体材料制作的热敏元件通常称为热敏电阻。

（1）热敏电阻的类型　热敏电阻可按电阻的温度特性、结构、形状、用途、材料及测量温度范围等进行分类。

热敏电阻按温度特性可分为三类，如图 6-12 所示。

1）负温度系数热敏电阻：简称 NTC，型号用 MF 表示。在工作温度范围内，电阻值随温度上升而非线性下降，温度系数为 −(1～6)%/℃，如图 6-12 中曲线 1。

2）临界负温度系数热敏电阻：简称 CTR。CTR 是一种开关型 NTC，在临界温度附近，电阻值随温度上升而急剧减小，如图 6-12 中曲线 4。

3）正温度系数热敏电阻：简称 PTC，型号用 MZ 表示。在工作温度范围内，其电阻值随温度上升而非线性增大。曲线 2 为缓变型，其温度系数为 +0.5%～8%/℃；曲线 3 为开关型，在居里点附近的温度系数可达 +10%～60%/℃。

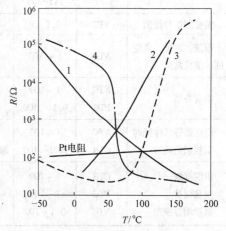

图 6-12 热敏电阻的分类
1—NTC 2—线性 PTC 3—非线性 PTC 4—CTR

热敏电阻按材料一般分为陶瓷、塑料、金刚石、单晶和非晶热敏电阻等。

热敏电阻按工作温度范围分类可分为低温热敏电阻：其工作温度低于 −55℃；常温热敏电阻：其工作温度范围为 −55～315℃；高温热敏电阻：其工作温度高于 315℃。

（2）热敏电阻的结构　热敏电阻的结构形式和形状如图 6-13 所示，主要有片形、杆形和珠形。

2. 热敏电阻的选择及应用

（1）热敏电阻的类型选择　根据不同的使用目的，可参考表 6-5 选择相应热敏电阻的类型、参数及结构。

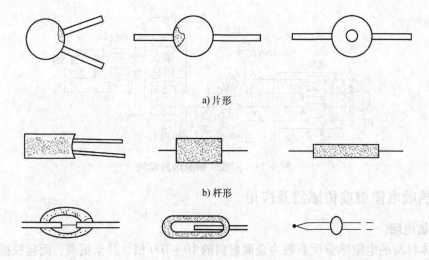

a) 片形

b) 杆形

c) 珠形

图 6-13 热敏电阻的结构

表 6-5 热敏电阻的类型、参数使用选择

使用目的	适用类型	常温电阻率 /Ω·cm	B 或 α 值	阻 值 稳定性	误差范围	结 构
温度测量与控制	NTC	0.1~1	各种	0.5%	±(2%~10%)	珠形
流速、流量、真空度、液位测量	NTC	1~100	各种	0.5%	±(2%~10%)	珠形，薄膜型
温度补偿	NTC PTC	1~100 0.1~100	各种	5%	±10%	珠形，杆形，片形 珠形，片形
继电器等动作延时 直接加热延时	NTC CTR	1~100 0.1~100	愈大愈好，常温下较小，高温较大	5%	±10%	φ10mm 以上盘形 φ0.3~0.6mm 珠形
电涌抑制 过载保护 自动增益控制	CTR PTC NTC	1~100 1~100 0.1~100	愈大愈好 愈大愈好 较大	5% 10% 2%	±10% ±20% ±10%	φ10mm 以上盘形 盘形 φ0.3~0.6mm 珠形

（2）NTC 伏-安特性区的选择　NTC 热敏电阻的伏-安特性如图 6-14 所示，可分为三个特性区，图中 H 为耗散系数。应用时三个特性区的选择如下：

1）在峰值电压降 U_m 左侧（a 区），适用于检测温度及电路的温度补偿。可见，用热敏电阻测温时一定要限制偏置范围，使其工作在线性区。

2）在峰值电压降 U_m 附近（b 区），可用作电路保护、报警等开关元件。

3）在峰值电压降 U_m 右侧（c 区），适

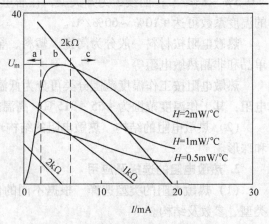

图 6-14 NTC 热敏电阻的伏-安特性

用于检测与耗散系数有关的流速、流量、真空度及自动增益电路、RC 振荡器稳幅电路等。

PTC 还常用于 CRT 彩色电视机的消磁电路开关、电冰箱起动开关等。

（3）热敏电阻的基本应用电路

1）对数二极管温度计：图6-15 所示是采用热敏电阻 RT 和对数二极管 VD 串联构成的温度计。它利用对数二极管 VD 把热敏电阻 RT 的阻值变化（电流变化）变换为等间隔的信号，经运算放大器 A 放大这一压缩信号，其输出接到电压表，就可显示相应的温度，从而可构成线性刻度的温度计。

2）用热敏电阻进行温度补偿：用热敏电阻进行温度补偿的实用电路如图6-16 所示。图中，晶体管 VT_1 和 VT_2 互补对称连接，两个晶体管基极间为两个 PN 结串联，U_{BE} 具有 $-2.2mV/℃$ 的温度特性，仅靠 $2U_{BE}$ 的固定偏置电压解决不了温度变化的影响。若偏置电路采用热敏电阻（负温度系数）对温度变化进行补偿，可获得良好的特性。此外，偏置电路的温度补偿元件还可采用二极管、压敏电阻等非线性元件。

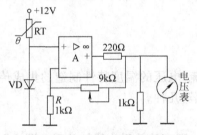

图6-15 对数二极管温度计

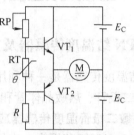

图6-16 温度补偿电路

3）过电流保护与防电流冲击：现在已开发出特殊用途的大功率热敏电阻，其电流容量比普通热敏电阻大得多，主要用于限制电流，多用于各种电子装置的过电流保护与防电流冲击。

图6-17 所示是采用 NTC 热敏电阻防止电源接通时的冲击电流的电路。热敏电阻的功耗通常可忽略。如果将热敏电阻接在图中的 A 处，也可以获得同样的效果。目前计算机电源电路中广泛采用这种方法。

热敏电阻无极性之分，可以很方便用于交流电路中。将大功率热敏电阻串联在灯泡与交流电源之间，可抑制灯泡的冲击电流，延长灯泡寿命。

4）温度控制：图6-18 所示是温度自动控制电加热器电路原理图。图中 RT 随温度变化时，引起 VT_1 集电极电流的变化，经二极管 VD_2 引起电容 C 充电速度的变化，使单结晶体管 VU 的输出脉冲移相，改变晶闸管 VTH 的导通角，从而调整加热电阻丝 R 上的电源电压，达到温度自动控制的目的。

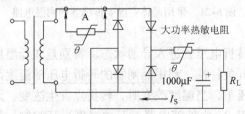

图6-17 防止电源接通时冲击电流的电路

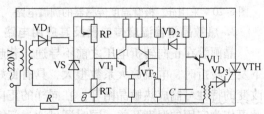

图6-18 电加热器电路原理图

5）热过载保护：图 6-19 所示是应用
热敏电阻作为电动机过热保护的热继电器
电路。图中三只特性相同的热敏电阻 RT_1、
RT_2、RT_3 分别放置在电动机的三相绕组
上，串联起来作为晶体管 VT 的偏置电阻。
电动机正常工作时其绕组温度较低，晶体
管 VT 截止，继电器 K 不动作。当电动机

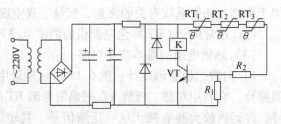

图 6-19　热继电器电路

过载或断相时，电动机绕组温度急剧上升，热敏电阻的阻值迅速减小，晶体管立即导通，继
电器 K 得电，其常闭触点断开电动机控制电路，起到了保护电动机的目的。实践表明，这
种热过载保护比熔丝和双金属片热继电器效果更好。

6.4　PN 结和集成温度传感器及应用

6.4.1　PN 结温度传感器及其应用电路

PN 结温度传感器是一种利用半导体 PN 结中电流/电压的温度特性制造的集成传感器。
现有热敏二极管、热敏晶体管和热敏晶闸管温度传感器几种。

1. 热敏二极管温度传感器应用电路

在 -40 ~ 100℃ 范围内，半导体二极管正向电压与温度的关系为线性关系。图 6-20 所示
是采用硅二极管温度传感器的测温电路，其输出灵敏度为 0.1V/℃。

2. 热敏晶体管温度传感器及其应用电路

NPN 型热敏晶体管在 I_c 恒定时，利用基极-发射极间电压 U_{be} 的温度特性，可把温度变化转
换成电压变化。图 6-21 所示为一种采用晶体管温度传感器的测温电路，灵敏度为 0.1V/℃。

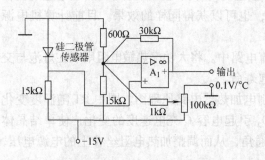

图 6-20　采用硅二极管温度传感器的测温电路

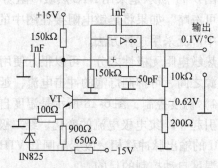

图 6-21　采用晶体管温度传感器的测温电路

3. 热敏晶闸管温度传感器及其应用电路

晶闸管在正向转折电压之前不导通，若超过转折电压就进入导通状态。特别是在低温度
下发生转折时，电流放大系数很大，具有良好的开关特性。利用晶闸管的转折电压随温度而
改变的特性可制成热敏晶闸管。在同样的正向电压下，当温度改变时，转折点发生改变，因
此可作为实用的温度开关。同时还可通过门极电阻 R_{GA} 由外部电路对开关温度进行控制。热
敏晶闸管温度传感器的平均导通电流为 100mA，浪涌电流为 2A。图 6-22 所示为用热敏晶闸

管温度传感器 VTH_1（TT201）驱动普通晶闸管 VTH_2（CR2AM-6），从而控制大功率负载的电路实例。

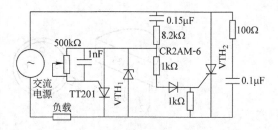

图6-22 采用热敏晶闸管温度
传感器的温度控制电路

6.4.2 集成温度传感器

集成温度传感器使传感器和集成电路融为一体，极大地提高了传感器的性能，它与传统的热敏电阻、热电阻、热电偶、双金属片等温度传感器相比，具有测温准确度高、复现性好、线性优良、体积小、热容量小、稳定性好、输出电信号大等优点。

集成温度传感器按输出形式可分为电压型和电流型两种。电压型的温度系数为 $10mV/℃$；电流型的温度系数为 $1\mu A/K$，它们还具有绝对零度时输出电量为零的特性。电流输出型温度传感器适合于遥测。

1. 电流输出型温度传感器

（1）AD590 集成温度传感器

1）AD590 的特性参数：AD590 的外形和电路符号如图6-23所示。AD590 的温度测量范围为 $-55 \sim +150℃$，校准时准确度为 $\pm 1.0℃$，不校准时准确度为 $\pm 1.7℃$；测温灵敏度为 $1\mu A/K$，在 $1k\Omega$ 负载上可产生 $1mV/℃$ 电压。

电流输出型与电源和负载串联，不受电源电压和导线电阻的影响，因此可以远距离传送。

2）AD590 的输出特性：AD590 的输出特性如图6-24所示，当 $U > 4V$ 后，电流只随温度变化，输出阻抗约为 $10M\Omega$。因此，电源电压通常选在 $5V$ 以上。

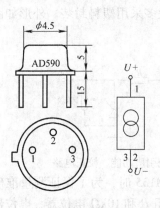

图6-23 AD590 外形和电路符号

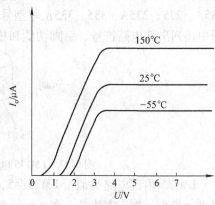

图6-24 AD590 输出特性

（2）LM134/SL134 系列集成温度传感器 LM134 输出电流与环境温度成线性关系。LM134 系列分 LM134、LM234 和 LM334 等，与 SL134 系列性能相同，彼此可以直接互换使用。如图6-25所示，LM134 系列有塑料封装和金属封装两种形式，图中还给出了电路符号和构成的摄氏温度计电路。用外加电阻可在 $1\mu A \sim 5mA$ 的范围内自由选择初始设定的电流。如果外加电阻为 R_{set}，则 $25℃$ 时设定电流为 $I_L = 67.7mV/R_{set}$。图中，当 R_{set} 约为 230Ω 时，输出为 $10mV/℃$。

LM334 工作电压范围较宽，为 $0.8 \sim 40V$，但工作电压高时，自身发热大，因此建议低电压使用。

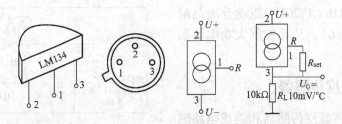

图 6-25 LM134 的外形、电路符号及测温电路

2. 电压输出型温度传感器

（1）LM35/45 系列温度传感器 LM35 集成温度传感器如图 6-26 所示，在常温下测温准确度为 ±0.5℃ 以内，最大消耗电流只有 70μA，自身发热对测量准确度影响在 0.1℃ 以内。采用 +4V 以上的单电源供电时，不需要外接任何元件，无需调整，即可构成摄氏温度计，测量温度范围为 2～150℃。采用双电源供电时，测量温度范围为 -55～150℃（金属壳封装）和 -40～110℃（T092 封装）。

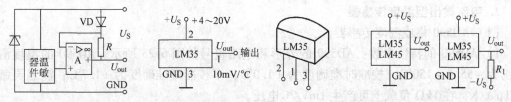

图 6-26 LM35 内部原理框图、引脚功能、外形封装及摄氏温度计电路

（2）LM135 系列集成温度传感器 LM135 系列集成温度传感器输出电压与绝对温度成正比，灵敏度为 10mV/K，只要加上外部校正电路，即可组成绝对温度测量电路。LM135 有 135A、235、235A、335、335A 等型号系列，它们大多采用塑料封装，外形如图 6-27 所示，图中还列出其电路符号、引脚功能和校正电路。

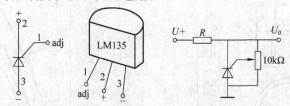

图 6-27 LM135 电路符号、外形及引脚功能、校正电路

LM135 内部电路类似于 LM35/45，但在使用 LM135 时，为了保证测量准确度，外部需要进行校正。校正方法是：在 +、- 两端间串接电阻 R 和 10kΩ 电位器，电位器滑动端接在 LM135 的调整端 adj 上，然后即可对某一温度点进行校正。如需在 0℃（即 273K）时校正，则可调整电位器，使输出 U_o 为 2.73V 即可。

（3）μPC616 集成温度传感器 图 6-28 所示为 μPC616 内部框图、外形封装、引脚功能及其构成的成绝对温度测量电路。μPC616 输出电压和温度成正比，灵敏度为 10mV/K（10mV/℃）。由于它在温

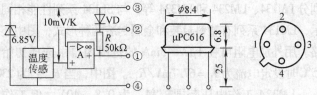

图 6-28 μPC616 内部框图、外形封装

度变化100℃时，线性度仅变化0.5%，所以不需要外加线性化校正电路，可直接组成绝对温度测量电路。μPC616有A、C两个型号系列，它们采用金属圆管壳四引脚封装。μPC616集成温度传感器内部电路由基准稳压源、温度敏感元件和运算放大器三大部分组成，与LM35系列的区别仅在于放大器反相输入端引出，可外接比较电压设定电路构成温度判定控制器电路。

μPC616是一种新型集成温度传感器，其特点是外接元件少、容易组装、无需调整（除需特定设置温度外）、准确度可高达±0.5℃，所以适用于精密温度计、空调器、电冰箱等高准确度温度计量、温度控制等方面。

6.4.3 集成温度传感器应用电路

图6-29所示的电路可实现绝对温度和摄氏温度的电压转换。

（1）绝对温度/电压转换 电路中，AD590L与10kΩ的电阻串联，将1μA/K的电流转换为10mV/K的电压。运算放大器A_1接成电压跟随器形式，以增加信号的输入电阻。因此，A_1对地端输出为10mV/K，可进行绝对温度测量。

（2）摄氏温度/电压转换 由于0℃时（相当于273K）A_1的输出电压为273K×10mV/K=2.73V，因此将A_1的输出电压减去2.73V，便可

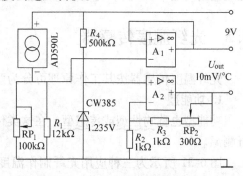

图6-29 绝对温度和摄氏温度转换电路

将绝对温标转换成摄氏温标。电路中，运算放大器A_2接成同相放大器形式，同相输入端输入一恒定电压，而要求A_2输出应是2.73V。恒定电压由CW385基准稳压管产生，基准电压为1.205～1.260V，典型值为1.235V。设A_2同相输入端输入为1.235V，则A_2的电压放大倍数应为$A_{2V}=2.73/1.235=2.21$。根据电路知，A_2放大倍数的表达式为$A_{2V}=1+(R_3+R_{P2})/R_2=2.21$。因此，设$R_2$取1kΩ，则得$R_3+R_{P2}=1.21$kΩ，若$R_3$取1kΩ，而$R_{P2}$用300Ω电位器，则调节$RP_2$即可得所需值。

由A_1和A_2两输出端输出，0℃时输出电压为0V，其他温度时，输出电压则为10mV/℃，即转换为摄氏温标。

6.4.4 数字式集成温度传感器

1. DS1620的基本特性

（1）温度检测 测温范围为－55～＋125℃，分辨力为0.5℃，转换速度为1s。其内部A-D转换器输出9位二进制数字量。最高位MSB是符号位，0表示正数，1表示负数；最低位1LSB代表0.5℃；中间7位表示－55～125℃的测温范围。例如，＋25℃的二进制数码为000110010，十六进制数码为0032H；－25℃的二进制数码为111001110，十六进制数码为01CEH。

（2）温度控制 DS1620的7、6、5脚分别输出温度控制信号T_{HIGH}、T_{LOW}、T_{COM}。如图6-30所示，在设定上、下限温度T_H和

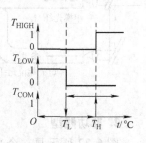

图6-30 控制信号波形

T_L后，若检测温度 $t \geqslant T_H$，则 T_{HIGH} 端（7 脚）输出高电平；若检测温度 $t \leqslant T_L$，则 T_{LOW} 端（6脚）输出高电平；T_{COM} 端（5 脚）输出具有滞回特性，当检测温度 $t > T_H$ 时，跳变为高电平并一直保持高电平，只有当温度降到 $t < T_L$ 时，才跳变为低电平。

2. DS1620 引脚功能

DS1620 有 DIP 封装和贴片式（SOIC）封装两种，其 8 个引脚的功能为：1 脚，符号DQ，数据输入/输出脚（三线通信）；2 脚，符号 CLK/$\overline{CONV}$，三线通信时为时钟输入端，不用 CPU 时，用作转换脚；3 脚，符号$\overline{RST}$，复位输入端（三线通信）；4 脚，符号 GND，接地；5 脚，符号 T_{COM}，当温度超过 T_H 时，此端输出高电平，直到降至 T_L 时，输出低电平；6 脚，符号 T_{LOW}，当温度低于 T_L 时，此端输出高电平；7 脚，符号 T_{HIGH}，当温度超过 T_H 时，此端输出高电平；8 脚，符号 U_{DD}，电源电压（+5V）。

6.5 光纤温度传感器

光纤温度传感器按其工作原理可分为两大类：功能型和非功能型。

1. 功能型

功能型也称物性型或传感型。在这类传感器中，光纤不仅传光，而且还作为敏感元件进行测温。

图 6-31 所示为三种应用光纤制作温度计的原理图。图 6-31a 是利用光的振幅变化的传感器，当光纤的芯径与折射率随周围温度变化时，就会使传输光散射到光纤外，造成光的振幅变化，它的结构简单，但灵敏度较差。图 6-31b 是利用光的偏振面旋转的传感器，在现有的单模光纤中，压力、温度等周围环境的微小变化均可使光的偏振面发生旋转，偏振面的旋转能比较容易地用光检测元件变成振幅变化，这种传感器灵敏度高，但抗干扰能力较差。图 6-31c、d 则是利用光的相位变化的光纤温度传感器，它利用了光的干涉原理或谐振原理，构造较复杂。

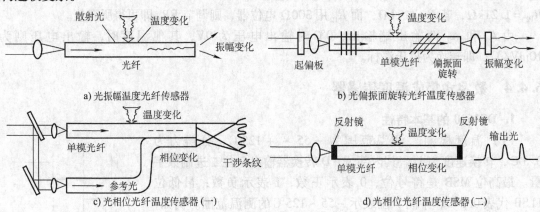

a) 光振幅温度光纤传感器

b) 光偏振面旋转光纤温度传感器

c) 光相位光纤温度传感器（一）

d) 光相位光纤温度传感器（二）

图 6-31　功能型光纤温度传感器

2. 非功能型

图 6-32 所示是一个光纤端面上配置液晶芯片的光纤温度传感器。将三种液晶以适当的比例混合，在 10～45℃ 之间，使颜色从绿到红变化。因为光的反射系数随颜色而变化，所

以这种传感器能用来检测温度。由于传输的光纤中要有较大的光通量，所以通常采用多模光纤。图中，照射部分和反射部分各用三根多模光纤，准确度为0.1℃。

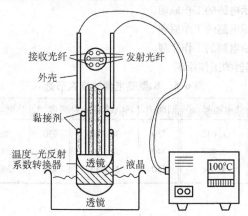

图6-32 配置液晶芯片的光纤温度传感器

思考与练习

6-1 什么是温度和温标？

6-2 K型热电偶的测温范围是多少？若参考端温度为0℃，工作端温度为40℃，K型热电偶能产生的热电动势是多少毫伏？（K型热电偶分度表示例见表6-6）

6-3 热电偶的结构形式有哪几种？它们各有哪些特点？说明普通热电偶的组成。

6-4 分别说明常用的铂和铜热电阻的测温范围和特点。

6-5 热电偶在使用时为什么要保持参考端温度恒定？其方法有哪些？

6-6 什么是补偿导线？补偿导线的作用是什么？使用补偿导线时应注意哪些问题？

6-7 试述热电偶的参考端温度修正方法中热电动势修正法的步骤。

6-8 试述热电偶冷端补偿器的工作原理及使用注意事项。

6-9 用镍铬-镍硅（K）热电偶测温度，已知冷端温度为40℃，用高精度毫伏表测得这时的热电动势为29.186mV，求被测点温度。

6-10 如图6-33所示，A、B为K型热电偶，A′、B′为补偿导线，Cu为铜导线，已知接线盒1的温度$T_1 = 40℃$，冰瓶温度$T_2 = 0℃$，接线盒2的温度$T_3 = 20℃$。请在下列条件下计算被测温度T。

（1）$U_3 = 39.314mV$时；

（2）若A′、B′换成铜导线，$U_3 = 37.702mV$时。

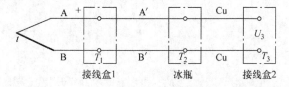

图6-33 题6-10图

6-11 热电阻式温度传感器有哪几种接线方式？为什么要采用三线式或四线式？

6-12 热敏电阻按温度特性可分为哪几种？

6-13 为什么说热敏电阻与对数二极管相接可构成线性刻度的温度计？

6-14 举例说明热敏电阻防冲击电流的应用。

6-15 集成温度传感器有哪些类型？

6-16　光纤温度传感器有哪些类型?

6-17　说明如图6-15所示电路的工作原理。

6-18　说明如图6-17所示电路的工作原理。

6-19　说明如图6-18所示电路的工作原理。

6-20　说明如图6-19所示电路的工作原理。

6-21　说明光纤温度传感器的工作原理。

表6-6　K型热电偶分度表节选

温度/℃	热电动势/mV	温度/℃	热电动势/mV	温度/℃	热电动势/mV	温度/℃	热电动势/mV	温度/℃	热电动势/mV
−270	−6.458	40	1.612	730	30.382	930	38.522	960	39.708
0	0.000	50	2.023	740	30.798	940	38.918	970	40.101
30	1.203	100	4.096	750	31.213	950	39.314	1370	54.819

第7章

气体与湿度传感器及应用

气体传感器可以识别气体的种类，测定气体的含量，广泛应用于一些生产过程和安全防范技术中。湿度检测对科研、工农业生产和改善人们的生活环境都有着重要的意义。

7.1 气体传感器及应用

气体检测的内容主要包括对可燃气体和有害气体的检测与报警，以防火灾、爆炸等事故发生；对混合气体中氧含量的检测与分析，以提高塑料大棚作物的产量，提高锅炉和汽车发动机气缸的燃烧效率，减少环境污染等。

7.1.1 可检测气体的种类与性质

1. 可检测气体的种类

目前已开发的气体传感器能够检测气体的种类和主要检测场所见表7-1。

表7-1 气体传感器能够检测气体的种类及检测场所

	主要检测气体	主要检测场所
易燃易爆气体	液化石油气、煤气	家庭、油库、油场
	CH_4	煤矿、油场
	可燃性气体或蒸气	工厂
	CO 等未完全燃烧气体	家庭、工厂
有毒气体	H_2S、有机含硫化合物	特定场所
	卤族气体、卤化物气体、NH_3 等	工厂
	O_2（防止缺氧）、CO_2（防止缺氧）	家庭、办公室
环境气体	H_2O（湿度调节等）	电子仪器、汽车、温室等
	大气污染物（SO_2、NO_2、醛等）	环保
	O_2（燃烧控制、空燃比控制）	引擎、锅炉
工程气体	CO（防止燃烧不完全）	引擎、锅炉
	H_2O（食品加工）	电子灶
其他	酒精呼气、烟、粉尘	交通管理、防火、防爆

2. 可燃性气体的爆炸极限及允许浓度

为便于气体传感器的选择使用，表7-2列出了部分可燃性气体的爆炸极限及允许浓度等综合参数。可燃性气体是指在空气中达到一定浓度、触及火种可引起燃烧的气体。当可燃性气体达到爆炸浓度时，触及火种会引起爆炸。可引起爆炸的浓度范围的最小值称为爆炸下限，最大值称为爆炸上限。

表7-2 部分可燃性气体的爆炸极限及允许浓度等综合参数

气体名称		化学式	空气中爆炸界限(%体积)	允许浓度（1×10^{-6}）	相对质量密度(空气=1)
碳化氢及其派生物	甲烷	CH_4	5.0~15.0		0.6
	丙烷	C_3H_8	2.1~9.5	1000	1.6
	丁烷	C_4H_{10}	1.8~8.4		2.0
	汽油气		1.3~7.6	500	3.4
	乙炔	C_2H_2	2.5~81.0		0.9
醇类	甲醇	CH_3OH	5.5~37.0	200	1.1
	乙醇	C_2H_5OH	3.3~19.0	1000	1.6
醚类	乙醚	$C_2H_5O,C_2H_5O_5$	1.7~48.0		2.6
无机气体	一氧化碳	CO	12.5~74.0	50	1.0
	氢气	H_2	4.0~75.0		0.07

7.1.2 气体传感器及其特性

气体传感器是将气体中所含某种特定气体的成分或含量转换成相应的电信号的器件或装置。气体传感器的种类：利用物理现象的气体传感器有热传导式、热敏电阻式、红外吸收光谱式；利用材料对气体的吸附反应的半导体类；利用化学效应的电化学类，如恒电位电解式、氧浓差电池（固体电解质型）等。在各类气体传感器中，半导体传感器除了对气体选择性稍差外，几乎集中了其他各类的全部优点：灵敏度高、体积小、价格便宜、使用维修方便、应用面广，是气体传感器发展的主要方向。

半导体气体传感器的类型可分电阻型和非电阻型两大类。电阻型有表面电阻型如氧化锡（SnO_2）、氧化锌（ZnO）等和体电阻型（Fe_2O_3）系列；非电阻型有 MOS 场效应晶体管型、二极管型（表面电流型氢敏传感器）。

1. 表面电阻控制型气体传感器

（1）表面电阻控制型气体传感器的结构 表面电阻控制型气体传感器有三种结构类型：烧结型、薄膜型及厚膜型。其中烧结型最为成熟，薄膜型及厚膜型特性一致性较差。这里介绍烧结型。

烧结型 SnO_2 气体传感器是用粒度在 $1\mu m$ 以下的 SnO_2 粉末，加入少量 Pd 或 Pt 等触媒剂及添加剂，经研磨后使其均匀混合，然后将已均匀混合的膏状物滴入模具内，再埋入加热丝及电极，经 600~800℃ 数小时烧结，可得多孔状的气敏元件芯体，将其引线焊接在管座上，并罩上不锈钢网制成。按加热方式分为直热式和间热式两种，其结构与符号如图 7-1 所示。

（2）烧结型气体传感器工作特性

1）气敏特性：遇 H_2、CO、碳氢化合物等（还原性，即可燃性）气体，材料表面层电阻率减小；遇 O_2 等氧化性气体时，材料表面层电阻率增大。在检测前，材料表面已经吸着

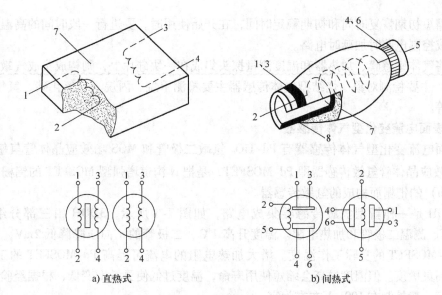

a) 直热式　　　　　　　　　b) 间热式

图 7-1　烧结型气体传感器的结构与符号

图 7-1a 中，1、2、3、4 为直热式热子兼电极，7 为 SnO_2 烧结体；图 7-1b 中，
2、5 为间热式热子，1、3、4、6 为间热式电极，7 为 SnO_2 烧结体，8 为绝缘瓷管。

氧，所以对可燃性气体更敏感。最佳工作温度一般多在 200～500℃ 范围内。能够在高达
500℃ 的温度下稳定工作的半导体材料只有金属氧化物，常见的是 SnO_2 和 ZnO。

金属氧化物气体传感器的加热方法有
直热式和间热式。

直热式的加热丝兼作电极。其优点
是：结构简单、成本低、功耗小。缺点
是：热容量小，易受环境气流影响；因加
热丝热胀冷缩，易使之与材料接触不良；
在测量电路中，信号电路和加热电路相互
干扰。国产直热式气体传感器有 HQ 系
列、QN 系列和 MQ 系列，其外形如图 7-2
所示。

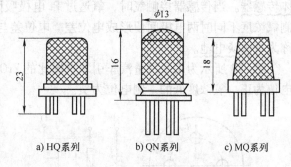

a) HQ系列　　b) QN系列　　c) MQ系列

图 7-2　部分国产直热式气体传感器的外形图

间热式的加热丝与电极分立，加热丝插入陶瓷管内，管外壁上涂制梳状金电极，最外层
则为 SnO_2 烧结体。它克服了直热式的缺点，有较好的稳定性。国产 QM-N5 等为这种结构。

2）温湿度特性：SnO_2 传感器的阻值随温度、湿度上升而有规律地减小。因此除尽量保
持恒温、恒湿外，其有效措施是选用温湿度特性好的气敏元件及在电路中进行温湿度补偿。

3）初期恢复特性及初期稳定特性：经短期存放再通电时，传感器电阻值有短暂的急剧
变化（减小），这一特性称为初期恢复特性，它与元件种类、存放时间及存放环境有关。存
放时间愈长，初期恢复时间亦愈长，存放 7～15 天后的初期恢复时间一般在 2～5min 之内。

当长期存放后再通电时，在一段时间内传感器阻值一般高出正常值 20% 左右，而以后
慢慢恢复至正常稳定值，这一特性称作初期稳定特性。初期稳定时间与传感器种类及工作温
度有关，直热式较长，间热式较短。

为缩短初期恢复时间和初期稳定时间，在开始使用时，要进行一段时间的高温处理，同时在构成控制电路时加延时电路。

若将气体敏感膜、加热器和温度测量探头集成在一块硅片上，则构成集成气敏传感器。

（3）主要检测对象　烧结型气体传感器主要检测甲烷、丙烷、一氧化碳、氢气、酒精、硫化氢等。

2. 表面电流变化型气体传感器

表面电流变化型气体传感器有 Pd-TiO$_2$ 氢敏二极管和 MOS 场效应晶体管氢敏传感器。MOS 场效应晶体管氢敏传感器即 Pd-MOSFET，是把 N 沟道增强型 MOSFET 的铝栅换成极薄（≈10nm）的钯栅而构成的氢敏传感器。

3DOH 是一种新型氢敏传感器集成电路，如图 7-3 所示，3DOH 由三部分组成：Pd-MOSFET、测温二极管和加热电阻。温度升高 1℃，二极管的正向压降降低 2mV，因此它反映了 Pd-MOSFET 的实际工作温度。增大加热电阻的电流可提高 Pd-MOSFET 的工作温度，从而提高灵敏度。但温度过高会缩短使用寿命，温度过低使灵敏度变低，根据经验，加热电阻的电流一般控制在 100mA 左右为宜。

3. 固体电解质气体传感器

具有离子导电性而无电子导电性的固体材料称为固体电解质。用适当的固体电解质作隔膜，Pt 多孔薄膜作电极，制成电化学电池，即构成对气体有选择性的气体传感器。

将 ZrO$_2$ 掺杂 CaO、Y$_2$O$_3$ 等，作固体电解质，两侧为多孔 Pt 电极，即构成固体电解质气体传感器。当传感器接触氧时，氧透过 Pt 电极吸附于 ZrO$_2$，经电子交换成为负离子。当两侧氧浓度不同时两电极间便形成电位差。电位差与两侧氧浓度的对数成正比。该电化学电池称为氧浓淡电池。

图 7-4 所示为用于测量汽车引擎空燃比的 ZrO$_2$-Y$_2$O$_3$ 氧浓淡电池结构。氧浓度高的一侧电位为正，氧浓度低的一侧电位为负。

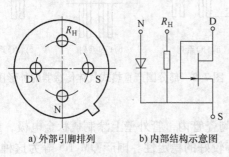

a) 外部引脚排列　　b) 内部结构示意图

图 7-3　3DOH 氢敏传感器

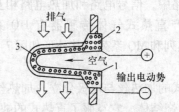

图 7-4　汽车用氧浓淡电池结构
1、3—Pt 电极　2—固体电解质

7.1.3　气体传感器应用举例

1. 高灵敏度氢气（煤气泄漏）报警器电路

应用 3DOH 氢敏传感器制作的高灵敏度氢气报警器电路如图 7-5 所示。由于家用管道煤气中的氢气含量大约为 40%，所以本电路也可以用来作为家用管道煤气的泄漏报警器。

图中，场效应晶体管 VF$_1$（3DJ6D）接成恒流源形式，作为 3DOH 氢敏传感器内部钯栅 MOS 场效应晶体管的漏极负载，使流过 3DOH 漏极 D 的电流恒定不变，为几百微安。VF$_2$

（3DJ6D）也接成恒流源形式，为 3DOH 内部测温二极管提供几百微安的恒定电流。

恒温原理：内部测温二极管的取样电压（N 端电压）通过运算放大器 A_1 放大 10 倍，再通过运算放大器 A_2 构成的跟随器输出给加热电阻 R_H 提供加热电压（约为 5V）。当 3DOH 工作温度降低，N 端电压升高，从而使流过加热电阻的电流增加，迫使 3DOH 的工作温度升高。反之，迫使 3DOH 的工作温度降低，使 3DOH 工作在某一恒定温度下。

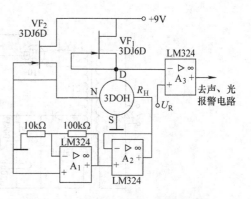

图 7-5 高灵敏度氢气报警器电路

信号输出：运算放大器 A_3 构成反相比较器，参考电压 U_R 大约为传感器内部钯栅场效应晶体管在未吸收氢气时的静态漏源电压（D 端电压）减去 200mV 左右。在传感器 3DOH 未吸收到氢气时，A_3 输出低电平。当 3DOH 吸收到一定浓度的氢气后，漏极（D 端）的输出电压下降，当变化量大于 200mV 时，A_3 输出高电平，控制声或光报警。

2. 一氧化碳检测报警器电路

一氧化碳检测报警器电路如图 7-6 所示。它由一氧化碳检测电路、加热电路、电压输出电路、报警电路、气敏器件损坏指示电路及电源指示电路等组成。图中，传感器采用 UL-281 型，它对一氧化碳有很高的灵敏度，对其他气体则不敏感，对环境温度及湿度的变化具有良好的稳定性。它对一氧化碳浓度的测量范围为 $(0 \sim 300) \times 10^{-6}$，电路相应的输出电压变化范围为 $0 \sim 3.0V$。该报警器电路可以输出测量及报警控制信号，并且具有开机自动热清洗及传感器加热器损坏指示电路，按一下按钮开关 S 可进行自动热清洗。电路可连续工作48h 不用热清洗，工作电压为直流 12V，功耗为 1.5W，热清洗时功耗为 2.5W。

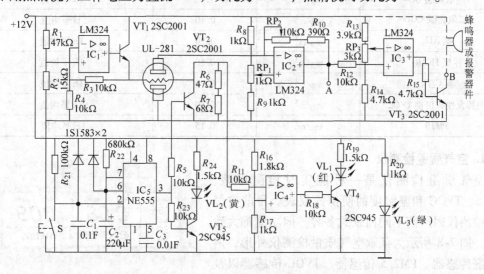

图 7-6 一氧化碳检测报警器电路

3. 火灾烟雾报警器电路

图 7-7 所示为火灾烟雾报警器电路图。#109 为烧结型 SnO_2 气敏器件，它对烟雾也很敏感，因此用它做成火灾烟雾报警器，在火灾酿成之前或之初进行报警。电路有双重报警装

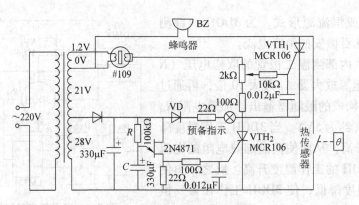

图 7-7　火灾烟雾报警器电路

置，当烟雾或可燃性气体达到预定报警浓度时，气敏器件的电阻减小，使 VTH$_1$ 触发导通，蜂鸣器鸣响报警；另外，在火灾发生初期，因环境温度异常升高，将使热传感器动作，使蜂鸣器鸣响报警。

7.1.4　空气质量检测

随着人们生活水平的提高，健康和环保意识不断增强，室内空气质量（Indoor Air Quality，IAQ）日益受到人们重视。我国的《室内空气质量标准》（GB/T 18883—2002）为室内空气质量的控制和评价提供了依据。表 7-3 列出了《室内空气质量标准》中某些化学性污染物及 PM10 的控制目标。

表 7-3　室内空气污染物控制目标

污染物名称	单位	标准值	备注
一氧化碳 CO	mg/m³	10	1h 平均值
二氧化碳 CO_2	mg/m³	0.10	日平均值
氨 NH_3	mg/m³	0.20	1h 平均值
甲醛 HCHO	mg/m³	0.10	1h 平均值
苯 C_6H_6	mg/m³	0.11	1h 平均值
总挥发性有机物 TVOC	mg/m³	0.60	8h 平均值
PM10	mg/m³	0.15	日平均值

1. 空气质量检测仪

空气质量检测仪是一种能实时检测甲醛、PM2.5、TVOC 和温湿度的便携式仪表。目前空气质量检测仪因厂商不同而款式各异，但功能都大致相同。图 7-8 所示为某款空气质量检测仪外形，内有甲醛传感器、PM2.5 传感器、TVOC 传感器以及温湿度传感器，信号经放大、滤波、A-D 采集，用 32 位高精度 CPU 处理计算，然后转化为污染物浓度值，在液晶屏上加以显示，当浓度超标时报警。

图 7-8　空气质量检测仪

2. 甲醛传感器

甲醛的分子式为 HCHO，是一种用途非常广泛的有机原料，也是具有较高毒性的物质，在我国有毒化学品优先控制名单上高居第二位，已为世界卫生组织确定为致癌和致畸形物质。甲醛来源广，释放期长（一般为 3~15 年），遇热遇潮会从材料深处挥发出来，严重污染环境，已成为世界性难题，对老人、小孩和孕妇危害最大。

目前国内外室内甲醛检测方法主要有分光光度法、色谱法、荧光法、极普法、电化学法、化学发光法及传感器（还原性气体传感器）法，新兴的方法有光谱分析法、生物酶法等。

国家标准检测方法是酚试剂分光光度法。空气中的甲醛被酚试剂溶液吸收，反应生成嗪，嗪在酸性溶液中被显色剂高铁离子氧化形成蓝绿色化合物，其颜色深浅与甲醛含量成正比，用进口光电传感器进行比色，可在现场直接测定。

便携式甲醛检测仪采用的是恒定电位电解池型气体传感器，它是电化学法的一种，其原理如图 7-9a 所示。气体中的甲醛分子扩散后在电极电压作用下发生氧化反应而产生扩散电极电流，该电流与甲醛分子的浓度成正比。这种传感器用于检测还原性气体非常有效，是现在有毒有害气体检测的主流传感器。

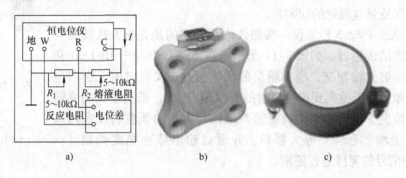

图 7-9　甲醛传感器

图 7-9b 所示为英国 DART 传感器公司生产的两电极电化学甲醛传感器，图 7-9c 为 ME2 – CH₂O 原电池型电化学甲醛传感器。

3. PM2.5 检测

（1）PM2.5 对空气质量的影响　PM2.5 是指漂浮在大气中直径小于或等于 2.5μm 的颗粒物，也称为可入肺颗粒物。虽然 PM2.5 只是地球大气成分中含量很少的组分，但它对空气质量和能见度等有重要的影响。PM2.5 粒径小，含有大量的有毒、有害物质，且在大气中的停留时间长、输送距离远，因而对人体健康和大气环境质量的影响更大。2012 年 2 月，国务院同意发布新修订的《环境空气质量标准》增加了 PM2.5 监测指标。按照 GB 3095—2012 规定的二类区（居住区、商业交通居民混合区、文化区、工业区和农村地区）环境空气污染物基本项目中 PM10 和 PM2.5 日平均浓度限值分别为 150μg/m³ 和 75μg/m³。

（2）PM2.5 的测量方法　各国环保部门广泛采用的PM2.5 测定方法有三种：重量法、β射线吸收法和微量振荡天平法。这三种方法的第一步是一样的，就是要把 PM2.5 与较大的颗粒物分离，其后步骤则是各用不同的方法测定分离出来的 PM2.5 的重量。

重量法就是将 PM2.5 直接截留到滤膜上，然后用天平称重的方法。

β射线吸收法是根据β射线穿过收集到滤纸上的PM2.5颗粒物时由于被散射而衰减，衰减的程度和PM2.5的重量成正比的原理实现测量的。

微量振荡天平法是将一头粗一头细的空心玻璃管的粗头固定，细头装有滤芯，空气从粗头进、细头出，PM2.5就被截留在滤芯上，在电场的作用下细头以一定频率振荡，振荡频率与细头重量的二次方根成反比，根据振荡频率的变化算出收集到的PM2.5的重量。

可见，关键是PM2.5的分离。将PM2.5分离出来是由切割器执行的。在抽气泵的作用下，空气以一定的流速流过切割器时，那些较大的颗粒因为惯性大，一头撞在涂了油的部件上而被截留，惯性较小的PM2.5则能绝大部分随着空气顺利通过。这和我们呼吸的情形是非常相似的：大颗粒易被鼻腔、咽喉、气管截留，而细颗粒则更容易到达肺的深处。

对于PM2.5的切割器来说，大于2.5μm的颗粒并非全被截留，小于2.5μm的颗粒也不是全都能通过。按照《环境空气PM10和PM2.5的测定重量法》的要求，3.0μm以上颗粒的通过率需小于16%，而2.1μm以下颗粒的通过率要大于84%。美国环保局在1997年制定世界上第一个PM2.5标准的时候，一并规定了切割器的具体结构。于是，虽然PM2.5的测定仪器有不少品牌，它们外观却极为相似。图7-10所示就是某空气质量监测站的切割器。

图7-10 切割器

（3）便携式PM2.5检测仪 检测仪内部采用的是光学方法检测空气中粉尘浓度的传感器。如图7-11所示，在传感器中一个IR LED和一个图像传感器光轴相交，当带粉尘的气流通过交叉区域时，会产生反射光。图像传感器检测到粉尘反射的IR LED光线，根据输出的强弱判断粉尘的浓度。传感器能够检测像香烟颗粒大小的颗粒物及室内灰尘（花粉、尘埃、毛屑）等大颗粒，并通过输出脉冲宽度调制（pulse width modulation，PWM）脉冲信号的宽度进行鉴别。

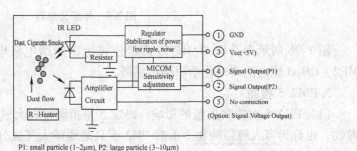

图7-11 粉尘传感器

7.2 湿度传感器及应用

湿度与人类生活、自然界繁衍、科研、工农业生产密切相关。例如集成电路的生产车间相对湿度低于30%RH时，容易产生静电感应影响生产；储物仓库在湿度超过某一限度时，物品易发生变质或霉变；居室的湿度希望适中；纺织厂要求车间的湿度保持在60%~70%

RH；农业生产中的温室育苗、食用菌培养、水果保鲜等都需要对湿度进行检测和控制。随着科学技术和人类文明的进步，湿度传感器及其应用显得日益重要。

7.2.1 湿度的概念和检测方法

1. 气体的湿度

气体的湿度是指大气中水蒸气的含量。常用的几种湿度量及其单位见表7-4，其中相对湿度是最常用的。

2. 固体的湿度

固体的湿度是物质中所含水分的百分数。物质中所含水分的质量与干物质质量之比，称为含水量。物质中所含水分的质量与其总质量之比，称为湿度。

3. 湿度检测方法分类

湿度检测的方法可分为四类：毛发湿度计法、干湿球湿度计法、露点计法和阻容式湿度计法。其中干湿球湿度计与露点计的时效小，可用于高精度测量，但体积大，响应速度低，无电信号，不能用于遥测及湿度自动控制。阻容式湿度计体积小，响应速度快，便于将湿度转换为电信号，但稳定性差，不耐 SO_2 的腐蚀。

表7-4 常用湿度量及其单位

湿度量种类	定 义	单 位
绝对湿度	$1m^3$ 气体（空气）中含有的水蒸气重量（g）	g/m^3
相对湿度	一定体积气体（空气）中实际含有的水蒸气分压与相同温度下该气体所能包含的最大水蒸气分压之比，即 $P/P_S \times 100\%$	$0 \sim 100\% RH$
容积比与重量比	容积比：水蒸气分压与干燥载体气体（空气）分压之比 重量比：水蒸气重量与干燥载体气体（空气）重量之比	$10^{-6}(V)$ $10^{-6}(W)$
露点与霜点	露点：气体中水蒸气的分压等于饱和水蒸气气压时的温度 霜点：露点在0℃以下时的温度	℃、℉

7.2.2 湿度传感器的类型与特性

1. 湿度传感器的特性参数和符号

（1）湿度传感器的特性参数 湿度传感器的特性参数主要有：湿度量程、灵敏度、温度系数、响应时间、湿滞回差、感湿特征量 - 相对湿度特性曲线等。

1）湿度量程：各种湿度传感器并不都能适用于 $0 \sim 100\% RH$ 的整个相对湿度范围。例如，目前使用较普遍的氯化锂湿敏器件的每片使用范围就只有 $20\% RH$ 左右，因此使用时需要多片组合。而不同的生产或生活条件则要求湿度敏感器件在不同的湿度范围内工作。例如，木材的干燥系统中为 $0 \sim 40\% RH$；室内空气调节系统中为 $40\% \sim 70\% RH$；气象探测则应为 $0 \sim 100\% RH$。因此，湿度量程是湿度传感器的重要参数。

2）感湿特征量-相对湿度特性曲线：即输出-输入特性曲线。湿度传感器的输入为环境相对湿度，输出变量为其感湿特征量，如电阻、电容、击穿电压及沟道电阻等。

3）灵敏度：大多数湿度敏感器件的感湿特性曲线是非线性的，因此尚无统一的表示方法。较普遍采用的方法是用器件在不同环境湿度下的感湿特征量之比来表示。例如，日本生

产的 $MgCr_2O_4$-TiO_2 湿度传感器的灵敏度是用一组器件电阻比表示的：$R_{1\%}/R_{20\%}$、$R_{1\%}/R_{40\%}$、$R_{1\%}/R_{60\%}$、$R_{1\%}/R_{80\%}$ 及 $R_{1\%}/R_{100\%}$。下角标表示该阻值所对应的相对湿度，如 $R_{1\%}$ 表示相对湿度在1%时器件的电阻值。

4）响应时间：响应时间是表示传感器完成吸湿或脱湿以及动态平衡过程所需时间的特性参数。它用时间常数 τ 来定义，即感湿特征量由起始值变化到终止值的0.632倍所需的时间。可见，响应时间是与环境相对湿度的起、止值有关。因此，在标明响应时间时，除指明起始和终止相对湿度外，最好分别注明吸湿和脱湿情况。在二者差别甚微时，方可统一表示。

5）电压与频率特性：湿度传感器加热清洗的激励电压不能用直流，必须用交流。加热使温度升高，因此电压不能过高。传感器的感湿特征量与交流电压频率有关，因此电压的频率应有上限和下限。

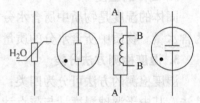

图7-12 湿度传感器的图形符号

（2）湿度传感器的图形符号 湿度传感器的图形符号如图7-12所示。

对于电容型湿敏传感器，其图形符号代表电阻 R_p 和电容 C_p 的并联。对于半导体陶瓷湿敏传感器，A-A端为测量电极，B-B端为加热清洗电极。加热清洗电极通电后，内部电加热丝产生热量可排除传感器感湿层中的水分子。

2. 湿度传感器的结构与类型

湿度传感器的种类很多，但都由湿敏元件和带孔塑料外壳构成，其外形如图7-13所示。按湿敏元件的工作原理，可分为电阻型和电容型。按湿敏材料，可分为水分子亲和力型和非水分子亲和力型。水分子亲和力型主要有电解质类、半导体及陶瓷类、有机物及高分子聚合物类，水分子容易被吸附或渗入内部，使材料的电阻或介电常数发生变化。非水分子亲和力型湿敏元件有热敏电阻式、红外线式、微波式、超声波式。

图7-13 湿度传感器的外形

（1）湿敏电阻 湿敏电阻的类型有金属氧化物陶瓷类、金属氧化物膜类、高分子材料及硅湿敏电阻等。

1）氯化锂湿敏电阻。氯化锂湿敏元件是在绝缘材料的衬底上制作一对金属电极，涂覆一层电解质溶液感湿膜制成。感湿膜由氯化锂和聚乙烯醇混合制作。其特性是湿度增大，电阻减小；优点是性能稳定，其缺点是线性测湿量程较窄（在20% RH 左右，线性误差小于2% RH），很难实现高精度的单片湿敏元件测量方法。

2）高分子膜湿敏电阻。如图7-14a所示，在陶瓷基片上覆盖一层用感湿材料制成的膜，蒸镀梳状电极（或称叉指电极），焊接引线即构成湿敏电阻元件。当空气中的水蒸气吸附在湿敏膜上时，元件的电阻率和电阻值都发生变化，依此可测量湿度，湿度增大电阻减小。

3) 陶瓷类湿敏电阻。这类湿敏电阻是金属氧化物烧结体，也称半导体陶瓷，随湿度增大而电阻减小。目前较为成熟且具有代表性的是：铬酸镁-二氧化钛（$MgCr_2O_4$-TiO_2）、五氧化二钒-二氧化钛（V_2O_5-TiO_2）、羟基磷灰石（$Ca_{10}(PO_4)_6(OH)_2$）及氧化锌-三氧化二铬（ZnO-Cr_2O_3）陶瓷湿敏元件等。

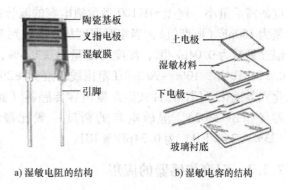

a) 湿敏电阻的结构   b) 湿敏电容的结构

图 7-14 湿敏度传感器的外形及结构

图 7-15 所示为 $MgCr_2O_4$-TiO_2 陶瓷湿敏传感器的结构与湿度特性。它是以 P 型半导体 $MgCr_2O_4$ 及 N 型半导体 TiO_2 粉粒为原料，配比混合，烧结成复合型半导体陶瓷；在陶瓷片的两面设置高孔金电极，并用掺金玻璃粉将引出线与金电极烧结在一起；在半导体陶瓷片的外面，安放一个由镍铬丝烧制而成的加热清洗线圈（又称康塔尔加热器）；元件固定于一种高度致密的、疏水性的绝缘陶瓷底片上；为消除底座上测量电极之间由于吸湿和沾污而引起的漏电，在电极的四周设置了金短路环。每次使用前，给线圈通电加热清洗，将湿敏陶瓷片加热至 350～400℃，保持 10～60s，即可清除污染；停数分钟，元件电阻恢复原值后方能测湿。

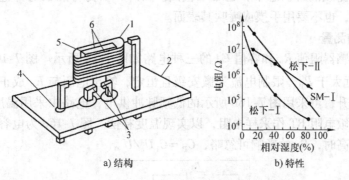

a) 结构   b) 特性

图 7-15 $MgCr_2O_4$-TiO_2 湿敏传感器结构与湿度特性

1—康塔尔加热丝 2—底座 3—杜美丝引线 4—引线环电极 5—湿敏陶瓷 6—RuO_2 电极

该类湿敏元件的特点是体积小；测湿范围宽，一片即可测 1%～100% RH；可用于 150℃高温，最高承受温度可达 600℃；能反复电加热清洗，除掉吸附的油雾、灰尘、盐、酸、气溶胶或其他污染物，以保持精度不变；响应速度快，一般不超过 20s；长期稳定性好。

(2) 湿敏电容 湿敏电容一般是用高分子薄膜制成的，常用的高分子材料有聚苯乙烯、聚酰亚胺、醋酸醋酸纤维等。如图 7-14b 所示，湿敏电容由湿敏膜、上下电极和衬底组成，当环境湿度发生改变时，湿敏膜的介电常数发生变化，两电极间电容量发生变化，其电容变化量与相对湿度成正比。湿敏电容的主要优点是灵敏度高、产品互换性好、响应速度快、湿度的滞后量小，例如 SH1100 型湿敏电容的测量范围为 1% ~99% RH，在 55% RH 时的电容量为 180pF（典型值），当相对湿度从 0 变化到 100% 时，电容量的变化范围是 163 ~202pF，温度系数为 0.04pF/℃，湿度滞后量为 ±1.5%，响应时间为 5s，恢复时间为 10s，稳定性 0.5% RH/年，10% ~90% RH 范围线性度为 ±2%；另外湿敏电容便于制造，容易实现小型化和集成化，例如贴片式温湿度电容传感器（如 HTS2010/HTS2030）及数字式温湿度传感器（如 AM2302）。湿敏电容的精度一般比湿敏电阻要低一些，如 SH100 平均灵敏度（33% ~75% RH）为 0.34pF/% RH。

7.2.3 湿度传感器的应用

1. 湿度传感器应用注意事项

1）电源选择：湿敏电阻必须工作于交流电路中，若用直流供电，会引起多孔陶瓷表面结构改变，湿敏特性变差。采用交流电源频率过高，将由于元件的附加容抗而影响测湿灵敏度和准确性，因此应以不产生正、负离子积聚为原则，使电源频率尽可能低。对离子导电型湿敏元件，电源频率应大于 50Hz，一般以 1000Hz 为宜；对电子导电型，电源频率应低于 50Hz。

2）线性化：一般湿敏元件的特性均为非线性，为便于测量，<u>应将其线性化</u>。

3）温度补偿：通常氧化物半导体陶瓷湿敏电阻湿度温度系数为 0.1 ~0.3，故在测湿精度要求高的情况下必须进行温度补偿。

4）测湿范围：电阻式湿敏元件在湿度超过 95% RH 时，湿敏膜因湿润溶解，厚度会发生变化，若反复结露与潮解，则特性变坏而不能复原。电容式传感器在 80% RH 以上高湿及 100% RH 以上结露或潮解状态下，也难以检测。另外，切勿将湿敏电容直接浸入水中或长期用于结露状态，也不要用手摸或嘴吹其表面。

2. 阻容值的测量

测量湿度传感器阻值 R_P 和容值 C_P 的三种电路如图 7-16 所示。图 7-16a 为低频交流供电，其中 R_0 值远大于 R_P，限制电流为微安级且恒定，输出电压与 R_P 成正比。为了提高灵敏度而又限制温升，可采用图 7-16b 所示的低频脉冲供电，电路中采用温度系数与 R_P 的温度系数相等的热敏电阻 RT 作采样电阻，以实现温度补偿。图 7-16c 为电容值测量电路，当电源信号频率很高时，R_P 的影响可忽略，$C_P = C_F U_o / U_i$。

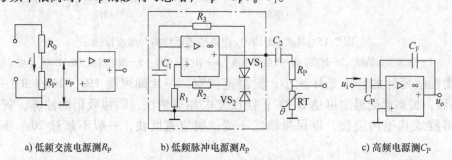

a) 低频交流电源测 R_P b) 低频脉冲电源测 R_P c) 高频电源测 C_P

图 7-16 R_P、C_P 的三种测量电路

3. 加热去污

陶瓷元件的加热去污应切实控制在 450℃。它利用元件的温度特性进行温度检测和控制，当温度达到 450℃ 即中断加热。由于未加热前元件吸附有水分，突然加热会出现相当于

450℃时的阻值，而实际温度并未达到450℃，因此应在通电后延迟2~3s再检测电阻值。加热终了，应冷却至常温再开始检测湿度。

4. 基本应用电路

交流电源湿度检测电路如图7-17所示。运算放大器A_3接成电压跟随器，其输出经二极管整流、电容滤波，与基准电压比较以检测湿度。比较器A_1用于湿度检测控制，比较器A_2用于温度检测控制。用计时电路控制每隔一定时间进行一次加热去污。通电加热时中止湿度测量，数秒后通过加热控制电路检测比较器A_2的输出，确认已达450℃，则停止加热去污。

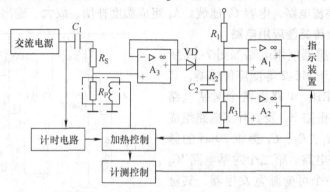

图7-17 交流电源湿度检测电路

7.2.4 湿度检测与控制电路实例

1. 阻抗式湿度传感器应用电路

阻抗式湿度传感器的应用电路如图7-18所示，它适用于UD-08、CGS-2等湿度传感器，电路较为简单，精度在±3%RH左右。当使用其他类型湿度传感器时，应适当调整图中参数。

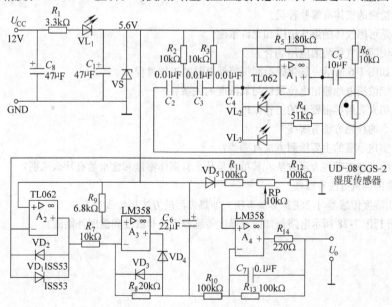

图7-18 阻抗式湿度传感器应用电路

图中，A_1 及其外围电路构成 900Hz、1.3V 正弦波的低频振荡器，反馈回路中串联 VL_2 和 VL_3 可提高振幅的稳定性。A_2 与二极管 VD_1、VD_2 组成对数压缩电路，用来补偿湿敏器件的非线性。由于低湿度时湿敏器件的阻抗在 100MΩ 以上，所以 A_2 应采用高输入阻抗的运算放大器，并且在 A_2 的反相输入端与印制电路板之间应采用高绝缘性能的输入端子。对数压缩电路采用了具有 −2mV/℃ 左右温度特性的硅二极管，所以它能对湿敏器件起到温度补偿作用。但这种温度补偿可能产生过补偿或欠补偿，所以在运算放大器 A_4 的同相输入端又设置了二极管 VD_5，并通过调节 RP 获得较好的温度补偿。

A_3 组成半波整流电路，电容 C_6 滤波。A_4 组成温度补偿、放大、输出电路。

2. 电容式湿度传感器应用电路

电容式湿度传感器应用电路如图 7-19 所示。这种电路适用于 MC-2 等湿度传感器，其灵敏度为 2mV/% RH。电路由两个时基电路组成。第一个时基电路 IC_1 及其外围电路组成多谐振荡器，由 R_1、R_2、C_1 提供 20ms 的脉冲触发第二个时基电路。第二个时基电路 IC_2 及其外围电路是一个可变脉宽发生器，其脉冲宽度取决于湿敏元件 MC-2 的电容值大小。

2.5V 的电源电压可保证 MC-2 的工作电压不超过 1.0V。脉冲调宽信号由 IC_2 的 9 脚输出，经 R_5、C_3 滤波后输出直流电压。

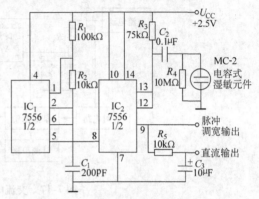

图 7-19　电容式湿度传感器应用电路

思考与练习

7-1　现能检测的气体有哪些种类？

7-2　什么是可燃气体的爆炸极限和允许浓度？

7-3　举例说明氢气检测的应用场合。

7-4　说明如图 7-6 所示一氧化碳检测报警器电路的工作过程。

7-5　说明氧浓淡电池输出电位极性与氧浓度的关系。

7-6　试说明火灾烟雾报警器的工作原理。

7-7　PM2.5 的检测方法有哪些？

7-8　目前室内甲醛的主要检测方法有哪些？

7-9　气体湿度都有哪些表示方法？其单位是什么？固体湿度和含水量有什么区别？

7-10　湿度的测量方法有哪些？

7-11　应用湿度传感器时应注意哪些事项？加热去污的方法是什么？

7-12　试分析图 7-18 所示电路是如何对湿度传感器进行非线性和温度补偿的？

第8章
机器人传感器

机器人是在计算机控制下模拟人的感觉和各种行为的装置，它全身布满了传感器，这些传感器的工作原理与普通传感器基本相同，只是因机器人的特殊需求而形成的新型传感器——机器人传感器。本章将按机器人自适应传感器和各功能专用传感器分类介绍。

8.1 机器人自适应传感器

机器人需要及时感知自身的状态，以控制自身的行动；同时需要感受周围环境、目标物的状态信息，从而对环境有自适应能力。因此，机器人传感器可分为内部传感器和外部传感器，统称为自适应传感器。

8.1.1 机器人内部传感器

内部传感器与机器人自身的电动机、轴等机械部件或机械结构如手臂（Arm）、手腕（Wrist）等安装在一起，完成位置、速度、力度的测量，实现伺服控制，使机器人按规定的位置、轨迹、速度、加速度和受力大小进行工作。内部传感器主要由位置传感器、速度和加速度传感器、压力传感器组成，具体的检测对象主要有线位移、角位移及倾斜角、方位角等几何量，线速度、角速度、加速度等运动量，力、力矩等力学量。

1. 位置（位移）传感器

机器人中所用位置传感器包括直线位移传感器和角位移传感器。直线位移传感器常用电位器式和差动变压器式传感器；角位移传感器常用电位器式传感器、旋转变压器及光电编码器。增量式光电编码器一般用于零位不确定的位置伺服控制，绝对式光电编码器能够得到驱动轴对应编码器初始锁定位置的瞬时角度值，当设备受到压力时，只要读出每个关节编码器的读数，就能对伺服控制的给定值进行调整，以防止机器人起动时产生过剧烈的运动。

2. 速度和加速度传感器

速度传感器有测量直线运动和旋转运动速度两种，但大多数情况下，只限于测量旋转速度。常用的传感器有光电脉冲式转速传感器、测速发电机等。

加速度传感器用于测量工业机器人的动态控制信号，一般采用应变式传感器。另一种方法是依据 $F = ma$，将已知质量 m 产生加速度的力 F（可以为电磁力或电动力），最终简化为电流进行测量，称为伺服返回传感器。

由于近年来机器人普遍采用以交流永磁电动机为主的交流伺服系统，对应位置、速度等传感器大量应用的是各种类型的光电编码器、磁编码器和旋转变压器。

3. 力觉传感器

力觉传感器用于测量机器人的指、肢和关节等在运动中所受的力，主要包括腕力觉、关节力觉和支座力觉等。机器人中的力觉传感器仍采用应变式、压电式、磁致伸缩式、振弦式等测力传感器的原理。

（1）筒式6维腕力传感器　如图8-1所示，传感器分内、外两个部件，主体材料为直径75mm的铝管铣削而成。内筒有4根垂直梁，外筒有4根水平梁。垂直梁两侧粘贴应变片R_1、R_2并构成半桥，分别输出4根垂直梁的应变信号P_{x+}、P_{y+}、P_{x-}、P_{y-}。水平梁上下粘贴应变片R_1、R_2并构成半桥，分别输出4根水平梁的应变信号Q_{x+}、Q_{y+}、Q_{x-}、Q_{y-}。用这8个输出量可计算出施加于传感器上的6维力：x、y、z方向的力F_x、F_y、F_z和转矩M_x、M_y、M_z。

（2）挠性十字梁式腕力传感器　如图8-2所示，传感器是用铝材切成的十字框架，其

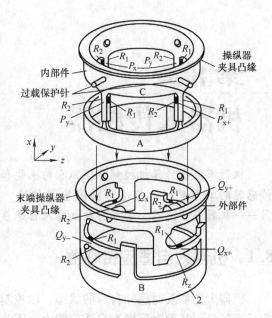

图8-1　筒式6维腕力传感器

中心孔固定在手腕轴上，向外伸出4根方形悬臂梁，梁的外端插入圆形手腕框架内侧的孔中。为使悬臂梁易于伸缩，在悬臂梁端部与手腕框架结合处装有尼龙球；为了提高灵敏度，在与梁相接的手腕框架上还切出狭缝。应变片粘贴在悬臂梁的4个面上，相对面上两个应变片组成半桥，共可输出8个信号。利用这8个参数可计算出手腕顶端x、y、z三个方向的力F_x、F_y、F_z和转矩M_x、M_y、M_z。

4. 滑觉传感器

机器人在抓取未知属性物体时，若握紧力不够则物体会在手中滑动。利用滑觉传感器的检测信号，在不损害物体的前提下，考虑最可靠的夹持方法。滑觉传感器有滚动式和球式。

图8-3所示为贝尔格莱德大学研制的球式滑觉传感器，由一个金属球和触针组成。球的表面分成多个相间排列的导电和绝缘格子，触针头部细小，每次只能触及一个格子。当工件滑动时带动金属球转动，在触针上输出脉冲信号，脉冲频率反映滑移速度，脉冲个数对应滑移距离。

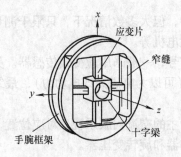

图8-2　十字梁式腕力传感器

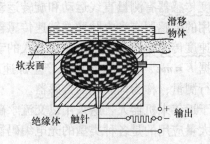

图8-3　球式滑觉传感器

8.1.2 机器人外部传感器

新一代机器人如多关节机器人，特别是移动机器人、智能机器人要求具有校正能力和反应环境变化的能力，就需要外部传感器来识别工作环境，为机器人提供信息，检查、控制和操作对象物体，应付环境变化和修改程序。因此，外部传感器通常包括视觉、触觉、接近觉、听觉、嗅觉、味觉传感器。

1. 视觉传感器

这是应用很广的外传感器，多数是用摄像机和计算机技术来实现，其工作过程可分为检测、分析、描绘和识别四个主要步骤。摄像机的光电转换主要还是 CCD 和 MOS 图像传感器。图 8-4 所示为具有凝视控制机理的图像处理摄像机的系统组成，摄像头的凝视方向能通过两个电动机在水平和垂直两个方向调节，能够根据实时图像处理结果调整凝视方向。由于实际物体的三维形态和特征相当复杂，加上识别背景千差万别，图像和传感器的视角又在时刻变化，所以机器人视觉传感器在技术上难度是较大的。

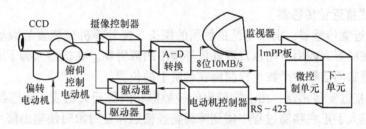

图 8-4　具有凝视控制机理的图像处理摄像机

2. 触觉传感器

触觉是机器人获取环境信息的仅次于视觉的重要知觉，使机器人与环境直接作用，比视觉有很强的敏感能力。广义上讲，触觉包括接近觉、压觉、力觉、滑觉、热觉等；狭义上讲，它是机械手与对象接触面上的力的感觉，可进一步感知物体的形状、软硬等物理性质。例如柔性触觉传感器和仿生皮肤等。

（1）柔性触觉传感器的结构原理　如图 8-5 所示，泡沫材料用硅橡胶薄层覆盖，表面可与物体（压头）周围的轮廓相吻合，移去物体时传感器恢复到原来状态，与硅橡胶内表面相连的导电橡胶应变计可检测出硅橡胶薄层的形变。

（2）仿生皮肤　仿生皮肤是集触觉、压觉、滑觉和热觉于一体的多功能传感器，具有类似于人类皮肤的多种感觉功能。仿生皮肤是用具有压电效应和热释电效应的 PVDF 材料制成，其结构剖面图如图 8-6 所示。传感器表层为保护层（橡胶包封表皮）；上层为两面镀银的 PVDF，分别从两面引出电极；下层由特种镀膜形成条状电极，引线由导电胶粘接后引出；在两层 PVDF 之间由电加热层和柔性隔热层形成两个不同的物理测量空间。上层 PVDF 获取热觉和触觉信号，下层条状 PVDF 获取压觉和滑觉信号。电加热层维持上层 PVDF 温度为 55℃左右，当待测物体接触传感器时，因热传递使具有热释电效应的 PVDF 温度降低而产生相应数量的电荷，从而具有热觉功能。

同样原理，由行 PVDF 条、列 PVDF 条和表层、绝缘层、PVDF 层及硅橡胶基底可构成阵列多功能仿生皮肤，可以检测物体的形状、重心和压力，以及物体的滑移位置。

图 8-5 柔性薄层触觉传感器

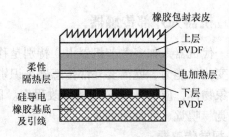

图 8-6 PVDF 仿生皮肤结构剖面图

3. 接近觉传感器

接近觉传感器提供物体在机器人工作场地内存在位置的先验信息，以便规划机器人的行为轨迹。如发现前面障碍物，以避免碰撞；在接触对象物前获取与物体相对距离、相对倾角及对象物表面形状等信息，以准确定位与抓取。接近觉传感器的测量方法有接触式和非接触式，工作原理分为机械式、感应式、电容式、超声波式、光电式等，都是我们已经熟知的。

（1）接触式接近觉传感器

1）触须接近觉传感器：由模仿昆虫触须的探头、探针等机械装置与微动开关组成。传感器可以安装在机器人四周，用以发现外界环境中的障碍物。在机器人脚下安装多个猫胡须传感器，根据传感器信号的个数可检测脚在台阶上的位置。

2）接触棒接近觉传感器：由一端伸出的接触棒和内部开关组成。传感器安装在机器人手爪上，当机器人手爪在移动过程中碰到障碍物或接触作业对象时便输出信号。将多个传感器安装在机器人的手臂或腕部，可感知障碍物和物体。

3）气压接近觉传感器：利用反作用力原理，由气源喷射一定压力的气流，离物体距离越小，气缸内压力越大，通过测量压力的变化可测定与物体间的距离。

（2）感应式接近觉传感器　感应式接近觉传感器原理上可分为三类：电磁感应式、霍尔式和电涡流式，仅对金属及铁磁材料起作用，用于近距离、小范围的测量。

1）电磁感应接近觉传感器：由线圈和永久磁铁构成。这种传感器只能检测具有相对运动的铁磁性的物体，而且检测距离很小，一般仅为零点几毫米。

2）电涡流接近觉传感器：只能检测金属体，测距范围一般为毫米级，分辨率可达0.1%，常用于弧焊机器人上的焊缝自动跟踪，其他方面应用较少。

3）霍尔式接近觉传感器：只能检测铁磁性物体。

（3）电容式接近觉传感器　电容式接近觉传感器能够检测任何固体和液体材料，能连续检测传感器到物体的距离，但检测距离一般只有几毫米，且不同材料的检测灵敏度相差较大。

（4）超声波接近觉传感器　目前超声波接近觉传感器主要用于导航和避障，其他还有焊缝跟踪和物体识别等。

（5）光电式接近觉传感器　光电式接近觉传感器的测距原理分为三角法、相位法和光强法。三角法是将部分反射光成像在 PSD、CCD 或光电晶体管阵列上，根据几何原理测得目标的距离。其主要问题是测距灵敏度和距离的二次方成反比，将限制传感器的动态范围，否则传感器的体会很大。相位法是由光源发射调制光波，根据接收到的反射光与发射光的相位变化来确定距离的。光源多采用红外光，价格便宜、体积小、受目标反射特性的影响小，但电路复杂，精度不如三角法，尤其较大距离时精度相当低。光强法最简单，发光元件为一般的发光二极管或半导体激光管，接收元件一般为光电晶体管，输出信号的大小反映了反射光的强弱，这不仅取决于距离，而且同时受到被测物表面光学特性及表面倾斜等因素的影响。当被测目标为平面，发光元件和接收元件轴线近似平行，且距离很近时，输出信号与距离二次方成反比。

4. 听觉传感器

听觉传感器是将声波转换成电信号的换能设备，由传声器件和语音识别系统组成。传声器较简单，如动圈式传声器、电容式传声器、光纤式传声器等。语音识别系统可以从简单的声波存在检测到复杂的声波频率分析，直到对连续自然语言中单独语音和词汇的辨别。

语音识别就是把传感器采集的语音信号转换成相应的文本或命令。近两年出现的最先进的语音识别芯片——语音识别系统级芯片，将 MCU 或 DSP、A－D、D－A、RAM、ROM 以及预放、功放等电路集成在一个芯片上，只要加上很少元件及电源供电就可实现语音识别、语音合成及语音回放等功能。最有代表性的是美国 Sensory 公司的 RSC－364 和德国 Infineon 公司的 UniSpeech－SDA80D51。

5. 嗅觉传感器

只对一种气味敏感的气敏元件是不存在的，用单个传感器不能推断某种气体的存在，因此常见的人工嗅觉系统由气敏传感器阵列和分析处理器组成。

气敏传感器材料主要有化学电阻型和质量型两类，前者包括金属氧化物半导体和有机聚合物膜，后者主要为石英晶振和声表面波。

6. 味觉传感器

味觉传感器不同于只检测某种特殊化学物质的化学传感器，如酸度计、咸度计、甜度计，要能模拟实际的生物味觉敏感功能。目前味觉传感器技术大致分为多通道类脂膜技术、表面等离子体共振技术、表面光伏电压技术等。电子舌是用类脂膜作为味觉物质的味觉传感器，能够以类似人的味觉感受方式检测味觉物质。目前较典型的电子舌系统有法国的 Alphs MOS 系统和日本的 Kiyoshi Toko 电子舌。

8.1.3 机器人手爪传感器

一般机器人手爪配置的传感器主要包括视觉传感器、力/力矩传感器、位置/姿态传感器、速度/加速度传感器、温度传感器及触觉/滑觉传感器等。

1. 集成手爪传感器系统

美国 Luo 和 Lin 开发的多传感器集成手爪系统如图 8-7 所示，系统采用视觉、眼在手上视觉、接近觉、触觉、位置、力/力矩和滑觉等多传感器信息的融合，其获取信息的过程如下。

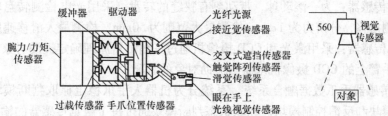

图 8-7 集成手爪传感器系统

（1）传感器分工 传感器的工作分为远距离传感、近距离传感和接触传感。

1）远距离传感：系统含有温度传感器、全局视觉传感器及距离传感器等，以获取远距离场景中的有用信息，如位置、姿态、视觉纹理、颜色、形状、尺度等物体特征信息以及环境温度和辐射水平。

2）近距离传感：系统含各种接近觉传感器、视觉传感器、角度编码器等，进一步完成位置、姿态、颜色、辐射、视觉纹理信息的测量，更新第一阶段的同类信息。

3）接触传感：在距离物体十分近时前述传感器无法使用，此时可通过接触传感器获取更精确、更详细的物体特征信息。

（2）信息融合 信息融合分三步：采集多传感器信息的原始数据，用 Fisher 模型进行局部估计；对统一格式的原始数据进行比较，发现可能存在误差的传感器，进行置信距离测试，从而建立距离矩阵和相关矩阵，得到最近最一致的传感器数据，并用图形表示；运用贝叶斯模型进行全局估计，融合多传感器数据，同时对其他不确定的传感器数据进行误差检测，修正传感器的误差。

2. 营救机器人手爪传感系统

营救机器人手爪是具有自适应抓取功能的 2 关节平面型手指，可抓住人的手臂。为避免伤人，手臂模块采用小功率 5 自由度工业机器人、直流电动机和编码器的伺服系统。运动机构为 4 轮结构。

（1）手爪传感器及其分布 如图 8-8 所示，营救机器人手爪系统具有 3 类传感器：分布式触觉传感器、6 维力/力矩传感器和滑觉传感器以及 2 个用于远距离测量的 CCD 摄像机（视觉传感器）。

1）分布式触觉传感器：采用压力敏感橡胶和条状胶片电极构成三明治结构的触觉阵列，用来检测接触压力及其分布，控制处理不规则物体的夹持力。条状胶片电极只用

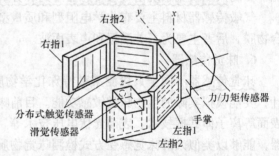

图 8-8 营救机器人手爪及其传感器分布

一面，共有 16 根线、8 根地线、8 根信号线，这样在每个手指部位可检测连续接触压力。为了检测一个平面的平衡压力，这种条状传感阵列在手指 2 上纵向分布，在第二指节（手指 1）上横向分布，并在手掌底部内表面也布有同样阵列。接触力使导电橡胶的电阻发生变化，转换为电压，通过 I/O 口送往处理器。

2）力/力矩传感器：为谐振梁应变传感器，测力范围为 0 ~ 98.1N，测力矩范围为 0 ~ 981N·cm，经串行口接计算机。

3）滑觉传感器：为一滚动球，带动刻有狭缝的转盘，采用光电检测转盘转动，可在两个方向上检测滑移，分辨力为 1mm，检测最大范围为 50mm，检测最大滑移速度为 10mm/s。

4）视觉传感器：采用激光和 CCD 摄像机通过三角测量原理确定援助对象的位置。操作者也可通过手臂上的 CCD 摄像机来监测援助对象的状况。

（2）多传感器手爪数据融合系统 系统分为机器人手爪稳定抓取判断模块、状态识别模块、控制模块和反馈控制模块。抓取状态判断模块通过每个触觉传感器的输出计算出总的夹持力，利用平均压力计算每个触觉传感器的不同输出量，从而得到稳定抓取的判断条件。

状态识别模块从传感器的数据中提取营救工作的 4 个基本特征量：腕部力矩变化量、夹持力变化量、滑动量和抓取位置的变化量，将这 4 个特征量分别乘上其权重系数再求和，得到机器人手爪操作时对人体可能伤害程度的判断。控制模块在机器人抓住人的手臂后，依据手爪稳定抓取判断模块的 2 个特征量和状态识别模块的 4 个特征量的差异来区分不同的优先级（按 If – then 规则判断）。第 1 优先级是通过调整腕部角度来控制抓取姿态，第 2 优先级是控制抓取力，第 3 优先级是控制运动轨迹。若各调节矛盾时，按优先级执行。通过调节控制，每个特征量会达到稳定状态，使机器人营救工作处于安全状态，不会伤害人体。反馈控制模块首先检查所有传感器数据，若某一传感器数据超出正常值，意味着正接受救援的人处于危险状态，机器人被命令停止操作。在纠正危险状态后，重新操作。

8.2 工业机器人传感器

工业机器人指在工业生产上应用的机器人，由机械部分、传感部分和控制部分组成。

8.2.1 装配机器人传感器系统

1. 位姿传感器

装配机器人的大量作业是轴与孔的装配，为了在轴与孔存在误差的情况下进行装配，应使机器人具有柔顺性，所谓位姿传感器，就是这样的柔顺装置而不是实际的传感器。柔顺性分主动性和被动性，主动柔顺性是利用传感器的反馈信息，而被动柔顺性则是利用无动力的机构，来控制末端执行器或工作台的运动以补偿其位置误差。

（1）被动柔顺装置　例如美国 Draper 实验室研制的远中心柔顺装置 RCC（Remote Center Compliance device），是机器人腕关节和末端执行器之间的辅助装置，使机器人末端执行器在需要的方向上增加局部柔顺性，而不会影响其他方向上的精度。图 8-9 所示的 RCC 装置由两块刚性金属板组成，一部分允许轴做侧向移动

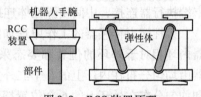

图 8-9 RCC 装置原理

而不转动，另一部分允许轴绕远心（通常位于离手爪最远的轴端）转动而不移动，分别补偿侧向误差和角度误差，实现轴孔装配。RCC 实质是机械手夹持器具有多个自由度的弹性装置，通过选择和改变弹性体的刚度可获得不同程度的适从性。

（2）主动柔顺装置　分为基于力传感器的柔顺装置、基于视觉传感器的柔顺装置和基于接触觉传感器的柔顺装置。

1）基于力传感器的柔顺装置：一方面可有效控制力的变化范围，另一方面可进行位置控制。力传感器可分为关节力/力矩传感器、腕力传感器和指力传感器。关节力/力矩传感器使用应变片进行力反馈，腕力传感器较多使用十字梁式，指力传感器一般为应变式。

2）基于视觉传感器的柔顺装置：通过建立以注视点为中心的相对坐标系，对装配件之间的相对位置关系进行测量，其精度与摄像机的位置相关。螺纹装配采用力和视觉传感器，轴孔装配采用二维 PSD 传感器来实时检测孔的中心位置及其所在平面的倾斜角度。PSD 上的成像中心即为检测孔的中心，当孔倾斜时成像为椭圆，与正常孔所成图像进行比较可获得被测孔所在平面的倾斜度。

3）基于接近觉传感器的柔顺装置：多采用光电接近觉传感器检测机器人末端执行器与环境的位置。用一个光电传感器不能同时测量距离和方位的信息，常需要两个以上传感器来完成机器人装配作业的位姿检测。

（3）光纤位姿偏差传感系统　这是集螺纹孔方向偏差检测和位置偏差检测为一体的位姿偏差传感系统。如图 8-10 所示，采用 6 路单光纤传感器，第 1、2、3 路检测螺纹孔的方向，第 4、5、6 路检测螺纹孔的位置，通过信号处理，可得螺纹孔的位置及位姿参数 α 和 β。

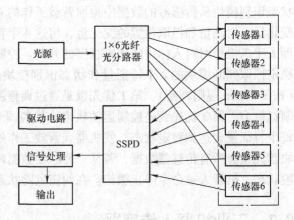

图 8-10　光纤位姿偏差系统原理

（4）电涡流位姿监测系统　系统由 6 个电涡流传感器构成 3 维测量坐标系，传感器 1、2、3 对应 xOy 面，4、5 对应 xOz 面，6 对应 yOz 面，当测量体安装在机器人末端执行器上时，通过比较测量体和测量坐标系相对位置变化量，可完成对机器人的重复位姿精度检测。

2. 柔性腕力传感器

柔性腕力传感器兼有腕力传感器和位姿传感器的功能，因此除筒式腕力传感器和十字梁腕力传感器外，在装配机器人中还大量使用柔性腕力传感器。

柔性腕力传感器由固定体、移动体和弹性体构成。固定体与机器人手臂连接，移动体与末端执行器连接，中间由弹性体连接。弹性体采用矩形截面的弹簧，由弹簧产生柔顺功能。

柔性腕力传感器的工作原理如图 8-11 所示。传感器内环相对于外环的位置和姿态采用光电测量。传感器由均匀分布在内环上的 6 个红外发光二极管（LED）和均匀分布在外环上的 6 个位置探测器（PSD）组成。在每个 LED 前方安装一个狭缝，以保证 LED 发出的红外光形成一个平面。狭缝按照垂直和水平间隔放置，与之对应的 PSD 则与狭缝垂直放置。当内环相对外环移动时，投射到 6 个 PSD 上的光点位置发生变化，根据 6 个 PSD 的输出可求得内环相对于外环的位置和姿

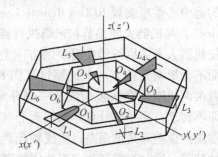

图 8-11　柔性腕力传感器原理

态。内环的运动将引起弹簧变形，由于弹簧变形与作用力是线性关系，因此可通过位置和姿态解算出内环上所受力和力矩的大小，从而完成柔性腕力传感器的姿态和力/力矩的同时测量。

3. 工件识别传感器

工件识别的方法有接触识别、采样式测量、邻近探测、距离测量、机械视觉识别等。接触识别是在一个点或几个点上接触以测力，精度不高。采样式测量是在一定范围内连续测量，如某一目标的位置、方向和状态，以及装配过程中的力和扭矩。邻近探测可采用气动、声学、电磁和光学等原理，安装在机器人的抓钳内侧，探测（非接触式）抓取目标是否存在，以及方向、位置是否正确。距离测量就是非接触式测量某一目标到某一基准点的距离，

例如装在抓钳内的超声波传感器即可进行测量。机械视觉识别方法可以测量某一目标相对于一基准点的位置、方向和距离。

4. 装配机器人视觉传感器

装配机器人中机器人视觉传感系统可以解决零件平面测量、字符识别（文字、条码、符号等）、完善性检测、表面检测（裂纹、刻痕、纹理）和三维测量。系统通过图像和距离等传感器来获取环境对象的图像、颜色和距离等信息，传递给图像处理器，利用计算机从二维图像中理解和构造出三维世界的真实模型。摄像机获取环境对象的图像经 A－D 转换，一幅图像划分 512×512 或 256×256 点，各点亮度用 8 位二进制表示，可分为 256 个灰度；由距离传感器得到物体的空间位置和方位；通过彩色滤光片得到颜色信息。这些信息处理后的结果再输出到机器人，以控制机器人的动作。作为机器人的眼睛，机器人视觉系统还应具有调节焦距、光圈、放大倍数和摄像机角度的装置。

Consight－Ⅰ视觉系统如图 8-12 所示，用于美国通用汽车公司的制造装置中，能在噪声环境下利用视觉识别抓取工件。该系统为了从零件获得准确、稳定的识别信息，巧妙地设置照明光，从倾斜方向向传送带发送两条窄缝隙光，用安装在传送带上方的固态线性传感器摄取图像，且预先调整两条缝隙光刚好重合在传送带上。当传送带上没有零件时，缝隙光合成一条线，当零件通过时，缝隙光变成两条线。两条缝隙光开始分离之处正好是零件的边界，光线分开的距离同零件的厚度成正比，所以利用零

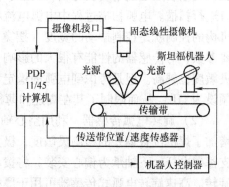

图 8-12　Consight－Ⅰ视觉系统

件在传感器下通过的时间就可以取出准确的边界信息。主计算机可处理装在机器人工作位置上方的固态线性阵列摄像机所检测的工件，传送带的速度信息也送到计算机处理。当工件从视觉系统位置移动到机器人工作位置时，计算机利用视觉和速度数据确定工件的位置、取向和形状，并将信息送到机器人控制器。因此机器人能成功接近和拾取在传送带上移动的工件。

5. 多传感器信息融合装配机器人

自动生产线上被装工件的初始位置时刻在运动，属于环境不确定情况。机器人进行工件抓取或装配时只用力和位置混合控制是不行的，一般要使用力、位置反馈和视觉融合的控制。多传感器信息融合装配系统由末端执行器、CCD 视觉传感器和超声波传感器、柔性腕力传感器及相应的信号处理单元等构成。视觉传感器装在末端执行器上，形成手眼视觉。超声波传感器发射和接收头也固定在末端执行器上，由视觉信息引导对待测点的深度进行测量，获取物体深度（高度）信息，或沿工件待测面移动、扫描以获得工件的边缘或外形。因为对于二维图像相同而仅高度略有差异的工件，只用视觉信息不能正确识别。柔性腕力传感器安装于机器人的腕部，测试末端执行器所受力/力矩的大小和方向，从而确定末端执行器的方向。

8.2.2　焊接机器人传感器系统

焊接机器人传感器必须精确地检测出焊缝（坡口）的位置和形状信息。用于电弧焊接

的传感器必须具有很强的抗干扰能力。弧焊用传感器可分为直接电弧式、接触式和非接触式三大类。在日本及欧洲的一些发达国家，焊接用传感器80%用于焊缝跟踪。

1. 电弧传感系统

当电弧位置变化时，电弧自身电参数相应发生变化，电弧传感器通过测量电弧电参数的变化来获取焊枪和焊缝间的相互位置偏差，实现高低和水平两个方向的跟踪控制。目前广泛采用测量焊接电流、电弧电压和送丝速度来计算工件与焊丝的距离，并实现焊缝跟踪。电弧传感器结构简单、响应速度快，主要用于对称侧壁的坡口（如V形坡口），而对于无对称侧壁或无侧壁的接头形式，如搭接接头、不开坡口的对接接头，现有的电弧传感器则不能识别。

（1）摆动电弧传感器　摆动电弧传感器系统由电弧、摆动机构和焊接电源组成。摆动机构的摆动是通过电动机连续不断正、反转来实现的。摆动机构带动焊炬摆动，使电弧对坡口进行扫描。电弧扫描过程中电弧电流和电压的变化取决于电弧特性和电源的特性。对摆动机构的控制就是控制摆动的宽度（摆宽）和频率（摆频）。摆宽和摆频作为电弧传感器的重要参数，对传感器的性能有很大的影响。摆频主要决定于电动机的转速，摆频越高传感器的灵敏度也越高。但是考虑到电弧的稳定和实际机构的限制，摆频不可能很高，摆动机构的摆频设为1Hz，从而限制了其在高速和薄板搭接接头焊接中的应用。

（2）旋转电弧传感器　利用空心轴电动机驱动电极（导电杆）、焊丝及焊弧高速旋转，增加了焊枪位置偏差的检测灵敏度，极大地改善了跟踪的精度。空心轴电动机通过上下轴承支撑导电杆，下轴承为偏心安装，将拨动导电杆带动焊丝、焊弧以圆锥形绕电动机轴线摆动旋转。高速旋转电弧式传感器可用于厚板间隙及角接焊缝的跟踪。

在焊接机器人第六个关节上安装一个焊炬夹持件，将原来的焊炬卸下，把旋转电弧传感器安装在焊炬夹持件上。焊缝纠偏系统如图8-13所示，高速旋转电弧式传感器的安装姿态与原来焊炬姿态一样，即焊丝端点的参考点的位置及角度保持不变。

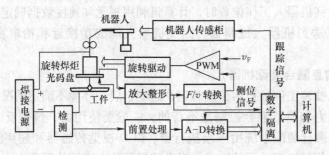

图8-13　焊缝纠偏系统

2. 超声传感跟踪系统

超声传感跟踪系统所用超声波传感器分为接触式和非接触式两种类型。

（1）接触式超声波传感跟踪系统　将两个超声波斜探头等距离置于焊缝两侧，发出同样的超声波，根据接收超声波的声程来控制焊接熔深；比较两个超声波的回波信号，确定焊缝偏离的方向和大小。

（2）非接触式超声波传感跟踪系统　非接触式超声波传感器分为聚焦式和非聚焦式，两种传感器的焊缝识别方法不同。

1）非聚焦超声波传感器：它要求焊接工件能在45°方向反射回波，超声波波束能够覆盖焊缝偏差范围，适于V形坡口和搭接接头焊缝。P－50机器人焊缝跟踪装置如图8-14所示，超声波传感器位于焊枪前面的焊缝上面，沿垂直于焊缝的轴线旋转，超声波传感器始终与工件成45°，旋转轴的中心线与超声波中心线交于工件表面。

2）聚焦超声波传感器：它将波束聚焦在工件表面，采用扫描焊缝的方法检测焊缝偏差，波束越小检测精度越高。通过超声波传感器发射和接收的声程时间，实现焊炬到工件高度的检测。焊缝左右偏差的检测通常采用寻棱边法。假设传感器从左向右扫描，在焊缝坡口左右工件表面上，传感器可正常接收到回波，从而得到一系列相等的高度信号，

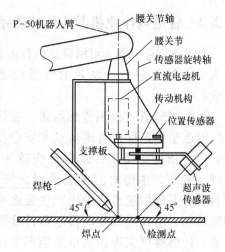

图8-14　P－50机器人焊缝跟踪装置

这些信号不超过高度偏差。当传感器扫描到焊缝坡口处，经V形坡口斜面反射的回波全部或大部分不能到达传感器，则传感器检测不到高度信号，或检测到的信号超出高度偏差。一旦检测到的信号超出高度偏差，说明已扫描到坡口边缘，可连续测量多个这样的点，以确定坡口的棱边。根据坡口棱边以外左右两边测量点数的差便可算出焊炬的横向偏差的方向和大小。

3. 视觉跟踪系统

在弧焊过程中，由于存在弧光、电弧热、飞溅以及烟雾等多种强烈干扰，因此首要问题是选择何种传感方法。在焊接机器人中，根据实用的光源不同，视觉方法可分为被动视觉和主动视觉两种。

（1）被动视觉　摄像机利用弧光或普通光源，电弧本身就是监测位置，对于焊接质量自适应控制非常有利，但易受电弧严重干扰，较难获取接头的三维信息，也不能用于埋弧焊。

（2）主动视觉　一般采用单面或多面的激光或扫描的激光，分别称为结构光视觉法和激光扫描法。光源能量比电弧能量小，把传感器放在焊枪的前面以避开弧光直射干扰。光源是可控的，可滤除环境干扰，真实性好。

在焊接自动化领域中，在获取与焊接熔池有关的状态信息时，一般采用单摄像机；在检测接头位置和尺寸等三维信息时，一般采用激光扫描或结构光视觉法。

1）结构光视觉传感器　结构光视觉传感器存在的问题是：当结构光照射在经过钢丝刷去氧化膜或磨削过的铝板或其他金属板表面时，会产生强烈的二次反射，这些光也成像在传感器上，往往会使后续处理失败。另一问题是投射光纹的光强分布不均匀，会使精度降低。

2）激光扫描视觉传感器。目前用于激光扫描三角测量的敏感器件主要有二维面型PSD、线型PSD和CCD。典型的激光扫描和CCD器件组成的视觉传感器结构原理如图8-15所示。它采用转镜进行扫描，扫描速度较高。通过测量电动机转角，增加了一维信息，可以测出接头的轮廓尺寸。

8.2.3 管道内作业机器人传感器系统

管道内作业机器人可沿管道内行走，在操作人员遥控下进行一系列的管道检测维修作业。

（1）煤气管道检测传感系统 在线检测煤气管道壁厚是保证管道质量和安全技术状况评价的依据。煤气管道多为铁磁性材料，且埋于地下，主要检测方法是漏磁探测法。其传感器采用恒定直流励磁产生强度可调的激励磁场，用高灵敏度的霍尔器件检测漏磁信息。传感器可实现径向自适应调节以应用于不同直径的煤气管道。

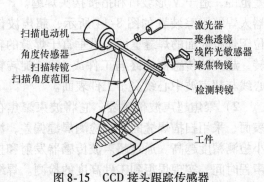

图 8-15 CCD 接头跟踪传感器

（2）石油管道检测传感技术 石油管道的受蚀缺陷主要是管壁变薄，用超声波探测石油管道壁厚最为简便和直接。

超声波检测方式分静态检测和动态检测。静态检测是指在机器人内部设有摆锤及自动调节机构，以免机器人在行进中发生自身偏转，同时各个超声波探头直接向管壁发射宽频超声波，并直接接收反射波。目前广泛采用的多元蜂窝式检测头，最多可载 500 多个超声波探头。而动态检测的探头盘安装若干个超声波探头，在石油管道内随石油的流动做旋转探测。相比较而言，动态检测成本低、检测全面、易于采用。

（3）污水管道机器人传感技术 德国 SAM 多传感器融合管道机器人平台包括一个商业闭环控制电视摄像机系统和各种单个或阵列安装的传感器。3D 结构光传感器实现管道内壁表面的三维检测，对管道机器人进行定位和表面缺陷检测。微波传感器具有穿透性，可绕管道轴线旋转，用于对管道四周泥土状态的检测。空气超声波传感器可对管道内壁缺陷和裂纹进行扫描；液体超声波传感器可在管道下面有水时，检测管道壁厚。放射传感器是使用中子和 γ 射线探针，通过地下水观测井和地上凿洞，检测地下泥土密度和湿度，判断地下管道裂纹的位置和大小。地电传感器用于检测泄漏点的位置，垂于管道的电流探针通过泄露点时电流会增大。水化学传感器用于高精度探测污水渗透。

8.3 移动机器人传感器

8.3.1 移动机器人实时避障传感器

移动机器人实时避障传感器主要为系统提供两种信息：机器人附近障碍物是否存在及障碍物到机器人的距离。近年来，应用的传感器一般分为无源式和有源式两大类。

（1）无源式传感器 无源式传感器包括触觉传感器和视觉传感器。

1）触觉传感器常常包含许多敏感元件，并以阵列形式排列，可以产生触觉图像，尤其在黑暗处或视觉传感器无法获取信息的条件下，触觉功能能起到视觉信息感知的能力。触觉传感器一般都安装在手爪、足、关节等主要操作部位。触觉传感器用于多关节机器人避障系统中的主要缺陷是：信号滞后，难以实现实时避障；工作过程中机器人系统容易损坏。

2）视觉传感器还不能达到人类视觉的功能，仅限于完成特殊作业所需要的功能。在CCD、MOS 和 SSPA 三种固态视觉传感器中，移动机器人避障系统多采用 CCD 摄像机。CCD 视觉传感器在避障中受光线条件和工作范围限制，驱动电路复杂、价格昂贵、控制信号实时性差。

（2）有源式传感器　有源传感器分电容式、电涡流式、超声波式和红外式等。

1）电容式传感器检测避障物性能稳定、可靠和耐用。由于传感器分辨率低，不能分辨物体的维数，机器人处理时必须假设障碍物非常大（10 倍以上），大大限制了手臂运作的空间。

2）电涡流式传感器尺寸较小，可靠性较高，价格较便宜，既可以作为接近觉传感器检测障碍物的存在和距离，又可以间接检测力、力矩或压力，测量精度较高，能检测 0.02mm 的微量位移，具有方向性。但传感器的测量范围小（≤13mm），且仅适于固态导体障碍物的检测。

3）超声波式传感器的信息处理简单、快速并且价格低，被广泛用在机器人测距、定位及环境建模等任务中。对于稍大的扁平障碍物可能发生镜面反射，使超声波式传感器接收不到反射信号，检测不到该障碍。超声波单探头的发射和接收不能同步，存在时间差，对于较近距离（小于 30cm 左右）的障碍物就检测不到，测量盲区较大。超声波探测波束角过大，方向性差，往往只能获得距离信息，不能提供目标的边界信息。由于超声波受环境温度、湿度等影响及其固有的宽波束角，测量误差较大。实用中往往采用其他传感器来补偿，或采用多传感器融合技术提高检测精度。

4）红外式传感器常用于机器人避障系统中，构成大面积"敏感皮肤"覆盖在机器人手臂表面，可以检测机器人手臂运行过程中的各种物体。红外式传感器不受电磁波、非噪声源的干扰，可昼夜测量。测量距离较近，大致 30cm 以内。

8.3.2 移动机器人导航系统

1. 移动机器人的导航方式

导航与定位是移动机器人的重要问题。移动机器人的导航方式可分为电磁导航、惯性导航、地图模型导航、路标导航、视觉导航、味觉导航、声音导航及 GPS 导航等。

1）地图模型导航是在机器人内部存有关于环境的完整信息，在预先规划出的一条全局路线的基础上采用路径跟踪和避障技术，实现机器人导航。

2）路标导航是在机器人对周围环境不完全了解时采用的。在移动机器人工作环境内人为设置一些坐标已知的路标，机器人通过对路标的探测来确定自己的位置，并将全局路线分解成路标与路标之间的片断，再通过一连串路标探测和路标制导来完成导航任务。在环境信息完全未知的情况下，将环境具有明显特征的景物存储在机器人内部，机器人通过对周围环境的探测来实现导航。当环境相对规整时，可在路面或路边画一条明显的路径标识线，机器人在行走过程中不断对标志线探测并调整行进路线与标志线的误差，当遇到障碍时或是停下等待，或是绕开，避障后再根据标志线的指引回到原来的路线上去，最终达到指定的目的地。

3）视觉导航方式中，目前国内外应用最多的是车载摄像机的局部视觉导航方式。利用车载摄像机将机器人的三维运动描述和景物的形状描述用于解决机器人导航问题，可靠性较高，但信息处理量大，实时性有待提高。

4）惯性导航是在移动机器人车轮上安装光电编码器，通过对车轮的记录粗略地确定位置或姿态，或对角速率陀螺和加速度传感器的信号进行积分获得位置和姿态，但存在累积误差。

5）声音导航用于物体超出视野之外或光线很暗时，利用声音的无方向性和时间分辨率高等优点，采用最大似然法、时空梯度法和 MUSIC 法等实现机器人的定位。

6）电磁导航就是在路径上连续埋设多条引导电缆，分别流过不同频率的电流，通过感应线圈对电流的检测来感知路径信息。

7）味觉导航多采用在机器人的起点与目标点之间用特殊的化学药品引出一条无碰气味路径，通过化学传感器感知气味，如用于空气污染源和化学药品泄漏源检测等。

8）GPS 导航，机器人上可安装 3 根或更多的天线。两根天线相对 GPS 卫星的距离差可通过测量每根天线到卫星的载波相位差计算得到。

2. 提高导航传感器精度的方法

基于多传感器数据融合技术的导航方法在移动机器人中得到广泛应用，使得到的环境信息具有冗余性、互补性、实时性和低成本的特点，同时还可以避免摄像机系统中巨大的数据处理量。多传感器融合导航示意图如图 8-16 所示。近年来，用于多传感器融合的计算智能方法主要包括模糊集合理论、神经网络、粗集理论、小波分析理论和支持向量机等。

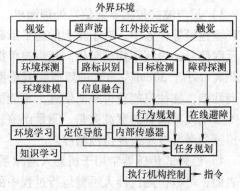

图 8-16　多传感器融合导航示意图

8.3.3　移动机器人传感系统举例

CLIMBER 移动机器人是中科院沈阳自动化研究所研制的基于非结构环境的移动机器人，可以在高低不平、有障碍物及楼梯等复杂多变的环境使用。机器人移动机构由轮、腿、履带复合构成具有翻越障碍和楼梯、跨越壕沟、在倾斜面上行走、倾倒自行复位的功能。

CLIMBER 移动机器人的传感系统包括环绕在车体四周的 11 个超声波传感器、7 个红外传感器、1 个摄像头及 1 个电子罗盘。超声波和红外传感器用于采集车体附近的障碍物距离信息；摄像头具有大范围俯仰和侧摆能力，用于机器人寻找、定位目标；电子罗盘用于感知机器人的航向和位姿。PC104 计算机，1 台为机器人主控计算机，另一台负责传感器信息采集处理。

8.4　飞行机器人传感器

8.4.1　飞行机器人姿态传感器

水平姿态在飞行机器人中起着关键作用。姿态传感器用于控制机器人在三维空间的姿态，其性能因采用的原理和结构不同而存在很大差异。

1. 气流式水平姿态传感器

飞行机器人用水平姿态传感器原理上可分固体摆式、液体摆式和气体摆式三种。固体摆式和液体摆式水平姿态传感器作长时间静态测量具有较高精度，但在动态情况下，会对倾斜以外的加速度敏感，如旋转时的离心加速度、速度变化时的移动加速度以及振动加速度等，这些外界加速度的干扰会引起测量误差。气体摆式水平姿态传感器敏感质量小，因此具有响应时间短、温度性能好、过载能力强、成本低等特点。

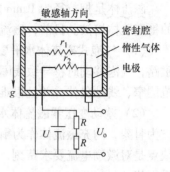

图 8-17 气体摆式水平姿态
传感器结构

气体摆式水平姿态传感器的结构如图 8-17 所示，敏感元件内腔密封惰性气体或干燥空气，有两根热线。热线通电后周围温度升高，密度降低，在重力作用下热气体垂直向上流动，形成自然对流。当传感器倾斜时，热气流仍保持垂直向上，与传感器的基准面形成一个角度。图中，两根热线在一水平面上平行布置，飞行机器人处于水平姿态时两热线电阻相等（$r_1 = r_2$），电桥平衡。传感器倾斜时，两热线不在一个水平面，下面的热线对上面的加热，两热线温度不同则其电阻不相等，电桥输出电压与倾角呈线性关系。

气体摆式水平姿态传感器在动态时也会受外界加速度影响造成检测误差。如图 8-18 所示，由一个气体摆式水平姿态传感器和一个压电射流陀螺组成的气流式水平姿态传感器可以消除干扰加速度的影响。

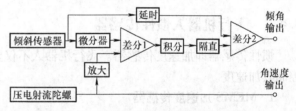

图 8-18 气流式水平姿态传感器功能图

2. 压电谐振式水平姿态传感器

压电谐振式水平姿态传感器原理结构如图 8-19 所示，性能参数相同的两石英晶体对称地安装在质量块（m）和传感器底座 M 之间，并各自组成振荡器。当载体与传感器处于水平状态时，如图 8-19a 所示，两石英晶体受重力（mg）相同；当载体偏转一个角度 φ 时，如图 8-19b 所示，两石英晶体受重力（mg）作用的大小和方向都发生不同的变化，因而两谐振器频率也发生不同的变化。两谐振器频率变化的差值可与偏转角度 φ 成对应关系。

为使传感器整体性能稳定，压电谐振传感器采用差动调理电路，如图 8-20 所示，工作

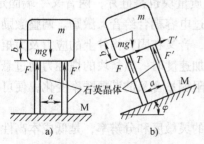

图 8-19 压电谐振式水平
姿态传感器原理结构

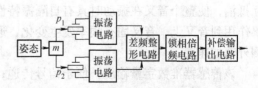

图 8-20 压电谐振传感器差动调理电路

时，两个晶体片 P_1、P_2 一个受到压应力，另一个则受到拉应力，因此构成差动输出。差动输出不仅使灵敏度提高一倍，还可抑制老化及温度等引起的频率漂移的影响。

3. 磁流体式水平姿态传感器

磁流体是把粒径为 10nm 左右的强磁性材料粉末经表面活化处理后，在液体中高度弥散的稳定胶体熔液。目前，磁流体式水平姿态传感器有气泡式和差动变压器式两种。

（1）气泡式磁流体水平姿态传感器　以磁流体代替气泡水平仪中的液体，作为线圈的磁路，气泡移动时将导致线圈电感量的变化。此结构的灵敏度和响应速度都很好，只是测量范围窄、线性欠佳，并且很难进行二维水平度的测量。

（2）差动变压器磁流体水平姿态传感器　依据差动变压器原理，用石英管或铝/硅玻璃作为骨架，内充磁流体作为衔铁，外绕一次和二次绕组构成。差动变压器磁流体水平传感器缺点是对激励电流要求苛刻，不仅电压要高（1~3V），且稳定性要好；输出模拟信号，易受干扰。

（3）频率输出磁流体式水平姿态传感器　采用灯工法将三个等长的熔融石英管或铝/硅玻璃管连通成 120°，管内充入铁氧体磁流体并密封，每支管分别绕上线圈并构成振荡电路。当传感器发生倾斜时，磁流体在每支管内流动，各管路线圈电感随倾斜角改变。输出波形为正弦波。

8.4.2　飞行机器人惯性传感器

惯性传感器即加速度传感器。飞行机器人不仅要控制系统和关节的位置与姿态，而且需控制其加速度。

1. MEMS 加速度传感器

微加工技术（MEMS）传感器已广泛应用，例如微电容式加速度传感器、微电阻（硅压敏电阻）加速度传感器等都是将硅材料经立体加工形成弹性梁。

（1）微热电偶式加速度传感器　这种传感器多应用于低成本领域，既可测量动态加速度，也可测量静态加速度。其结构和原理是：热源位于硅片的中央，硅片悬在空穴中间，四周均匀分布热电偶堆（铝/多晶硅），热电偶堆分两路输出，一路测量 X 轴加速度，另一路测量 Y 轴加速度；无加速度时，温度分布均匀，两路输出相同，任何方向的加速度都会打破温度分布平衡，热电偶输出电压差与加速度成正比例。

（2）微谐振式加速度传感器　传感器的敏感元件是音叉，转换元件是扩散在音叉臂上的压敏电阻，弹性元件是在硅片上制作的两个悬臂梁，质量块也是硅片，两音叉一端固定，另一端分别与两硅梁固定。音叉臂两侧为硅片极板，通过电容耦合给音叉激励。调整激励电压频率可使音叉谐振。两音叉振动频率相同、方向相反，音叉在固定构件上的应力及力矩相互抵消，使整个音叉在振动时具有自隔振特性。当发生加速度时，质量块的惯性力通过悬臂梁作用到音叉上，音叉固有频率发生变化，通过压敏电阻测量音叉的谐振频率变化，便可检测外部加速度。

该传感器准数字量输出，便于信号传递；具有很高的灵敏度和分辨率，是低成本高性能传感器的突出代表。

（3）激光波导加速度传感器　原理上，传感器由 4 个波导、1 个分束器、1 个硅片制作的悬臂梁和质量块（弹簧质量系统）、2 个光探测器组成。光经波导 1 射到分束器，分为透射光和反射光。反射光通过波导4由光探测器2检测，输出为参考信号。透射光通过波导2与波导3经一微小空气间隙耦合。光束经波导3后由光探测器1检测。波导2附在悬臂梁和质量块上方。加速度为零时，波导2与波导3端面正对，光探测器1接收光信号最强。当发生加速度时，因质量块惯性作用，波导2相对于波导3断面产生微小位移，位移量的大小是加速度的函数。因位移很小，可近似认为进入波导3的光的入射角不变，仅光耦合面积减小，通过波导3的光强发生变化。由光探测器1的输出可得相应的加速度值。

2. 陀螺仪

陀螺仪是重要的惯性测量元件。陀螺仪的种类很多，按用途来分，可以分为传感陀螺仪和指示陀螺仪；按照原理来分，可分为压电陀螺仪、机械陀螺仪、光纤陀螺仪和激光陀螺仪。

（1）机械陀螺仪　3自由度陀螺仪的原理结构如图8-21所示，它由陀螺转子、内环、外环和基座（壳体）组成。如果去掉外环，剩余部分就是一个2自由度的陀螺仪。陀螺仪有3根在空间相互垂直的轴。自转轴支撑在内环上，转子由电动机驱动绕自传轴高速旋转。内环轴支撑在外环上，内环带动转子可绕内环轴相对外环自由旋转。外环轴支撑在壳体上，外环可绕轴相对壳体自由旋转。3个轴在空间交于一点，称为陀螺的支点。内、外环构成陀螺的"万向支架"，使陀螺转子轴在空间具有两个自由度。可见，整个陀螺可以绕着

图8-21　陀螺仪原理结构

支点做任意方向的转动，陀螺仪可绕3轴自由转动，即具有3个自由度。将陀螺仪的底座固连在飞行器上，转子轴提供惯性空间的给定方向。若初时转子轴水平放置并指向仪表的零方位，则当飞行器绕铅直轴转弯时，仪表就相对转子轴转动，从而能给出转弯的角度和航向的指示。由于摩擦及其他干扰，转子轴会逐渐偏离原始方向，因此每隔一段时间（如15min）须对照精密罗盘作一次人工调整。

（2）光纤陀螺仪　光纤陀螺仪的工作原理是基于萨格纳克（Sagnac）效应。萨格纳克效应是说：在旋转的闭合光路中以相反方向传播的两束光，最后汇合到同一探测点时，两束光会发生干涉，引起干涉的光程差与旋转的角速度成正比。因而只要知道了光程差及与之相应的相位差的信息，即可得到旋转角速度。图8-22所示是一种光纤陀螺仪。

可以说光纤陀螺仪是以光导纤维线圈为基础的敏感元件，由激光二极管发射出的光线朝两个方向沿光导纤维传播。利用干涉测量技术的称为干涉式光纤陀螺仪（I-FOG）。通过调整光纤环路

图8-22　光纤陀螺仪

的光的谐振频率进而测量的称为谐振式光纤陀螺仪（R-FOG）。干涉式光纤陀螺仪在实现干涉时的光程差小，所要求的光源可以有较大的频谱宽度；而谐振式光纤陀螺仪的光程差较大，要求光源必须有很好的单色性，激光二极管光源难以达到要求。

光纤陀螺仪的优点是寿命长、动态范围大、起动快、结构简单、尺寸小及重量轻。

8.4.3 天线伺服跟踪系统

对无人飞行器的超视距遥控和监视主要是通过地面站以无线通信方式来完成的。无线电磁波依靠天线发射和接收。为了确保地面站天线始终对准远离地球的飞行器，因此地面站必须有一套可靠的自动跟踪系统。

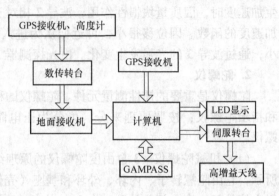

图 8-23　天线伺服跟踪系统硬件结构

天线伺服跟踪系统硬件结构原理如图8-23 所示。该系统采用两个差分 GPS 接收机进行跟踪定位。其中一个装在飞行器上面，对飞行器的位置进行报道；另一个放在天线的固定支架上，测出天线所在位置的经纬度和高度。机载 GPS 接收机的数据通过数传转台发送到地面，经过地面接收机与计算机的串行口相连，提取接收机传来的经纬度和高度信息，解算出天线的旋转角度和俯仰角度，确定天线的初始旋转位置。然后在 LED 上显示出来，并驱动步进电动机去控制转台。转台有 2 个自由度。一级转台的轴线垂直于地面，主要由来自 GPS 的经纬度信号控制转台的旋转；二级转台的轴线平行于地面，主要由来自 GPS 和高度计经纠正后的高度信号控制天线的俯仰。

8.5　水下机器人传感器

除导航仪器外，水下机器人用得最多的传感仪器有两类：低照度水下电视和各种声呐设备。水下微光电视的视距，清水时最大 10m 左右，浊水时不足 1m。水声则被证明为水下唯一可进行远距离传输的信息载体。

8.5.1　声呐传感系统

1. 声呐传感系统的感念

声呐（sonar）是声音（sound）、导航（navigation）、搜索（ranging）三词的缩写，现在已扩展为利用水下声波判断水下物体的存在、位置及属性的方法和设备。声呐传感系统一般是由发射机、换能器（水听器）、接收机、显示器和控制器等组成。声呐可按多种方法分类，其中主要一种是分为主动声呐和被动声呐。

（1）主动声呐　主动声呐就是用换能器向海域发射声波，然后接收由目标物反射回的声波。与被动声呐相比，它是一种积极地搜索方法，不依赖于目标的行动方式是否暴露。在发射和接收时，使换能器保持在同一方位上，就是说回波只有"在波束内"才能收到。所以，换能器指向表明引起回波的目标方位，用测量发射和接收脉冲的时间间隔可得目标的距离。另外，主动声呐还可利用多普勒效应，根据回波频率的变化清楚地表明目标物的位变率和距变率。但是，主动声呐比被动声呐探测距离短得多（1∶5），对目标物分类比较困难，同时还成为声呐的信标。因此，大多数情况下潜艇是不用主动声呐的。主动声呐可作为攻击潜艇的工作方式，而不是反潜屏障。

（2）被动声呐 被动声呐就是用换能器接收目标物发出的噪声信号。被动声呐的优点恰是主动声呐的缺点，因此总是作为潜艇上的主要工作方式，或仅使用主动声呐的接收部分。

2. 典型的声纳传感系统

（1）CSU-3 声呐系统 德国阿特拉斯 CSU-3 声呐系统安装在执行超远距离航行使命的常规舰上。该系统有以下几种工作方式：

1）远距离被动工作方式，用来探测、鉴别和测定方位；

2）侦查工作方式，用来在很宽频带上探测、鉴别和测定敌方声呐脉冲信号；

3）中程主动工作方式，用在特殊战术情况下，探测目标距离和方位；

4）水下通信，用来与其他船只互相通信及监视敌方水下通信。

CSU-3 声呐系统由圆柱形发射阵、圆柱形接收阵、侦查阵、发/收机柜、电子机柜以及操纵台组成。系统的连接如图 8-24 所示。

（2）美国 PADD 便携式多普勒声呐系统 该系统主要是用来监视水下的特殊设备，如停泊的船只、油井、钻探设备和沿海石油设备等，或者用来在河流中间设置声学障碍（声学探测网）。因用量大，要求简易可靠、成本低、操作简便。如图 8-25 所示，系统由运动目标、浮标和岸上监视室组成。浮标由遥控传感器、一个小型电子装置及电源组成。遥控传感器包括两个安装在圆筒形浮标两头的水平全向换能器组成。系统配置特点如下：

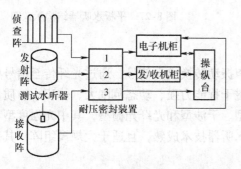

图 8-24 CSU-3 声呐传感系统框图

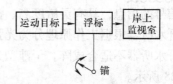

图 8-25 遥控传感系统

1）采用隐蔽性较好的遥控多普勒声呐系统，可锚于海底或悬挂在被保护的设备旁边；

2）能探测从各方来的目标而不必采用多波束；

3）可把自动报警信号输送至耳机和扬声器，以便工作人员对目标进行监听和识别；

4）系统装有特殊设备，可保证一旦特定目标接近时才触发继电器。

8.5.2 水声换能器

水声换能器是实现水中目标探测、跟踪、识别与定位的重要组成部分。为提高探测能力，必须降低频率、拓展带宽、提高发射功率和接收灵敏度，并要减小体积和质量。

1. PVDF 水听器

（1）圆柱形 PVDF 水听器 其结构如图 8-26 所示，主要由背衬、PVDF 薄膜、前置放大器、橡胶垫圈、支架、端盖等组成。PVDF 薄膜粘贴于管形有机材料背衬内侧，电极通过粘接引线引出，阳极到内置放大器的输入端；铝支架、端盖以及薄膜阴极与放大器的地线连接，形成屏蔽；前置放大器的输出信号通过电缆引出。

（2）大面积平板PVDF水听器　它能使流噪声非相干抵消，面积越大，抵消作用也越大。PVDF柔软，刚度不足，通常将其粘接在加强板上。平板水听器结构示意如图8-27所示。PVDF层由两片PVDF膜粘贴而成，两片膜的拉伸方向相互垂直或平行，垂直复合时可减小横向膜，使端射影响降低；平行复合时，与拉伸垂直的方向灵敏度低，流噪声场沿该方向将受到抑制。加强板通常用金属板、塑料板或纤维加强的复合板。密封层通常用聚氨酯橡胶，利用密封材料的高阻尼性质，可使水听器接收电压响应变得平坦。加强边框用来增加水听器的整体刚度，并有抑制横向膜的作用。

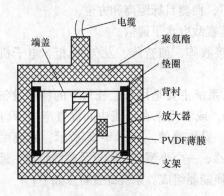

图8-26　圆柱形水听器的结构

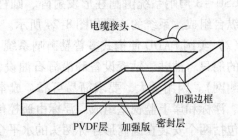

图8-27　平板水听器结构示意图

2. 光纤水听器

光纤水听器以光纤为敏感元件，将水声振动转换成光信号，通过光纤传至信号处理系统提取声信号的信息，具有灵敏度高、抗电磁干扰能力强、动态范围大、体积小、质量轻等优点。光纤水听器根据工作原理分为光强度型、干涉型和光纤光栅型，其中光强度型和光纤光栅型光纤水听器不适合成阵。干涉型光纤水听器技术成熟，且适于大规模组阵，其基本原理如图8-28所示。

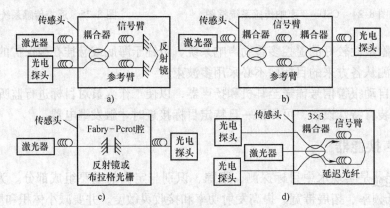

图8-28　各种干涉型光纤水听器原理

图8-28a所示为Michelson干涉型光纤水听器的原理图，由激光器发出的激光经3dB光纤耦合器分为两路：一路构成光纤干涉仪的传感臂，接受声波的调制；另一路则构成参考

臂，提供参考相位。两束光信号经后端反射膜反射后返回光纤耦合器，发生干涉。干涉的光信号经光电探测器转换为电信号，经信号处理获取声波的信息。

图 8-28b 所示为 Miche – Zehnder 干涉型光纤水听器的原理图，由激光器发出的光经 3dB 光纤定向耦合器，分别经过信号臂和参考臂，再由另一定向耦合器合束发生干涉，经光电探测器转换后拾取声信号。

图 8-28c 所示为 Fabry – Perot 干涉型光纤水听器的原理图，由两个反射镜或一个光纤布拉格光栅构成 Fabry – Perot 干涉仪，激光经过该干涉仪时来回多次反射形成多光束干涉，解调干涉信号得到声信号。该水听器灵敏度非常高，但动态范围小。

图 8-28d 所示为 Sagnac 干涉型光纤水听器的原理图，其核心是由一个 3×3 光纤耦合器构成的 Sagnac 光纤环，顺时针或逆时针传播的激光经信号臂时对称性被破坏，形成相位差，返回耦合器时干涉，解调干涉信号得到声信号。

8.5.3　超短基线定位系统

1. 水下定位方法

缆控水下机器人（ROV）的水下定位方法有三种：锚定法、主从手定位法和超短基线定位法。锚定法不需要动力、精度不高、抗流能力不强，水下机器人作业范围受到限制。主从手定位法要求机器人有两只机械手，主手负责水下作业，从手抓持水下某固定目标，从手上装有位置及姿态传感器，可获得水下机器人与固定目标的相对位置，从而保持其位置不变。这种动力定位精度高，但对水下作业环境要求较高。超短基线作为位置传感器，与深度计、罗盘等姿态传感器组成组合导航系统。超短基线定位系统为水下机器人提供位置数据（x、y、z、θ），深度和方位由深度传感器和罗盘获得，实现动力定位，与主从手定位法相比，这种定位方法精度略低，但机动范围较大，可以适应深海复杂的作业环境，是目前普遍采用的一种水下动力定位方法。

2. 超短基线定位法

超短基线定位系统由发射基阵、应答器、接收基阵组成。收发基阵安装在同一探头上，应答器固定在水下拖体（如缆控水下机器人 ROV）上。超短基线定位系统的接收基阵由至少 3 个水听器安装在一个几厘米的基座上构成。由水下声源发来的声脉冲到达基阵中每个水听器的相位是不同的，检测这个相位差，经过变换和计算就能得出声源的位置。

应用超短基线进行 ROV 动力定位原理如图 8-29 所示。信标安装在 ROV 载体上，由水声接收基阵发射声询问信号，信标接收到询问信号经过一个固定时间延时（30ms）返回应答信号。通过测量声波在水中的传播时间计算出 ROV 和母船间的斜距，同时测量接收基阵各个水听器间的相位差，可计算出水下机器人相对于母船的位置坐标。

一般情况下，即使是具有动力定位能力的母船，在恶劣的海况下，其位置漂移量也是很大的。如果单靠母船实现 ROV 动力定位，母船的漂移必然影响 ROV 的定位精度。解决办法是在海底投放一个固定信标作为参考点，首先测得母船与参考信标的相对位置，然后再测出 ROV 与母船的相对位置，以此计算出 ROV 相对于参考信标的位置

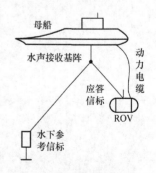

图 8-29　ROV 动力定位原理

参数。

　　水声接收基阵安装在母船上，由于超短基线基阵的尺寸很小，所以母船的纵倾和横摇对系统的定位精度会产生很大影响。因此，在实际应用时需要在水声接收基阵上安装姿态传感器及运动参考单元。其中姿态传感器对接收基阵进行静态校正，使之更接近理想的水平状态。运动参考单元提供母船的纵倾和横摇的加速度信息，可对母船的晃动及时进行补偿。

思考与练习

8-1　说明机器人内部传感器的主要类型和作用。

8-2　说明机器人外部传感器的作用和种类。

8-3　说明机器人手爪传感器的主要种类。

8-4　说明装配机器人位姿传感器的作用。

8-5　举例说明超声波焊缝跟踪方法。

8-6　举例说明检测污水管道壁厚的方法。

8-7　说明移动机器人有源式避障传感器的类型。

8-8　说明移动机器人导航的方式。

8-9　飞行机器人水平姿态传感器有哪些？

8-10　飞行机器人加速度传感器有哪些类型？

8-11　说明机械陀螺仪的结构原理。

8-12　什么是声呐？说明声呐系统的组成。

8-13　说明超短基线定位系统的组成。

第 9 章

汽车传感器

随着对汽车行驶状态的全面监控、舒适性要求的提高、废气排放标准的制约以及微电子技术的发展，汽车电子化已成为现实。而传感器则是实现汽车电子化的机电接口。现代汽车中几乎应用了所有类型的传感器。在电子喷射控制等方面还应用着多传感器技术。

9.1 汽车传感器的种类与特点

1. 汽车传感器的工作环境

（1）使用温度 车内是 -40~80℃，发动机室内是120℃，发动机机体上和制动装置上高达150℃。

（2）振动负载 车身频率为 10~200Hz，承受力为 0.1N，发动机机体上频率为 10~2000Hz，承受力为 0.4N（在不合适的位置上达 1N），在车轮上达 1N。

（3）污染 在汽车内较少，在发动机箱内和驱动轴上则非常严重。

（4）湿度 10%~100% RH，-40~120℃。

2. 汽车用传感器的种类与检测量

（1）温度传感器 检测冷却水、排出气体（催化剂）、吸入空气、发动机机油、门动变速器液压油及车内外空气温度。

（2）压力传感器 检测进气歧管压力、大气压力、燃烧压力、发动机油压、自动变速器油压、制动压、各种泵压及轮胎压力。

（3）转速传感器 检测曲轴转角、曲轴转速、方向盘转角及车轮速度。

（4）速度、加速度传感器 检测车速（绝对值）及加速度。

（5）流量传感器 检测吸入空气量、燃料流量、废气再循环量、二次空气量及冷媒流量。

（6）液量传感器 检测燃油、冷却水、电解液、机油及制动液等。

（7）位移方位传感器 检测节气门开度、废气再循环阀开度、车辆高度（悬架、位移）、行驶距离、行驶方位及 GPS 全球定位。

（8）气体浓度传感器 检测氧气、二氧化碳、NO_X、HC 及柴油烟度。

（9）其他传感器 检测转矩、爆燃、荷重、轮胎失效、燃料成分、风量、雨水、湿度、玻璃结露、蓄电池电压及容量、灯泡断线、日照、光照及地磁等。

3. 电子控制系统传感器精度要求

汽车传感器的检测项目和精度要求见表 9-1。

汽车传感器

表9-1 汽车传感器的检测项目和精度要求

检测项目	进气歧管压力	空气流量	温度	曲轴转角	燃油流量	排气中氧浓度 λ
检测范围	10~100kPa	6~600kg/h	-50~150℃	10°~360°	0~110L/h	0.4~1.4
精度要求	±2%	±2%	±2.5%	±0.5	±1%	±1%

9.2 汽车温度传感器

9.2.1 热敏电阻式温度传感器的作用与检查

在汽车中，负温度系数的热敏电阻（NTC）是应用最广的温度传感器。因此检测方法基本相同，无论是单体检查还是就车检查，都是用万用表测量其电阻值。只要测得的电阻值在正常范围，即为正常，否则表明已坏。单体检查时还可以加热，如放入水中加热或电吹风加热，电阻值随温度升高而减小则正常。

1. 水温传感器的作用与检查

水温传感器如图9-1所示，安装在冷却水管道上，检测冷却水温度。ECU（电控装置）根据发动机冷却水温度的高低对发动机喷油量进行修正，以调整空燃比，使进入发动机的可燃混合气燃烧稳定，冷机时供给较浓的可燃混合气，热机时供给较稀的混合气。如果传感器损坏，当发动机处于冷机状态时，将导致混合气过稀，发动机就不易起动且运转不平稳；热机时，又使混合气过浓，发动机也不能正常工作。

水温传感器与ECU的连接电路如图9-1b所示。

正常的传感器，20℃时的电阻值为2~3kΩ，40℃时的电阻值为0.9~1.3kΩ。

就车检查：将水温传感器的连接器断开，用万用表测定传感器两端子间的电阻值，判断传感器的好坏。

2. 水温表用传感器的作用与检查

水温表安装在仪表面板上，可以检测冷却液温度，也可以检测润滑油的温度。水温表用传感器的结构如图9-2所示。NTC热敏电阻与加热双金属片用的电热丝串联。当水温较低时，热敏电阻的电阻值较高，电路中的电流小，电热丝的发热量小，双金属片弯曲量小，带

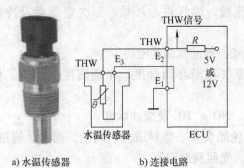

a) 水温传感器　　　　b) 连接电路

图9-1 水温传感器及其与ECU的连接电路

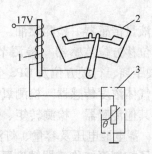

图9-2 水温表用传感器结构
1—加热用线圈与双金属片　2—接收部件　3—发送部件

动指针指向低温一侧；当水温升高时，热敏电阻的电阻值减小，电路中电流增大，电热丝发热量增大，使双金属片受热弯曲量增加，从而带动指针指向高温侧。

检查时，拔下传感器的接头引线，拆下传感器，用万用表欧姆档测量传感器两端子间的电阻，电阻值的范围与水温传感器的相同。

3. 车内、外空气温度传感器的作用与检查

车内、外空气温度传感器与电位计串联，检测车内、外空气温度，自动起动汽车空调温度控制系统，以保持车内的温度恒定。车内温度传感器安装在挡风玻璃底下，车外温度传感器安装在前保险杠内。电位计可对空调起动温度进行设定。

例如，某轿车内、外温度传感器在不同温度下的电阻值见表9-2。

4. 进气温度传感器的作用与检查

进气温度传感器的作用是检测发动机的进气温度，为修正喷油量提供参考依据。在 L 型电子燃油喷射装置中，进气温度传感器安装在空气流量传感器内；在 D 型电子燃油喷射装置中，它安装在空气滤清器的外壳上或稳压罐内。

表9-2 某轿车内、外温度传感器在不同温度下的电阻值

温度/℃		0	10	20	30	40	50	60
电阻值/kΩ	车内传感器		5.66	3.51	2.24	1.46	0.97	
	车外传感器	3.3	2.0	1.25	0.81	0.53	0.36	0.25

进气温度传感器常用塑料外壳加以保护，以防安装部位的温度影响传感器的工作精度。

进气温度传感器的检查方法与水温传感器的检查方法相同，分单体检查和就车检查。单体检查时，将传感器放入温度为20℃的水中，1min 后测量传感器端子间的电阻值，正常值应为 2.2 ~ 2.7kΩ。就车检查时，拆下传感器的连接器，测定连接器的传感器侧 THA-E2 两端子之间的电阻值。设置在空气流量计中的进气温度传感器的检查：用电吹风机加热空气流量计中的进气温度传感器，并测量其电阻值，随着温度的升高，电阻值应减小。

5. 空调蒸发器出风口温度传感器的作用与检查

蒸发器出风口温度传感器安装在空调的蒸发器片上，工作温度范围为 20 ~ 60℃。传感器检测蒸发器表面温度变化，与设定的温度调节信号比较，从而控制空调压缩机电磁离合器的通断。利用此传感器信号，还可以防止蒸发器出现结冰堵塞现象。

检查蒸发器出风口温度传感时，要先拆下传感器的连接器，用万用表欧姆档测量传感器 L-L 两端子之间电阻值，在 4.85 ~ 5.15kΩ 之间为良好，否则表明传感器损坏。

6. 排气温度传感器的作用与检查

排气温度传感器安装在汽车尾气催化转换器上，用来检测排气温度。若排气温度异常，会起动异常高温报警系统，使排气温度警告灯亮，告知司乘人员，以防三元催化器中催化剂因温度过高而性能降低。正常情况下，该系统不工作。

单体检查：用炉子加热传感器的顶端 40mm 长的部分，直到靠近火焰处呈暗红色，这时传感器连接器端子间的电阻值应在 0.4 ~ 20kΩ 之间。

就车检查：在接通点火开关时，排气温度指示灯亮，而在发动机起动时指示灯熄灭，表明传感器良好。如丰田汽车上，当自诊断连接器的 CCO 与 E1 两端子间发生短路时，排气温度指示灯亮为良好。注意：排气温度传感器引线的橡胶管有损伤时，应当换用新的传感器。

7. EGR 系统检测温度传感器的作用与检查

EGR（废气再循环）系统检测温度传感器安装在 EGR 阀的进气道上，用来检测 EGR 阀内再循环气体的温度变化情况和 EGR 阀的工作状况。

EGR 系统检测温度传感器利用 EGR 工作时与不工作时的温差，来判断 EGR 的工作状况，检测的温度范围为 300 ~ 400℃。传感器的初始电阻值：50℃ 时为（635 ± 77）kΩ，100℃ 时为（85.3 ± 8.8）kΩ，200℃ 时为（5.1 ± 0.61）kΩ，400℃ 时为（0.16 ± 0.05）kΩ。

9.2.2　其他类型的温度传感器的作用与检查

1. 石蜡式气体温度传感器（ITC 阀）的作用与检查

石蜡式气体温度传感器用于化油器式发动机上，低温时作为发动机进气温度调节装置用传感器（HAI 传感器），高温时作为发动机怠速修正用传感器（HIC 传感器）。石蜡式气体温度传感器是利用石蜡作为检测元件，当温度升高时，石蜡膨胀，推动活塞运动，在规定温度时，关闭或开启阀门。此外，随温度的升高，节流孔的截面积也在发生变化。石蜡式气体温度传感器的调节器作用是：在寒冷的季节，测量空气滤清器内的进气温度，控制进气温度调节装置的真空膜片负压，保持合适的进气温度；在高温怠速状态时，将化油器的旁通管直通大气，保证进气岐管内混合气的最佳空燃比。

检查石蜡式气体温度传感器时，主要查看传感器在不同温度环境下的工作情况。如应用在丰田 2E-LU 汽车上的石蜡式气体温度传感器，当温度低于 25℃ 时，石蜡收缩，推动气阀（ITC 阀）活塞上移，关闭阀门，隔断大气通道；当温度处于 25 ~ 55℃ 时，石蜡膨胀，阀门渐开，引入大气；当温度高于 55℃ 时，随温度的升高，阀门开度会增大，以确保最佳的混合比。

2. 双金属片式气体温度传感器（HAI 阀）的作用与检查

双金属片式气体温度传感器通常用于化油器型发动机的进气温度测量和进气量控制。发动机工作时，利用温度调节装置（HAI 系统）测定进气温度的变化，并通过真空膜片，调节冷气、暖气的比例。低温时阀门关闭；高温时阀门开启。

双金属片式气体温度传感器的检修方法：是将真空软管从电动机侧拆下，确认软管内无负压。当空气温度在 17℃ 以下时，连接软管后，软管内应有负压，冷暖气转换阀升起为正常；当空气温度达到 28℃ 以上时，软管内负压应减小，否则应更换传感器。

3. 热敏铁氧体温度传感器的作用与检查

热敏铁氧体温度传感器安装在冷却水循环通路上，用于控制散热器的冷却风扇。传感器由永久磁铁、舌簧开关、热敏铁氧体组成。热敏铁氧体在超过居里温度时就失去磁化特性。因此，在被测的冷却液温度低于规定温度时，热敏铁氧体变为强磁性体，传感器的舌簧开关闭合，冷却风扇继电器断开，冷却风扇停止工作；当高于规定温度时，热敏铁氧体不被磁化，触点断开。热敏铁氧体的规定温度在 0 ~ 130℃ 之间。

热敏铁氧体温度传感器的检查方法：是将热敏铁氧体传感器置于盛水的容器中，在加热容器的同时用万用表测量传感器的工作情况。正常时，在水温低于规定温度时为导通状态（阻值为 0）；在水温高于规定温度时应断开（阻值为 ∞）。否则，表明热敏铁氧体温度传感器已损坏，应予更换。

9.3 汽车压力与流量传感器

9.3.1 汽车压力传感器

汽车上应用的压力传感器较多，用来检测进气歧管压力、气缸压力、发动机油压、变速器油压、车外大气压力及轮胎压力等。它们的主要作用是：测定歧管压力，控制点火提前角、空燃比和 EGR；测定气缸压力，控制爆燃；测量大气压力，修正空燃比；检测轮胎气压；测量变速器油压，控制变速器；测量制动阀油压，控制制动；测量悬架油压，控制悬架。

1. 真空开关

真空开关主要用于化油器型发动机，其作用是通过测量压力差，检测空气滤清器是否有堵塞，从而判断空气滤清器的工作状况。真空开关主要由膜片、磁铁、笛簧开关、弹簧以及 A、B 两腔室组成。A、B 两腔室的接口分别与待检测的部位连接，工作时，A、B 腔室之间会产生压力差（假设 A > B），则膜片向负压一侧（B 腔侧）运动，与膜片成为一体的磁铁便随之运动，使笛簧开关导通。

采用真空开关的空气滤清器堵塞检测系统时，将真空开关的 A 腔接口通过管道与大气相连，B 腔接口通过滤清器与发动机相连，工作过程中，当空气滤清器发生堵塞时，即 B 接口处为负压，则膜片带动磁铁一起下移，笛簧开关导通，滤清器堵塞报警指示灯亮，告知驾驶员空气滤清器出现堵塞，应及时维护。

2. 油压开关

油压开关用于检测发动机油压，它由膜片、触点和弹簧组成。当发动机没有油压时，膜片不受压力作用，油压开关的触点闭合，油压指示灯亮；而当发动机在正常油压下工作时，膜片受到压力作用，压缩弹簧，使触点张开，油压指示灯熄灭。

3. 高压传感器

油压传感器属于应变式压力传感器，它的作用是控制制动系统中油压助力装置的油压，检测储压器的压力，向外输出油泵接通与断开及油压的异常报警信号。

4. 绝对压力型高压传感器

绝对压力型高压传感器是利用压阻效应的扩散硅压力传感器，用于检测悬架系统的油压。

采用绝对压力型高压传感器的丰田轿车活动悬架系统，不仅能够通过弹簧和阻尼器对外力产生抵抗力，而且可以自动调整，并随时检测车辆状态，同时按照电脑预储程序，利用自身能量对四轮进行独立控制。

5. 相对压力型高压传感器

相对压力型高压传感器安装在空调系统的高压管道上，其作用是检测汽车空调系统的冷媒压力，将信号传送给空调电脑。其压力上限值多为 0.98 ~ 2.94MPa。

6. 进气歧管压力传感器

进气歧管压力传感器应用于电子控制燃油喷射系统，来检测进气歧管内的压力变化，其信号与转速信号一起，作为确定燃油喷射器基本喷油量的重要参数。

进气歧管压力传感器的种类很多，但目前常用的有压阻式、真空膜盒式、电容式和表面弹性波式等压力传感器。

（1）压阻式进气压力传感器　压阻式进气压力传感器用来检测电控燃油喷射系统的进气歧管的压力，它根据发动机的负荷状态，测出进气歧管内的压力变化，作为电脑控制系统决定燃油喷射器基本喷油量的依据。

① 检测电源电压。拔下传感器的连接器插头，接通点火开关（但不起动发动机），用万用表电压档检测连接器插头电源端和接地之间的电压，应在 4～6V 之间；否则，应检修连接线路或更换传感器。

② 检测输出电压。拔下进气压力传感器与进气歧管连接的真空软管，接通点火开关（但不起动发动机），用电压表在电控单元线束插头处测量进气歧管压力传感器的输出电压。接着向进气歧管压力传感器内施加真空，并测量在不同真空度下的输出电压，该电压值应随真空度的增大而降低，其变化情况应符合规定，否则应更换。

（2）真空膜盒式进气压力传感器　真空膜盒式进气压力传感器又称"真空膜盒＋差动变压器"式传感器，主要由真空膜盒及差动变压器等组成。真空膜盒的膜片将膜盒分成左右两个室：膜片左室通大气，右室通进气歧管（负压）。当发动机工作时，随膜片左右两侧气压差的变化，膜片会带动差动变压器的衔铁左右移动，差动变压器的输出电压信号输送给发动机 ECU，ECU 会按照电压高低来确定燃油喷射器的燃油喷射时间，从而确定基本喷油量。

① 检测电源电压。拔下传感器的连接器插头，接通点火开关，用万用表电压档检测连接器插头电源端的电压，应为 12V；否则，应检修连接线路。

② 检测信号电压。将连接器插头插好，接通点火开关，用万用表电压档检测连接器插头信号输出端子与搭铁端子之间的电压，在真空侧处于大气压时，电压值约为 1.5V，如真空度增加，电压值下降。否则，说明传感器损坏，应予更换。

（3）电容式进气压力传感器　电容式进气压力传感器是一种输出频率信号的差压传感器。将电容（压力转换元件）连接到传感器混合集成电路的振荡电路中，传感器能够产生可变频率的信号，该信号的输出频率（为 80～120Hz）与进气歧管的绝对压力成正比。电控装置可以根据输入信号的频率来感知进气歧管的绝对压力。

（4）表面弹性波式（SAW）进气压力传感器　表面弹性波式进气压力传感器是在一块压电基片上用超声波加工出一薄膜敏感区，并在其上面刻有叉指换能器（压敏 SAW 延时线）。在薄膜敏感区的边缘设置了另一性能相同的叉指换能器（温基 SAW 延时线），用来补偿温度对基片的影响。在输入叉指换能器上加电信号，便由逆压电效应在基板表面激励起表面弹性波，传播到另一个叉指换能器转换成电信号，经放大后反馈到输入叉指换能器，以便保持振荡状态。表面弹性波在两个叉指换能器之间的传播时间取决于两个换能叉指之间的距离，当导入的进气歧管压力作用于压电基片上时，因应变使两个叉指换能器的间距发生变化，表面弹性波（SAW）传播的延迟时间也随之变化，叉指换能器的振荡频率便随延迟时间的变化而变化，即可向外输出压力信号。

7. 涡轮增压传感器

涡轮增压传感器是用硅膜片上形成的扩散电阻作为传感元件，用于检测涡轮增压机的增压压力，以便修正喷射脉冲以实现对增压压力的控制。日产 VQ30DET 发动机上涡轮增压系统中就采用了涡轮增压传感器。在怠速、水温超过115℃或水温传感器系统异常时，增压控制电磁阀断开（不通电），旋启阀控制器的膜片承受实际增压压力，增加排气的旁通量，增压压力下降；相反，当增压控制电磁阀闭合时，减少排气的旁通量，使增压压力升高。此外，如果增压压力异常升高，增压传感器的输出电压超出一定数值时，系统燃油将被切断。

8. 制动总泵压力传感器

制动总泵压力传感器利用压阻效应，用于检测主油缸的输出压力，安装在主油缸下部。当有制动压力时，输出与压力成正比的电信号。

9.3.2　汽车流量传感器

1. 汽车空气流量的检测方法与传感器的类型

现代汽车电子控制燃油喷射系统中，空气流量传感器用于测量发动机吸入的空气量，其信号是控制单元 ECU 计算喷油时间和点火时间的主要依据。

（1）发动机进气量的检测方法　在 D 型和 L 型两种燃油喷射系统中，发动机进气量的检测方法各不相同。

1）间接测量法：D 型燃油喷射控制系统中，是利用压力传感器检测进气歧管内的空气压力（真空度）来间接测量吸入发动机气缸内的进气量的。因为空气在发动机进气歧管内流动时会产生压力波动，且发动机怠速节气门完全闭合时的进气量与汽车加速节气门全开时的进气量相差 40 倍以上，进气气流的最大流速可达 80m/s，所以，D 型燃油喷射控制系统的测量精度不高，但成本低。

2）直接测量法：L 型燃油喷射控制系统中，是利用空气流量传感器直接测量进气歧管内被吸入发动机气缸内的进气量的。这种方法的精度较高，控制效果优于 D 型燃油喷射系统，但系统成本较高。

（2）汽车用空气流量传感器的类型　目前，汽车燃油喷射控制系统所采用的空气流量传感器的类型有体积流量传感器和质量流量传感器两种。其中，常用的体积流量型传感器有叶片式、卡曼涡流式和测量芯式等；质量流量型传感器有热线式和热膜式等。

2. 叶片式空气流量传感器的原理与检修

叶片式空气流量传感器广泛应用于丰田、日产、马自达多用途 MPV 等汽车燃油喷射系统。叶片式空气流量传感器又称翼片式或活门式空气流量计，它主要由叶片部分、电位计部分和接线端子等组成。

传感器的工作原理：当空气通过传感器的主通道时，叶片将受吸入空气气流的压力和回位弹簧的弹力作用，空气流量增大，气流压力将增大，使叶片偏转，带动与叶片转轴同轴的电位计旋转，输出电压变化。直到气流的压力和回位弹簧的弹力平衡，传感器输出代表空气流量的电压信号。

叶片式空气流量传感器发生故障时，由于其内部电路为纯电阻电路，所以，检修时不管是就车检查还是拆下单体检查，均可用万用表欧姆档测量传感器各端子之间的电阻值，将其与规定的标准值进行比较，来判断传感器的技术状态。

3. 卡曼涡流式空气流量传感器

卡曼涡流式空气流量传感器是在进气道内设置一个三角形或流线形立柱，称为涡流发生器。当空气流经涡流发生器时，在涡流发生器下游的两侧将交替地形成旋涡，并从涡流发生器的侧后分开随着空气流流动，结果形成两列非对称的、旋转方向相反的旋涡列，称为卡曼涡流列，如图9-3所示。卡曼从理论上证明了当旋涡稳定时，单列涡流的频率与空气流速成正比。因此，通过测量单位时间空气涡流数量（即涡流频率 f），就可以计算出空气气流的流速和流量。目前，汽车上使用的卡曼涡流式空气流量传感器的涡流频率测量方法有超声波式和反光镜式两种。

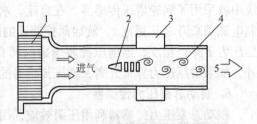

图9-3　卡曼涡流式空气流量传感器结构
1—整流网　2—涡流发生器　3—测量装置
4—旋涡　5—至进气歧管

4. 热线式和热膜式空气流量传感器及其检测

（1）热线式和热膜式空气流量传感器的结构原理　热线式空气流量传感器是利用热线与空气之间的热传递现象，进行空气质量流量测定的。热线式空气流量传感器分为主流测量方式和旁通测量方式两种。

1）主流测量方式：热线式空气流量传感器的结构如图9-4所示，它由取样管、铂金热线、温度补偿电阻、控制电路板、连接器和防护网等组成。热线是一根直径为 $70\mu m$ 的铂金丝，安装在取样管中，取样管则安装在主进气道的中央部位，两端有金属防护网，并用卡箍固定在壳体上。控制电路板上有6个端子插座与发动机ECU连接，用于信号输入。

2）旁通测量方式：热线式空气流量传感器是把铂金热线和补偿电阻（冷线）安装在旁通空气道上。热线和温度补偿电阻用铂线缠绕在陶瓷螺线管上。

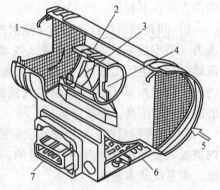

图9-4　热线式空气流量传感器结构
1—防护网　2—取样管　3—铂金热线
4—温度补偿电阻　5—空气流
6—控制电路板　7—连接器

热线式空气流量传感器工作时，由控制电路给铂金丝提供电流加热到120℃左右，当空气流经热线时将热量带走，使热线冷却、电阻减小。热线电阻的变化与流过的空气质量成正比。为解决进气温度变化的影响，在热线附近安置一根温度补偿电阻。该电阻被安置在进气口一侧，称为冷线，它的电阻也随进进气温度变化而变化。当传感器工作时，控制电路向冷线提供的电流使冷线温度始终低于热线温度100℃。在测量电路中，热线电阻与冷线电阻接在电桥的相邻两桥臂中，冷线起到温度补偿作用。

测量电桥另外两个桥臂的电阻，一只粘结在热线支承环后端的塑料护套上，另一只安装在控制电路板上。这两只电阻都设计成能用激光修整，安装在控制电路板上的电阻在最后调试试验中用激光修整。

热线电流在 $50\sim120mA$ 之间变化，大小取决于空气质量流量。为了减少电能消耗，电桥的另一支路电阻（冷线电阻和电路板上的电阻）的电阻值较高，仅通过几毫安的电流。补偿电阻用于测量进气温度。

热线式空气流量传感器还有自洁功能，当发动机熄火时，电路会把热线自动加热至1000℃，以清洁流量计。

热膜式空气流量传感器与热线式基本相同，只是它的发热体是热膜而不是热线。热膜由发热金属铂固定在薄的树脂膜上制成。这种结构使发热体不直接承受空气流动所产生的作用力，增加了发热体的强度，提高了流量计的可靠性。

热膜式空气流量传感器（计）和热线式空气流量传感器（计）都属于质量流量型，它们响应速度快，能在几毫秒内反映出空气流量的变化，所以测量精度不会受进气气流脉动的影响。特别是发动机在大负荷、低转速时进气气流脉动大，使用这类传感器测量进气量，空气计量准确，在任何工况下都能保持最佳空燃比，使发动机的起动性能、加速性能好。因此，在博世 LH 型燃油喷射系统、通用别克（热线与冷线的取样管设置在旁通空气道内）、日本日产千里马、瑞典沃尔沃等轿车上采用了热线式空气流量传感器；马自达 626、捷达 GT、GTX、桑塔纳 2000GSi 型轿车以及红旗 CA7220E 型等轿车上都采用了热膜式空气流量传感器。

（2）热线式与热膜式空气流量传感器的检测　各种型号的热线式和热膜式空气流量传感器的检查方法基本相同，都是检查传感器的电源电压和信号电压。

例 1. 日产 MAXIMA 轿车 VG30E 发动机热线式空气流量传感器检测。

① 检查输出信号电压。拔下空气流量传感器的连接器插头，拆下空气流量传感器，将空气流量传感器的 D（搭铁）和 E（蓄电池电源）端子间施加蓄电池电压，然后用万用表测量传感器 B 和 D 端子间的电压。其标准电压值应为（1.6±0.5）V。如果电压不在规定范围，则应更换空气流量传感器。

经上述检查之后，给空气流量传感器的进气口吹风，同时测量 B 和 D 端子间电压。在吹风时电压应上升到 2~4V。如果电压不符合规定，则应更换空气流量传感器。

② 自洁功能的检查。安装好空气流量传感器，拆下传感器的防护网，起动发动机并加速到 2500r/min 以上。当发动机停转 5s 后，从空气流量传感器进气口处可以看到热线发出亮光（加热温度 1000℃ 左右）约 1s。如果铂金热线不发光，则应检查传感器的自洁信号或更换空气流量传感器。

例 2. 日产 CA18E 发动机热线式空气流量传感器检查。

① 就车检查：拆下空气流量传感器连接器，检查线束一侧 B 端子与搭铁间电压，应为 12V；之后，检查端子 31 与搭铁间的电压。

② 单体检查：在 B 和 C 端子间施加 12V 电压，然后检查 D 和 C 端子间输出电压。在吹入空气时，测量传感器输出电压的变化。在没有吹空气时，电压为 0.8V；吹入空气时，电压应为 2.0V。

5. 测量芯式空气流量传感器及检修

测量芯式空气流量传感器是对叶片式空气流量传感器的改进，用量芯代替了叶片。量芯安装在进气道内，受空气气流对量芯产生的推力作用，克服复位弹簧的弹力产生位移，并带动电位器的滑臂移动，把进气量的大小转换为相应电压输出。

测量芯式空气流量传感器没有设置旁道进气道和怠速混合气调整螺钉，怠速混合气是通过一个和计算机连接的可变电阻传感器来调整的。测量芯式空气流量传感器具有进气阻力小、计量精度高和工作可靠性高等优点。

测量芯式空气流量传感器的常见故障有：量芯卡滞、移动不灵活、电位器滑动触头磨损或接触不良等。测量芯式空气流量传感器检修方式有单体检查和就车检查两种。

1）单体检查：点火开关置于"OFF"位置，从发动机上取下空气流量传感器，首先看测量芯式空气流量传感器是否开裂、量芯是否卡滞等，有则更换。用万用表电阻档测量传感器连接器上各端子之间的电阻值，若不符合正常值，则应更换传感器。

2）就车检查：点火开关置于"OFF"位置，拔下传感器导线连接器，用万用表电阻档测量导线连接器 V_C 和 E_2 端子间的电压是否正常，若不正常，则为导线或电脑故障，应检修或更换导线或电脑。用万用表电阻档测量传感器连接器上 THA 和 E_1 之间与 V_C 和 E_2 之间的电阻值，若电阻值不符合标准值，则需更换测量芯式空气流量传感器。

9.4 汽车气体传感器

在汽车上，应用的气体传感器主要有：用于电子控制燃油喷射装置进行反馈控制的氧传感器、用于稀燃发动机的空燃比反馈控制系统中的稀燃传感器、与空气净化器配套使用的烟雾浓度传感器以及用于柴油机的电子控制系统中检测发动机排气中形成的炭烟或未燃烧炭粒的排烟传感器等。

9.4.1 氧传感器的作用与检查

氧传感器用于空燃比控制和三元催化剂的监视器，它需要在 300℃ 以上的高温下工作，因此都安装在排气管上。目前汽车实用的氧传感器有二氧化锆（ZrO_2）型和二氧化钛（TiO_2）型两种。图 9-5 所示是汽车氧传感器实物。

1. 二氧化锆（ZrO_2）型氧传感器

二氧化锆型氧传感器分加热式和非加热式两种，现代轿车大部分使用加热式氧传感器。加热式氧传感器在锆管中间有加热棒，锆管固定在带有安装固定螺钉的固定套中。氧传感器插入排气管中，锆管内表面

图 9-5 汽车氧传感器实物

与大气相通，外表面与排气相通。根据第 7 章所述原理，锆管内、外表面之间产生电位差。电位差的极性是内表面正、外表面负，大小随氧离子浓度差而变化。锆管内、外表面都喷涂有一层多孔性的铂膜作为电极，在锆管的外表面上还喷涂有一层多孔的陶瓷粉末作为保护膜。加热元件是绕在热敏电阻上面的钨丝。

2. 二氧化钛（TiO_2）型氧传感器

二氧化钛型氧传感器的输出是随电阻值变化而变化的，所以也称电阻型氧传感器。纯净的二氧化钛在室温下具有很高的电阻，当其表面缺氧时，电阻值会大大减小。二氧化钛型氧传感器主要由二氧化钛、钢质壳体、加热元件和接线端子组成。钛管内表面与氧浓度较高的大气相通，外表面与氧浓度较低的排气相通，内、外表面都喷涂一层铂金，并各引出电极，作为传感器的信号正、负极。二氧化钛型氧传感器内部的加热元件为陶瓷加热器。

随着排放法规越来越严格，现在采用双氧传感器系统的车辆越来越多，它们分别安装在三元催化转换器前后两端。前面的称为前氧传感器，或主氧传感器、上游氧传感器；后面的称为后氧传感器，或副氧传感器、下游氧传感器。前氧传感器用于混合气反馈控制，发动机据此调整喷油量的增减。后氧传感器用于三元催化转换器的检测。正常情况下，前氧传感器信号高于后氧传感器，若两氧传感器输出信号趋于一致，证明三元催化转换器失效。

3. 氧传感器的使用检查

氧传感器一旦出现故障，会使发动机油耗和排气污染增加，发动机出现怠速不稳、缺

火、喘振等故障现象。因此，必须及时排除故障或更换。

氧传感器常见故障有：中毒，含铅汽油引起的铅中毒，汽油、润滑油、硅橡胶密封垫引起的硅中毒，应及时更换；积炭，及时清除；陶瓷碎裂、加热器电阻丝断、内部电极引线断等，都需更换。

氧传感器的检测，须用高输入电阻的数字式万用表或示波器，主要是检测加热器电阻及反馈电压。加热器的正常电阻一般为 $4 \sim 40\Omega$；反馈电压的高低变化不少于每分钟10次。

常见的氧传感器又有单引线、双引线和三根引线和四根引线之分。单引线的为氧化锆式氧传感器，接 ECU，另一极直接接搭铁；双引线的两根均接 ECU，一根信号线，另一根经 ECU 接搭铁；三根引线的为加热型氧传感器，原则上三种引线方式的氧传感器是不能替代使用的。

9.4.2　稀薄混合气传感器

稀薄混合气传感器的结构从外表上看与普通的带加热器二氧化锆型氧传感器很相似，它的内部装有二氧化锆元件与加热器，直接应用于发动机稀薄燃烧领域中测定排气中的氧浓度。其原理是在二氧化锆元件的两端加上电压，则电流与排气中的氧浓度成正比例关系。利用这一特性可以连续检测出稀薄燃烧区的空燃比。

9.4.3　宽域空燃比传感器

宽域空燃比传感器是利用氧浓度差电池原理和氧气泵的泵电池原理，能连续检测混合气从过浓到理论空燃比再到稀薄状态整个过程的一种传感器。当混合气过浓时，氧泵就会吸入 O_2 到测定室中；而当排放气比混合气稀薄时，则从测定室中放出 O_2 到排放气中，使排放气保持在理论空燃比上。从而通过测定氧泵的电流值 I_P 来测定排放气体中的空燃比 A/F。混合气过浓时为负电流，稀薄时为正电流，当理论空燃比 A/F 为 14.7 时，电流值为零，即可连续测量出空燃比。

9.4.4　烟尘浓度传感器

在汽车车厢内，因乘客吸烟或从车外侵入灰尘等会造成车内空气污染。烟尘浓度传感器与空气净化器配套使用，以保持车内空气清新。

图 9-6 所示为烟尘浓度传感器的结构图，它由发光元件、光敏元件和信号处理电路等组成。空气能够通过烟雾进口自由流动。若空气中没有烟雾，电路不工作；当有烟雾进入时，因烟雾粒子的漫反射使间歇红外光进入光敏元件，空气净化器鼓风机电动机运转而开始工作。

为防止烟尘浓度传感器受外部干扰而引起误动作，红外光的发射由脉冲振荡电路调制。另外，传感器内部还设有定时、延时电路，即使没有烟雾，鼓风机一旦动作起来，也只能连续旋转 $2\min$ 后而停止工作。

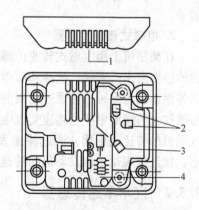

图 9-6　烟尘浓度传感器的结构
1—烟雾进口　2—光敏元件
3—发光元件　4—电路部分

9.5　汽车速度传感器

在汽车上，转速传感器用以测量发动机的转速、车轮的转速，从而依此推算出车速。转速传感器可分为脉冲检波式、电磁式、光电式及外附型盘形信号板式等几种。

车速传感器用以测量汽车行驶速度，以便使发动机的控制、自动起动、ABS、牵引力控制系统（TRC）、活动悬架、导航系统等装置能正常工作。它主要有簧片开关式、磁阻元件式、光电式等几种传感器。另外，检测角速度用的传感器有振动型、音叉型等几种。根据车辆不同，所采取的结构形式也不完全一样。

9.5.1　汽车转速传感器

1. 脉冲信号式转速传感器

脉冲信号式发动机转速传感器由安装在分电器内的信号转子、永久磁铁及信号线圈等组成，用以检测发动机的曲轴角位置，一般用在汽油机上。

脉冲信号发生装置的原理如图 9-7 所示。在信号转子的周边有若干凸起部位，转子的凸起部位经过信号线圈时，通过信号线圈的磁通也发生变化，按照电磁感应原理，在信号线圈两端产生感应电压。该电压通过整形可得到计数脉冲。若转子有 24 个凸起，则分电器旋转一圈，就产生 24 个脉冲。因为分电器的转速是发动机转速的 1/2，每个脉冲信号代表的曲轴角为 $360° \div (24/2) = 30°$。

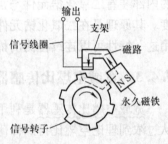

图 9-7　脉冲信号发生装置原理图

2. 光电式转速传感器

光电式转速传感器通常装在分电器上，由与分电器同轴旋转的转子板、发光二极管和光敏二极管组成。转子板上开有用于检测角度信号的 360 个齿隙和用于检测基准信号的与气缸数相同的检测窗。发动机旋转时，光电转换系统可输出 1°、120° 及与气缸数相同的脉冲信号。

3. 电磁式转速传感器

在柴油机上用电磁式转速传感器检测发动机的转速，它从喷油泵获取电信号。电磁式转速传感器由永久磁铁、线圈和随喷油泵旋转的钢制齿轮组成。当柴油机喷油泵工作时，传感器的钢制齿轮旋转，使通过线圈的磁力线发生变化，在绕在磁铁上的线圈中产生感应交流电压。交流电压的频率与发动机的转速成正比，通过转速表内的 IC 电路增幅和整形，使转速表指示出发动机的转速。

9.5.2　汽车车速传感器

目前汽车上都装有发动机的控制、自动起动、制动防抱死装置（ABS）、牵引力控制系统（TRC）、自动门锁、活动悬架、导航系统和电位器等装置。这些装置需要车速信号才能正常工作。如图 9-8 所示，车速传感器是用安装

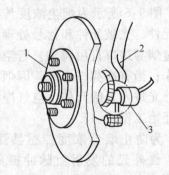

图 9-8　车速传感器的安装位置图
1—轮毂　2—转向节　3—车速传感器

在车轮轮毂上的转速传感器来间接测量车速。车速传感器也可以安装在速度表的软轴上。因此，车速传感器也有磁电式、光电式、磁阻式等。

1. 光电式车速传感器

光电式车速传感器用于数字式速度表上，由光耦合元件（发光二极管（LED）、光敏元件）及由钢丝软轴驱动的速度表和遮光板（叶轮）构成。传感器输出频率与速度表软轴转速成正比的5V脉冲。若车速为60km/h，速度表软轴的转速为637r/min。速度表软轴每旋转一圈，传感器就有20个脉冲输出。

2. 磁阻式车速传感器

磁阻式车速传感器主要由环状磁铁与内装磁阻元件（MRE）的混合集成电路（IC）组成。环状多极磁铁随驱动轴旋转时，磁阻元件把车速转换为电阻值的变化，通过处理电路变成电信号。

检修磁阻元件式车速传感器时，可在用手转动传感器转子的同时，用万用表直流电压档检测传感器的输出端子，正常情况下，应有脉冲电压信号输出，否则，应当更换传感器。

9.5.3　汽车角速度传感器

1. 振动型角速度传感器

振动型角速度传感器是用以检测车体转弯时旋转角速度的，在新技术（VSC、VSA、VDC、ASC等）中是不可缺少的。振动型角速度传感器是将两个压电元件装在四角柱体的相邻两面上。给压电元件加交流电压，压电元件驱动传感器振子振动。当振动着的旋转柱体旋转时，两相邻面压电元件输出的交流电压信号将产生相位差，测量这个相位差便可得到旋转角速度。

2. 音叉型角速度传感器

音叉型角速度传感器的构造如图9-9所示。在音叉上粘结有两个压电陶瓷片：一个用于驱动振子振动，另一个用于检测。车辆转弯时，在振子周围形成惯性力引起检测用压电陶瓷片变形，根据其输出信号的相位差可以确定角速度。

与振动型角速度传感器一样，音叉型角速度传感器适用于各种旋转控制（4轮转向、4轮驱动、AmsN悬架控制）或汽车导航系统。

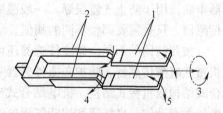

图9-9　音叉型角速度传感器构造
1—驱动用压电陶瓷片　2—检测用压电陶瓷片
3—旋转　4—振动　5—作用力

9.6　汽车加速度传感器

目前，汽车中广泛采用了安全气囊系统、汽车防抱死（ABS）、底盘控制等装置。对这些装置的有效控制，要应用加速度（碰撞）和振动（爆燃）传感器。

9.6.1　爆燃传感器

当汽油发动机工作在爆燃极限附近时，其效率最高，消耗最小。如果超过该极限值，则产生过多的爆震燃烧，引起发动机彻底损坏。采用爆燃传感器检测发动机的工作状态，通过控制板输出反馈信号调整发动机点火提前角，可使发动机工作在爆燃极限边缘。

发动机爆燃检测方法有汽缸压力法、发动机机体振动法和燃料噪声法，其中发动机机体振动法是目前常用的方法。采用发动机机体振动法检测的爆燃传感器有共振型和非共振型两大类。共振型又分为磁致伸缩式和压电式两种，非共振型仅有压电式。目前常见的爆燃传感器是压电式加速度传感器。它具有成本低、鲁棒性、无磨损和可靠的特点，且特性稳定，不需要电源。

1. 共振型压电式爆燃传感器

共振型压电式爆燃传感器主要由与爆燃几乎相同共振频率的振动板以及紧密贴合在振动板上的压电元件组成。爆燃传感器安装在发动机外壳上，爆燃时发生共振，输出信号最大，无需滤波器即可判别爆燃是否产生。

2. 非共振型压电式爆燃传感器

非共振型压电式爆燃传感器安装在发动机的缸体上，以接受加速度信号的方式可以检测发动机出现的所有振动。这种传感器的频谱宽，能检测所有发动机振动频率，但幅频特性较为平坦，必须通过滤波器才能识别爆燃。在不同的发动机上，只需调整爆燃滤波器的频率便可使用，不需更换传感器。

9.6.2 碰撞传感器

1. 碰撞传感器的类型与作用

碰撞传感器是一种加速度传感器，用于安全气囊系统，按照功能分为触发碰撞（信号）传感器和防护碰撞传感器。触发碰撞传感器也称为碰撞强度传感器，将碰撞信号传给气囊电脑，作为气囊电脑的触发信号；防护碰撞传感器也称为安全碰撞传感器，它与触发碰撞传感器串联，用于防止气囊误爆。一般碰撞传感器既可用作触发碰撞传感器，也可用作防护碰撞传感器，只是需要调整不同的阈值。

按照结构的不同，碰撞传感器还可分为机电结合式碰撞传感器、电子式碰撞传感器以及机械式碰撞传感器。防护碰撞传感器一般采用电子式结构，触发碰撞传感器一般采用机电结合式结构或机械式结构。机电结合式碰撞传感器是利用机械的运动（滚动或转动）来控制电气触点动作，来接通和切断气囊电路，常见的有滚球式和偏心锤式碰撞传感器。电子式碰撞传感器没有电气触点，目前常用的有应变式、压电效应式和光电式。机械式碰撞传感器常见的有水银开关式，它是利用水银导电的特性来控制气囊电路的接通和切断。

在早期汽车中，一般安装多个（3~4个）碰撞传感器。安装部位通常在车身两侧前翼子板内侧、前照灯支架下、发动机散热器支架左右两侧，驾驶室仪表板和杂物箱下方等处。随着碰撞传感器制造技术的发展，有些汽车将触发碰撞传感器安装在气囊系统 ECU 内。防护碰撞传感器一般都与气囊系统 ECU 组装在一起，多数安装在驾驶舱内中央控制台下面。

2. 碰撞传感器检修注意事项

1）气囊系统的故障征兆难以确诊，所以诊断代码就成为故障排除时最重要的信息来源。在脱开蓄电池之前，一定要先检查诊断代码。

2）检查时要断开点火开关。如车辆允许拆去蓄电池负极，最好将电源断开，应在拆下负极 90s 或更长时间后再开始。

3）在检测电路时，应使用高阻抗的万用表进行测量。

4）在检修汽车其他零部件时，如有可能对碰撞传感器产生冲击，则应在开始检修之前先拆下碰撞传感器。

5）汽车安全气囊所有零部件均为一次性使用部件，碰撞传感器决不能重复使用，更换时左右前碰撞传感器应同时更换，即使只发生了轻微碰撞且安全气囊并未膨开，也应对前碰撞传感器进行检查。

6）前碰撞传感器及安全气囊组件不得暴晒或接近火源。

7）传感器壳体上的箭头必须按使用维修手册规定安装方向安装。

9.7 汽车位置传感器

在汽车上应用的位置传感器有曲轴位置传感器、凸轮轴位置传感器、节气门位置传感器、液位传感器、车辆高度传感器及转向传感器、座椅位置传感器、方位传感器等。

9.7.1 节气门位置传感器

节气门位置传感器（TPS）安装在节气门体上，与节气门轴相连接，将节气门的开度变换成电信号输送给 ECU，以判定发动机工况，根据不同工况控制喷油脉冲的宽度。常用的节气门位置传感器有编码式、线性式和滑动式三种。

1. 编码式节气门位置传感器

（1）编码式节气门位置传感器的作用 编码式节气门位置传感器又称节气门开关，装在节气门体上，可检测出发动机是处于怠速状态、负荷状态或加减速状态。编码式节气门位置传感器的结构如图 9-10 所示，类似于万用表的波段开关，由 4 个触点构成，即：用以检测怠速状态的 IDL 触点，用以检测高负荷状态的 PSW 触点，检测加速状态的 ACC_1 和 ACC_2 触点。

（2）编码式节气门位置传感器的检查 编码式 TPS 一般故障主要为触点接触不良。

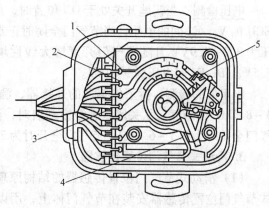

图 9-10 编码式节气门位置传感器的结构
1—ACC_2 2—ACC_1 3—PSW 4—IDL
5—加减速检测触点

就车检查：当钥匙开关处于接通时，测量 ECU 板上 $IDL-E_2$、$PSW-E_2$ 间的电压，当节气门全闭时，$IDL-E_2$ 间的电压在 0.5V 以下，$PSW-E_2$ 间的电压为 4.5 ~ 5.5V；当节气门全开时，$IDL-E_2$ 间的电压为 4.5 ~ 5.5V，$PSW-E_2$ 间的电压在 0.5V 以下。

单体检查：拔掉节气门位置传感器接线插头，用万用表电阻档测量 $IDL-E_2$、$PSW-E_2$ 间的电阻，当节气门全闭时，$IDL-E_2$ 间的电阻在 10Ω 以下，$PSW-E_2$ 间的电阻为 1MΩ；当节气门全开时，$IDL-E_2$ 间的电阻为 1MΩ，$PSW-E_2$ 间的电阻在 10Ω 以下。

连接器的故障检测：连接器故障有断线、短路、接触不良等。断线的位置大部分是在连接器部分，拆下连接器，检测电线束的导通情况，电阻值在 10Ω 以下为良好。

2. 线性式节气门位置传感器

（1）线性式节气门位置传感器的作用与原理　线性式节气门位置传感器安装在节气门或燃油喷射泵上，能连续检测出旋转物体的转动角度，利用内装式开关检测出移动原点，因此能够正确地检测出绝对角度。

如图 9-11 所示，线性式 TPS 有两个与节气门轴联动的动触点，分别为怠速触点（IDL）和全负荷触点（PSW）。当节气门处于全关闭的位置时，怠速触点 IDL 闭合，输出电压为零，ECU 按怠速工况的要求控制喷油量；当节气门打开时，怠速触点断开，TPS 就是一个电位器，将节气门位置转换成电压信号 V_{TA} 输出，V_{TA} 与节气门开度成线性关系；当节气门打开至一定角度（丰田 1G – EU 车为 55°）的位置时，PSW 触点开始闭合，ECU 根据此信号进行全负荷加油控制。

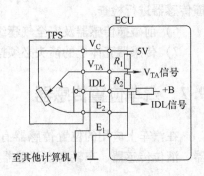

图 9-11　线性式节气门位置传感器与
ECU 的连接电路

（2）线性式节气门位置传感器的检查　线性式节气门位置传感器的常见故障一般为怠速触点或电位器可动触点接触不良，或电位器电阻值不够准确。因此只要检测传感器端子的电压和电阻值便可鉴别好坏。

电压检测：当钥匙开关处于 ON 位置时，用电压表测量节气门从关闭状态到逐渐开启时 ECU 的 V_{TA}-E_2 间的电压，当节气门全闭时正常电压为 0.3 ~ 0.8V；当节气门全开时正常电压为 3.2 ~ 4.9V，且随节气门开度增大线性增加。节气门全开时，V_C-E_2 间电压为 4.0 ~ 5.5V，IDL-E_2 间电压为 9 ~ 14V。

电阻值的检测：拆下传感器的连接器，测量传感器侧 V_C-E_2 间的电阻，其标准值应为 3 ~ 8.3kΩ。当节气门从关闭状态缓慢开启时，测量连接器传感器侧 V_{TA}-E_2 间的电阻值，节气门全闭时为 0.1 ~ 6.3kΩ；节气门全开时为 3.3 ~ 10.3kΩ，且随节气门开度增大线性增加。

3. 滑动式节气门位置传感器

（1）滑动式节气门位置传感器的结构原理　滑动式节气门位置传感器安装在节气门体上，用以检测节气门的开度。如图 9-12 所示，传感器上设有与节气门联动的转子、IDL 怠速触点以及 PSW 全开触点和可动触点 TL。转子上设有凸轮槽，可动触点在凸轮槽内滑动，在怠速位置及全开（全负荷）位置分别控制各个触点的开、闭，即可检测出节气门的开度。

在节气门处于怠速位置时，怠速触点与活动触点闭合，其他情况下都断开。当节气门处于某一开度时，全开（全负荷）触点与活动触点闭合。

（2）滑动式节气门位置传感器的检测　滑动式节气门位置传感器的检测可分为单体检测和就车检测，无论哪种形式都要拆下节气门位置传感器连接器，用万用表测量电脑板各端子间的通断情况。

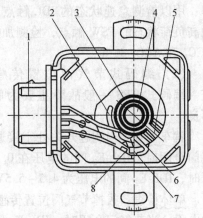

图 9-12　滑动式节气门
位置传感器的结构
1—连接件　2—凸轮槽　3—转子
4—节气门转轴　5—杆　6—全开触点
7—活动触点　8—怠速触点

TL-IDL 端子间的电阻检测值：节气门全闭时为 0，稍开时为 ∞。TL-PSW 端子间的电阻检测值：节气门从全闭至开 40°以下时为 ∞，开 55°以上时为 0。

9.7.2 车高与转向传感器

1. 车高传感器

目前汽车的悬架控制系统（如主动悬架系统、悬架阻尼控制系统、空气悬架系统等）、前大灯自动调节系统均需要通过车高传感器测量汽车行驶姿态的变化，使汽车具有良好的乘坐舒适性和操作稳定性，而且该传感器还可根据乘员和货物的增减自动调整车高。因此，车高传感器和转向传感器是主动悬架系统中两种十分重要的传感器。实际上，车高传感器就是一种转角传感器，通过拉紧螺栓和连杆机构把悬架臂的高低位置变换成传感器轴的旋转角。用作车高检测的转角传感器有霍尔式、光电式等。目前现代汽车上用得最多的是光电式。

图 9-13 所示为光电式车高传感器。拉紧螺栓下端与后悬架臂相连，上端通过连杆与车高传感器转轴相连。车高传感器与车体相连。通过拉紧螺栓可以调整车高设定值。

2. 光电式转向传感器

转向传感器安装在转向轴上，检测转向盘的中间位置、转动方向、转动角度和转动速度，用以判断汽车转向时侧向力的大小，以便控制侧倾。

光电式转向传感器是在转向轴上安装周边刻有透光狭缝的圆盘，用两个光断续器将转向盘位置变换成通、断的脉冲信号。两个光断续器输出脉冲信号的相位差为 90°，用以识别旋转方向。根据输出脉冲的跳变速度，可检测出转向器的转速。

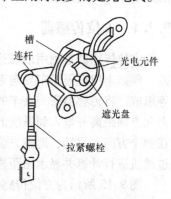

图 9-13　车高传感器

9.7.3 液位传感器

汽车上使用的液位传感器分模拟型和开关型两类。模拟型液位传感器主要用于检测燃油箱的油量，有浮子式、电热式和电容式等；开关型液位传感器用于测量制动液液位、清洗液液位、冷却水液位，有热敏电阻式、浮子式和舌簧开关式等。

1. 浮筒簧片开关型液位传感器

浮筒簧片开关型液位传感器是在树脂套管内部装有簧片开关，外侧装着镶有磁铁的浮筒，通过浮筒的上下浮动，使簧片开关接通（ON）或断开（OFF），以此来判断液面是高于标准面还是低于标准面。这种传感器实际用于风窗玻璃清洗液、水箱内液体储存量的检测。制动主缸用液位传感器和检测发动机润滑油的液位传感器都是利用同样的原理。

2. 热敏电阻式液位传感器

热敏电阻式液位传感器构成的燃油液位指示灯系统用于检测汽油、柴油的液面高度。当给热敏电阻加以电压时，热敏电阻通过电流发热。液位高时，热敏电阻浸于油液中，因为散热良好，热敏电阻的温度不上升，电阻值大，指示灯灭；而当燃油量减少时，热敏电阻露在空气中，散热性变差，温度升高，电阻值下降，指示灯亮。通过灯光或亮或灭，可判断燃油量的多少。

3. 滑动电阻式液位传感器

滑动电阻式液位传感器是最普通的燃油液面传感器，可用于油量的测量。如图9-14所示，传感器由浮筒、浮筒臂、内装滑动电阻体构成。浮筒随液位升降，带动电位器滑动臂在电阻上滑动，从而改变搭铁与浮筒之间的电阻值来控制电流的大小，并在仪表上显示出来。

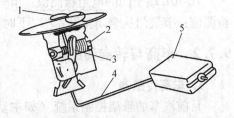

图9-14　滑动电阻式液位传感器的结构
1—接线柱　2—电阻　3—滑动臂
4—浮筒臂　5—浮筒

当油箱内的油量减到最少时，浮筒下降，触点臂处在阻值最大的位置，电路中的电流很小，油表指针指在最低位；而当油箱内装满油时，浮筒升到最高位置，触点臂向阻值低的方向滑动，这时通过电路中的电流增大，油表指针发生偏转，指向高位。

9.7.4　方位传感器

方位传感器是利用地磁进行检测的传感器，可用于车辆的导航系统，以指示方向的偏差。例如丰田皇冠轿车导向系统由操纵部分、显示部分、地磁方位传感器和行驶距离传感器等组成，将传感器安装在车的顶部，首先从地图上找出从出发地到目的地的东西方向距离和南北方向距离并输入到系统的操作部分，再将到目的地的直线距离输入到微机中，无论车辆在哪个方向上移动，地磁方位传感器都能检测出绝对方向，并将其显示在仪表盘上，而且通过微机进行计算并显示出距离目的地的方向和距离来。

图9-15所示为方位传感器的原理图，励磁线圈可在环状铁心上产生方向、强度呈周期性变化的交变磁场，若测定与磁场交链的检测线圈X、Y的输出电压U_X和U_Y，就可得出如图9-15b所示的方位了。

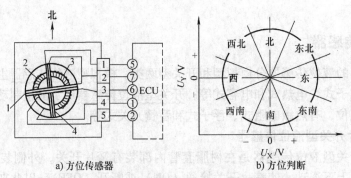

a) 方位传感器　　　　　　　　b) 方位判断

图9-15　方位传感器的原理图
1—检测线圈X　2—励磁线圈　3—铁心　4—检测线圈Y

9.7.5　曲轴和凸轮轴位置传感器

曲轴位置传感器（CPS）与凸轮轴位置传感器（CIS）共同确定基本点火时刻。发动机是在压缩冲程末开始点火的。发动机ECU通过曲轴位置传感器，可以知道哪个缸的活塞处于上止点，通过凸轮轴位置传感器，可以知道哪个缸的活塞是在压缩冲程中。这样，发动机电脑控制单元知道该什么时候给哪个缸点火了。

曲轴位置传感器用于检测活塞上止点信号和曲轴转角信号，也是测量发动机转速的信号源。在现代电控发动机上，曲轴位置传感器和发动机转速传感器制成一体，安装在曲轴前端、分电器内或飞轮上。随车型不同，曲轴位置传感器的结构形式有磁脉冲式、光电式和霍尔式三种。无论哪种形式的曲轴位置传感器，都是要产生 1° 角的转速信号和 120° 角的判缸信号，包括检测用于控制点火的各缸上止点信号、用于控制顺序喷油的第一缸上止点信号。

凸轮轴位置传感器（CIS）安装在凸轮轴前端或分电器中，用来采集配气凸轮轴的位置信号，并传送给发动机电脑版 ECU，让 ECU 识别气缸 1 压缩上止点，从而进行顺序喷油控制、点火时刻控制和爆燃控制。曲轴位置传感器和凸轮轴位置传感器二者相辅相成，同时工作才能为发动机正常运转提供良好保证。

1. 轮齿磁脉冲式曲轴位置传感器的检测

日产公司生产的轮齿磁脉冲式曲轴位置传感器由轮齿式信号盘、磁头、线圈、脉冲成形电路和连接器等组成，它安装在曲轴前端的带轮之后。在带轮后端有一个带细齿的薄齿盘，即信号盘。信号盘和曲轴带轮一起安装在曲轴上，与曲轴一起旋转。

在信号盘的外缘，沿圆周每隔 4° 加工一个齿，共 90 个齿。此外，每隔 120° 布置一个凸缘，共三个。安装在信号盘边沿的传感器盒内部有三个磁头和信号形成与放大电路，外部有四孔连接器，孔 1 为 120° 信号输出孔，孔 2 为信号形成与放大电路的电源孔，孔 3 为 1° 信号输出线，孔 4 为接地线。通过连接器将曲轴位置传感器的感应信号输入电子控制单元。

在发动机运行中，当曲轴位置传感器出现故障时，会导致信号中断，发动机立即熄火，这时电子控制单元可以诊断到故障并进行存储。对于曲轴位置传感器的检测，主要测量各端子间电阻、信号转子凸齿与磁头间间隙等。

（1）电阻检查 关闭点火开关，拔下传感器连接器插头，检查传感器上 1 与 2 端子间电阻，应为 450 ~ 1000Ω。若电阻为无穷大，则需更换传感器。检查传感器上 1 或 2 端子与屏蔽线端子 3 之间的电阻，如果电阻不是无穷大，则需更换传感器。

（2）线束检查 分别检查 1 与 56 端子、2 与 63 端子、3 与 67 端子间的电阻值，应不超过 1.5Ω。如果电阻为无穷大，则说明存在导线断路或接触不良，需进行维修。

（3）信号转子与磁头间间隙检查 用塞尺检测信号转子与磁头间间隙，标准值为 0.2 ~ 0.4mm。若有变化，需进行调整。

2. 转子磁脉冲式曲轴位置传感器的检测

该传感器为丰田公司生产，安装在分电器内部，与 ECU 的连接电路如图 9-16 所示。

以皇冠 2JZ-GE 发动机为例，对曲轴位置传感器的检测主要是测量各端子间电阻、输出信号及信号转子凸齿与感应线圈间间隙等。

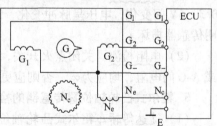

图 9-16 曲轴位置传感器与 ECU 的连接电路

（1）电阻检测 关闭点火开关，拔下曲轴位置传感器连接器插头，测量各端子间的电阻值，冷态电阻值应符合：G_1-G_- 为 125 ~ 200Ω，G_2-G_- 为 125 ~ 200Ω，N_e-G_- 为 155 ~ 250Ω；热态电阻值应符合：G_1-G_- 为 160 ~ 235Ω，G_2-G_- 为 160 ~ 235Ω，N_e-G_- 为 190 ~ 290Ω。

（2）输出信号的检查 拔下曲轴位置传感器上的连接器，当发动机运转时，检测 G_1-

G_-、G_2-G_-、N_e-G_-端子间是否有电压脉冲信号输出。若无，则应更换传感器。

（3）感应线圈与正时转子的间隙检查　同上述日产公司的轮齿磁脉冲式曲轴位置传感器。

3. 光电式曲轴位置传感器的检测

日产公司采用的光电式曲轴位置传感器安装在分电器内，随分电器一起转动。

光电式曲轴位置传感器的检测主要是连接线束的检查和输出信号的检查。图9-17所示为现代（SONATA）汽车曲轴位置传感器连接器插头的端子位置图。

（1）线束的检查　检查时应拔下曲轴位置传感器连接器插头，打开点火开关，但不起动发动机。用

图9-17　连接器插头端子位置图

万用表测量线束侧4端与接地间电压应为12V，2端和3端与接地间电压应为4.8~5.2V；1端与接地间电阻应为0Ω。

（2）输出信号的检查　将万用表电压档连接在传感器侧3和1端子上，发动机起动后，电压应为0.2~1.2V；发动机怠速运转期间，测量2和1端子间电压应为1.8~2.5V。若电压不在规定范围，则应更换曲轴位置传感器。

4. 霍尔式曲轴位置传感器的检测

霍尔式曲轴位置传感器有触发叶片式和触发轮齿式两种。其原理就是利用触发叶片或触发轮齿改变通过霍尔元件的磁场强度，从而使霍尔元件产生脉冲电压，经放大整形后即为曲轴位置传感器的输出信号。

霍尔式曲轴位置传感器的检测主要是电源电压、信号输出电压和连接导线电阻的检测。北京切诺基汽车霍尔式曲轴位置传感器与ECU的三个连接端子为电源（8V）、CPS信号和地，传感器端对应为A、B、C，ECU板对应为7、24和4。

（1）电压检测　打开点火开关，电源电压应为8V；在发动机运转时，信号电压应在0.3~5V间变化，电压呈脉冲变化，最高为5V，最低为0.3V。如果无脉冲电压输出，则说明传感器损坏。

（2）电阻检测　关闭点火开关，拔下曲轴位置传感器导线连接器，测量传感器的A-B或A-C间电阻，均应为∞，否则应更换传感器。

5. 霍尔式凸轮轴位置传感器的检测

（1）捷达等轿车霍尔式凸轮轴位置传感器的检测　捷达GT、GTX、桑塔纳2000GSi型轿车采用的霍尔式凸轮轴位置传感器安装在发动机进气凸轮的一端，它主要由霍尔式传感器和信号转子组成。在发动机工作时，由于凸轮轴位置传感器与曲轴位置传感器同时输出信号，凸轮轴位置传感器信号作为判缸信号，所以凸轮轴位置传感器也叫做同步信号传感器。

当凸轮轴位置传感器出现故障使信号中断时，ECU可以检测到故障信息。故障代码显示凸轮轴位置传感器有故障时，可以用万用表检测传感器电源电压和导线电阻进行故障的判定和排除。

1）传感器电源电压的检测：断开点火开关，拔下传感器导线连接器插头，用万用表的正、负表笔分别与连接器1与3端子相连接，接通点火开关时，电压应为4.5V以上。如果

电压为零，则应断开点火开关，检查导线是否存在断路或短路，或检查 ECU 故障。

2）导线断路检测：用万用表的电阻档分别检查传感器与 ECU 的 1-62 端子、2-76 端子和 3-67 端子间的电阻值，均应不大于 1.5Ω。否则为接触不良或导线断路。

3）导线短路检测：用万用表电阻档检查传感器连接器端子 1 与 2 和 3 端子间电阻，或检查 ECU 的 62 端子与 76 和 67 端子间电阻，均应为无穷大。否则说明导线存在短路。

（2）切诺基汽车凸轮轴位置传感器的检测 切诺基汽车凸轮轴位置传感器安装在分电器中，用来判别出是哪一缸活塞即将到达上止点之后，ECU 根据曲轴位置传感器信号，按照发动机的工作顺序（四缸发动机为 1-3-4-2、六缸发动机为 1-5-3-6-2-4），对各缸进行喷油和点火。

检测北京切诺基汽车使用的凸轮轴位置传感器，可使用原厂提供的 DRBⅡ 或 DRBⅢ 型诊断仪，也可以用万用表。在检查电压时，不要把分电器上的导线连接器拆下。当点火开关在 ON 时，A-C 端子间电压值应为 8V；拆下分电器盖，转动发动机曲轴，使脉冲环进入同步信号发生器时，B-C 端子间电压值应为 5V；如果继续转动曲轴，电压表的读数应在 0 ～ 5V 之间变化。否则，应进一步检查传感器导线连接情况，如果仍然不正常，则应更换凸轮轴位置传感器。

9.8 汽车中其他传感器的应用

1. 光电传感器的应用

（1）光亮传感器 光亮传感器内装 CdS 光敏电阻，用于各种灯具的亮熄自动控制。灯具控制器安装在仪表盘的上方，灯具控制器转换开关置于 OUT（自动）位置，傍晚时使尾灯亮，天色更暗时使前照灯亮。

（2）日照传感器 日照传感器安装在仪表盘的上侧易受日光照射的地方，利用光敏二极管检测日照量对车内温度的影响，自动调整空调的出风温度及出风量。

2. 湿度传感器的应用

（1）热敏电阻式湿度传感器的应用 湿度传感器主要用于汽车风挡玻璃的防霜、化油器进气部位湿度的测定及自动空调系统中车厢内湿度的测定。热敏电阻式湿度传感器，也即烧结型金属氧化物半导体湿度传感器，其结构和原理可参考 7.2 节。由于热敏电阻式湿度传感器的电阻温度特性，使用时需进行温度补偿，才能提高测试精度。

（2）结露传感器的应用 结露传感器用于检测车窗玻璃的结露。当车窗玻璃湿度较大，处于结露状态时，结露传感器使汽车空调进行除霜运行。

3. 压电式传感器的应用

（1）雨滴传感器 雨滴传感器用于雨滴传感刮水系统上，安装在车身外部，用来检测降雨量，控制器将根据降雨量自动设定雨刮器的间歇时间，来控制刮水电动机。按照检测原理，雨滴传感器可分为利用雨滴冲击能量变化的压电式、静电电容变化的电容式和雨滴光量变化的光电式等三种。

压电式雨滴传感器主要由振动板、压电元件、放大电路、阻尼橡胶和壳体构成。其中，振动板感知雨滴冲击能量，并按固有频率进行振动；压电元件将振动板的振动变形转换成电压信号。电压信号的范围为 0.5 ～ 300mV，其大小与加到振动板上的雨滴冲击能量成正比。

（2）压电式载荷传感器　压电式载荷传感器安装于电子控制悬架系统减振器拉杆内，用来测定衰减力，以检测路面的凹凸状况。在衰减力超过基准值时，由微机控制将衰减力切换为软工况。路面判定是按四轮分别进行的，而衰减力的切换则是按前后轮分别进行的。

衰减力的切换是随路面的状况而变化的，在平坦的路面上，路面的微小凹凸就会有灵敏的反应；在很差的路面上，难于进入柔软的状态，所以，在各种路面状态下，都能有最适宜的操纵性和舒适性。

4. 超声波传感器的应用

（1）短距离用超声波传感器　短距离用超声波传感器安装在车体四角靠下，用来检测距车体50cm之内有无物体。当检测到50cm以内的障碍物时，通过发光二极管（LED）和蜂鸣器告知驾驶员。若50cm以内有障碍物，则蜂鸣器发出断续声；若20cm以内有障碍物，则发出连续的报警声。

（2）中距离用超声波传感器　中距离用超声波传感器用来检测2m以内有无障碍物，检测距车辆2m以内的障碍物，由蜂鸣器告知。在2m以内蜂鸣器发出缓慢的断续声，在1m以内发出较快的断续声，0.5m以内发出连续的声音。传感器安装在车的后方，构成倒车声呐系统。

5. 转矩传感器的应用

在汽车中，主要用光电式、磁致伸缩式转矩传感器检测曲轴的扭力，获得发动机的转矩信息，与转速信息等一起来控制点火时刻、空燃比等参数；用电涡流扭矩传感器检测驾驶员施加给转向盘的扭力，由电控系统提供一定的附加转动力矩给转向盘的转动轴，使驾驶员操作轻松自如。

6. 磨损检测传感器

磨耗法磨损检测传感器为U形簧片，U形的顶端安装在制动器摩擦块的磨损界限位置上，用于检测摩擦片的磨损情况。当检测部位的磨损超过规定限度时，U形部分被磨损切断，电路断开，警告灯亮，告知司机。另一种为接触法，当检测部位的磨损超过规定限度时，传感器被接触。

7. 存储式反射镜用传感器

存储式反射镜是指能自动收回的门外反射镜，与可伸缩式转向器联动，能自动存储记忆、调整车反射镜在上下、左右方向上的角度。这个装置由上下和左右方向的两组位置传感器组成。传感器由霍尔元件和永久磁铁构成，霍尔元件安装在反射镜的把柄上，永久磁铁埋入在驱动反射镜用的驱动轴螺钉后端部。

8. 电流检测传感器

汽车中的电流检测传感器一般有集成电路式、晶体管式、簧片开关式和PTC式等。集成电路式、晶体管式和簧片开关式电流传感器主要用来识别灯具电路的断线状况，如前照灯、尾灯、停车灯、牌照灯等，若有一只灯断线即报警。对于尾灯、停车灯及牌照灯等，是否断线是难以确认的，可用簧片开关式电流传感器进行检测。PTC式电流传感器主要用于电加热式自动阻风门、门控电动机和空调鼓风机等电路的控制。

思考与练习

9-1 试述汽车中所用传感器的种类和检测量。

9-2 说明温度传感器在汽车中的应用、安装位置和检修方法。

9-3 说明压力传感器在汽车中的应用、安装位置和检修方法。

9-4 说明流量传感器在汽车中的应用、安装位置和检修方法。

9-5 说明气体传感器在汽车中的应用、安装位置和检修方法。

9-6 说明转速传感器在汽车中的应用、安装位置和检修方法。

9-7 说明加速度传感器在汽车中的应用、安装位置和检修方法。

9-8 说明位置传感器在汽车中的应用、安装位置和检修方法。

第 10 章
传感器在安全防范中的应用

"安全防范技术"是入侵防盗报警、防火、防爆及安全检查技术的统称。目前防火、防盗报警系统是智能建筑的重要组成部分,也是传感器的重要应用领域。

10.1 传感器在防盗报警系统中的应用

10.1.1 入侵探测和防盗报警系统概述

1. 防盗系统的组成和功能

防盗报警装置或系统大体上可分为微型、小型、中型和大型四种。无论哪种类型的防盗报警装置或系统,都由探测器(或传感器)、控制部分、警报产生部分、声光报警部分和供电电源等基本部分组成。各部分的配置,视安全防范技术要求、用途和场合分别设计,可简单可复杂,可大可小。电子防盗报警装置的基本组成框图如图 10-1 所示。

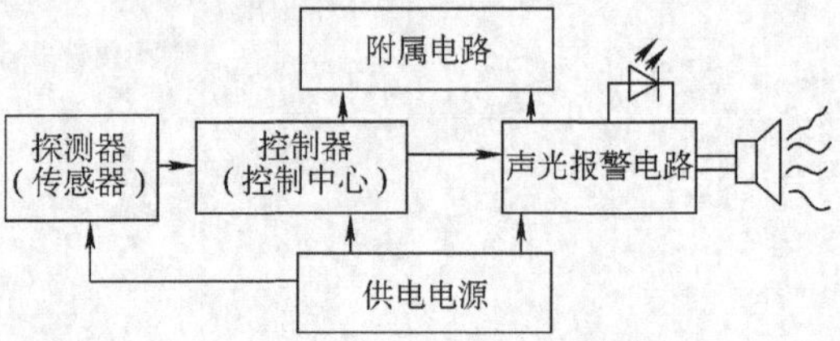

图 10-1 电子防盗报警装置基本组成框图

对于小型报警装置,常称为控制器;中、大型报警装置(或系统)防范区域大,功能多,可称为控制中心或报警调控中心。控制中心可把防范区内的各小区探测点和探测网络都汇集到该控制中心,即实现联网。探测信号通道也称信道。信道通常分为有线信道和无线信道两种。有线信道将各个探测区段、点的探测信号通过双绞线、电话线、电缆或光缆传输给控制器或控制中心;无线信道是通过无线电波进行信号传输的。通常,先对探测信号进行调制(AM 或 FM 等),然后通过专用的无线电频道进行传输。控制器或控制中心的无线电接收机对载有探测信号的载波信号进行接收、解调,还原出入侵探测信号。

声光报警电路通常包括触发器、声光信号产生器和音频功率放大电路等。报警装置的供电电源一般都配备有交流电源和直流(如电池组、蓄电池等)电源。直流电源应能和交流电源自动切换,并能维持报警装置或系统连续工作不少于 45h。

对于中、大型报警装置或系统,设置一些附属电路以协助控制中心完成各种控制及防范工作。设置记录装置,包括语音、摄像、录像等,以随时记录外界突发或入侵情况、犯罪过程、警情发生时间、终止时间等,为事后分析警情、破案提供第一手证据或资料。

2. 入侵探测器的类型和选型

(1)入侵探测器的选择原则 根据防范技术要求和实际使用场合,入侵探测器可选用不同信号的传感器，如位移、振动、压力及红外等单传感技术方式，也可采用双传感技术方式或组合探测方式。入侵探测器的类型和级别，应根据防范技术要求、工作环境或场合来选择。

入侵探测器的使用环境可分为室温、一般条件及室外严酷环境三种。按照正常条件下平均无故障工作时间（MTBF），入侵探测器分为四级：A级（1000h）、B级（2000h）、C级（5000h）和D级（6000h）。入侵探测器在正常气候条件下连续7天工作应不出现误报和漏报现象，其灵敏度和探测范围的变化不应超过10%。

（2）入侵探测器的类型及其特点　入侵探测器的类型很多，常见的有振动、超声波、微波、红外、电场畸变、开关和激光式等探测器。振动式入侵探测器有机械式、电动式和压电式等，可用于入侵者的走动，门、窗的相对移动或振颤以及保险柜发出的振动等点的探测。开关型报警器有磁控开关、微动开关、压力垫，或用金属条、金属箔、金属丝等，也属于点控制型传感头。电场畸变探测器主要用于户外的周界防范，一般可保护300～500m的周界。超声波、微波和红外式探测器可用于空间探测。激光是一种特殊光源，可归类于主动式红外探测。表10-1列出了超声波、微波和红外探测技术的警戒功能、工作特点和适于（不适于）工作的环境条件，供选型时参考。

表10-1　几种探测器的工作特点和性能

项目　　　探测方式	超声多普勒方式	微波多普勒方式	热释电红外探测方式	主动红外探测方式
视场及监视图（主要检测的运动方向）				
每部探测器标准监视范围有效距离	随探测器不同30～50m² 可达14m	随探测器不同150～200m² 可达25m	随探测器不同60～80m² 室内 12m，走廊60m	随探测器不同3～100m
典型应用（监视）	大、小室内空间，部分空间，小范围	长、大的空间，部分空间监视，大空间中的小范围	大、小空间，整体或局部空间，小范围，同时作火焰信号器	室内、走廊、过道
同一空间多个探测器	谨慎使用	谨慎使用	可以用	可以用
引起误报警的可能原因	① 超声范围的强噪声 ② 热风供暖装置 ③ 有物体（如小家畜）活动 ④ 空气湍流 ⑤ 墙不稳固 ⑥ 附近有干扰影响	① 金属物体的反射使高频射束偏移 ② 射频束穿过墙、窗 ③ 有物体（如小家畜、电风扇）运动 ④ 墙不稳固 ⑤ 电磁的影响	① 温度变化快的热源，如灯泡、电加热器、明火 ② 有强光、强弱变化光直接照射 ③ 有物体（如小家畜）活动	同热释电红外探测方式
电耗（标准值）	每个 20～150mA	每个 20～200mA	每个 8～20mA	每个 20～400mA

10.1.2 红外入侵探测器

红外入侵探测分为主动式和被动式。

1. 主动式红外入侵探测报警技术

主动式红外探测报警是指由探测装置发射红外光束,并接收被测物遮挡光束的信号,然后进行报警的方法。主动红外探测报警器属于直线红外光束遮挡型,一般采用较细的平行光束构成一道人眼看不见的封锁线,当有人穿越或遮断这条红外光束时,起动报警控制器,发出声光报警信号。

(1) 主动式红外探测报警器的组成及工作原理 如图10-2所示,主动式红外探测报警器由红外发射机、红外接收机和报警控制器等组成。分别置于发、收端的光学系统一般采用光学透镜,将红外光聚焦成较细的平行光束,形成警戒线。按红外光束的形式,分为单音脉冲式、载波调制式和有消隐波门的红外探测报警系统。在红外探测报警系统中,一般采用脉冲编码方式。

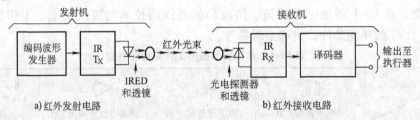

图10-2 红外光发射与接收系统的基本组成框图

红外探测系统的有效作用距离决定于馈送给 IR 的峰值电流,而不是其消耗的平均电流。一个以正常速度行走的人在通过任何一个给定场点时,约需200ms,IR 只需以远小于200ms的周期重复发射即可,如周期为50ms、发射持续时间为1ms 的 20kHz 的脉冲列。这样,在保证有效作用距离不变的情况下,载波调制方式所消耗的电流仅为单音脉冲方式所消耗电流的1/50。这就大大降低了对红外发射器和发射功率的要求,同时也使发射效率大为提高。

(2) 主动式红外探测报警器的安装方式和防范布局 选取合适的遮光时间进行报警对于主动式红外探测报警器至关重要。若遮光时间选得过短,某些外界干扰(如电磁干扰、背景光变化、小鸟飞越、小动物穿过等)会引起误报警;若遮光时间选得过长,则可能导致漏报。若来犯者以 10m/s 的速度通过镜头的遮光区域,人体最小粗度为20cm,则穿越者最短遮光时间为20ms。光束被人体遮断超过20ms 时,系统就会报警,而小于20ms 时不会报警。这样,较小的活动体,如小动物、昆虫等不会导致误报。

主动式红外探测报警器可根据防范要求以及实际防范区大小、形状的不同,视具体情况布置单光束、双光束或多光束,分别形成警戒线、警戒墙、警戒网等不同的封锁布局。如:红外发射机(T)和接收机(R)对向放置,形成单光束或多光束的红外警戒线;成对发、收装置对射,可构成红外警戒面;采用反射镜(转向镜)形成红外警戒线、警戒面或警戒网。对于有分岔的长走廊,可用一个红外发射器、两个反射镜和安装在走廊两端的两个红外接收器进行红外警戒;对于远距离主动红外警戒,可采用中继方式。

(3) 主动式红外探测报警器的安装注意事项 安装主动式红外探测报警器时应注意:隐蔽、防破坏,防热、光、电气及小动物、昆虫及落叶等干扰。

2. 被动式红外探测报警技术

被动式红外探测器即热释电红外探测器，它不需要附加红外光源，可直接接收被测物的辐射。这种探测器具有二维探测、识别特性，且必须满足两个条件才能报警，即具有一定体温的生物体和具有一定的移动速度。热释电红外探测器对人体有很高的灵敏度，常用于室内和空间的立体防范。

（1）热释电传感器与菲涅尔透镜的配接 根据被动式红外探测器的结构、警戒范围及探测距离的不同，大致可分为单波束型探测器和多波束型探测器两种。

单波束型探测器是由红外传感器和曲面反射镜组成的，反射镜将来自目标的红外光能会聚在红外传感器上。单波束型探测器的警戒视场角较窄，一般在5°以下。但由于能量集中，故探测距离较远，可长达100m左右，适合探测狭窄的走廊、过道，封锁门窗、道口等。

多波束型红外探测器采用菲涅尔光学透镜聚焦。菲涅尔透镜通常是在聚乙烯材料薄片上压制有宽度不同的分格竖条制成的。如图10-3所示，单个竖条平面实际上是一些同心的螺旋线形成多层光束结构的光学透镜，在不同探测方向呈多个单波束状态，组成立体扇形监测区域。当有人在菲涅尔透镜前面穿过时，人体发出的红外光就不断通过红外的"高灵敏区"（感应区）和"间隔区"（空区或盲区），形成时有时无的红外光脉冲。因此，菲涅尔透镜与红外传感器组成的红外探测器提高了检测活动体的灵敏度，大大提高了红外探测距离。

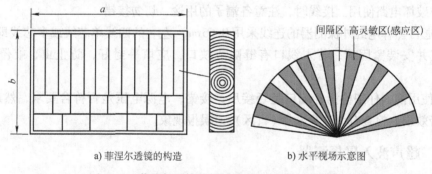

a) 菲涅尔透镜的构造　　　　b) 水平视场示意图

图10-3　菲涅尔透镜的构造及其水平视场示意图

根据技术要求，菲涅尔透镜有不同的规格，以及不同的结构和几何尺寸。如图10-4所示，菲涅尔透镜的透镜面与传感器之间应保持规定的距离，不同的透镜有不同的距离。

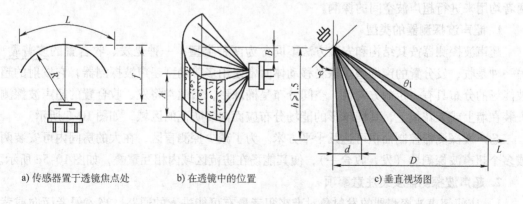

a) 传感器置于透镜焦点处　　b) 在透镜中的位置　　　　c) 垂直视场图

图10-4　菲涅尔透镜与红外传感器的安装位置及其视场

（2）被动式红外探测器的布置和安装注意事项

1）选择安装位置时，应使探测报警器具有最大的探测、警戒范围，使可能的入侵者都处于红外探测的水平（面）和垂直（面）视场范围之内。对于走廊，采用长焦镜头红外探测器，探测范围为 36m × 2.5m，架高 $h = 2.5$m，安装在走廊的两端。房间内，要注意探测器的窗口与监测区的相对角度，壁挂式一般安装在墙角比安装在墙面上效果好，安装高度为 2 ~ 4m。

2）应使入侵者的活动有利于横向穿越红外监视光束带区，以提高探测灵敏度。

3）热释电红外探测器不应对准任何温度会快速变化的物体及强光源，防止误报。若无法避免热源，则离热源的距离至少在 1.5m 以上。

4）红外探测器应远离强功率源（如变压器、电动机等）和耗电源（如电冰箱、微波炉等），防止电磁干扰，避免误触发、误报。

5）红外探测器的视场区内不应有高大的遮挡物及电风扇叶片的干扰和遮挡。

（3）热释电红外探测器的安装程序

1）将探测器的上盖和底座分开，然后将底座固定在选定的位置上（一般高度 $h = 2 ~ 2.5$m）。

2）红外探测器通常有6个外接端子：两个接电源 V_+、V_- 端；两个接报警系统电路；两个供防破坏电路使用。接线时，注意各端子的用途，切勿接错。

3）通常热释电红外探测器的连线采用 0.65mm² 左右的四线单芯线或多芯线即可。接好各端子线并安装紧固后，若入线口有缝隙或缺口，应填平封好，防止虫、蚁侵入而引起误报。

4）使用前，仔细检测各端口是否接反、接错，电源电压是否符合要求，然后再通电，检测报警效果，检查有无"死角"（盲区）或误报现象。

10.1.3 超声波入侵探测器

超声波探测器常见的发射、接收标称频率为 35 ~ 40kHz，常取 40kHz。常用的超声波传感器有 UCM-40T/R 系列、T/R40- × × 系列等。超声波传感器按其结构和安装方法的不同，可分为声场型和多普勒型。前者多用于封闭的室内环境，后者防范空间为一椭球形区域，但两者均用来进行超声波空间的探测。

1. 超声波探测器的类型

超声波探测器按其结构和安装方法不同分为两种类型：一种是发、收合置的多普勒型；另一种是收、发分置的声场型。探测移动体时常使用多普勒型超声波探测器，它发射的超声波能场的分布具有一定的方向性，空间分布呈椭球形，因此常将发、收合置的超声波探测器安装在墙上或天花板上，其椭球形的能场分布应面向要防范的区域，如图 10-5 所示。

超声波探测器控制面积可达几十平方米。为了减少探测盲区，在大的房间内可安装两个或多个超声波探测器（发、收合一），使其能场在防范区域内相互重叠，如图 10-5c 所示。

2. 超声波探测器安装注意事项

1）应使超声波探测器的发射角对准来犯者最有可能进入的通路。当入侵者面向或背向探测器走动时，探测灵敏度较高。

2）超声波探测器应远离发热源，如空调器、暖气管（片）和热风机等。

3）注意避免室内的家具、物品对超声波探测器的遮挡。

4）房间的隔声性能要好，以避免外界的超声源产生干扰。

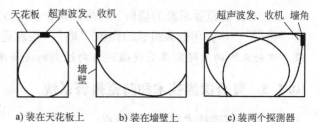

a) 装在天花板上　　　b) 装在墙壁上　　　c) 装两个探测器

图 10-5　多普勒型超声波探测器的能场分布图

10.1.4　微波入侵探测器

微波探测器与上述超声波探测器一样，能在立体空间范围内进行非接触式探测、防范。它可以覆盖 60°~70° 的辐射角范围，甚至更大。微波探测受气候条件、环境变化的影响较小。同时，由于微波具有穿透非金属物质的能力，故可将微波探测头安装在隐蔽处，或外加遮饰物，不易被外人察觉。微波防盗报警装置主要是利用多普勒效应，因此探测对象必须是移动体。

1. 微波探测报警器的组成

按照工作原理和结构组成，微波探测报警器可分为微波多普勒报警器和微波墙式报警器两种类型。微波多普勒报警器也称雷达微波报警器，其警戒范围为一个立体防范空间，小至十几立方米，大至几百立方米，常用于室内、库房或院落的防范。微波墙式报警器通常将发射器和接收器分置两处，发、收之间的微波电磁场构成一个长达几十米至几百米、宽 2 ~ 4m、高 3 ~ 4m 的狭长防范空间，形成一道微波墙。微波探测墙式报警装置的组成框图如图 10-6 所示。常见的微波探测墙式报警器为连续波调制或脉冲调制的小功率发射装置和混频式接收装置，一般不设高放，设备简单，成本低，但发射和接收天线均需采用定向天线。

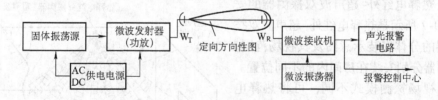

图 10-6　微波探测墙式报警装置的组成框图

2. 微波探测器和天线的安装注意事项

微波天线的性能和安装对探测防范性能影响极大。墙式报警器的发射和接收均采用定向天线并相对放置。由微波电磁场形成一道人眼看不见的微波警戒线或微波栅栏，故又称微波墙。天线的安装既要考虑装设的隐蔽性，又要考虑其覆盖区域。天线或扬声器馈源大多选择"背"靠墙或"背"靠屋顶墙角的地方，使辐射出的电磁波能覆盖要防范的空间，以便监视来犯者的入侵路径。

1）安装时，宜采用 L 形托架将微波探测器和天线装在墙上或桩柱上，发射、接收天线之间不应有障碍物，附近无电磁干扰。微波监视场内不应有较大的金属物体。

2）微波具有直线传播特性，当监控范围较大时，应根据周界的形状，合理布置几组发、收机，形成微波防护圈。

3）对于防范要求高的场所，可采用两个相对方向发射的微波射束组成微波"墙"或微波"栅栏"。单方向射束组成的微波"墙"，在靠近发射机处可能有死角（称为<u>盲区</u>）。**注意**，双射束间的间隔距离应视微波方向性图的视场而定，防止旁瓣触发导致的误报。

10.1.5 复合探测技术和防范报警系统

1. 复合探测技术报警器的特点

单技术探测器虽然结构简单、价格低廉，但由于受到如环境温度、振动、冲击、光强变化、电磁干扰、小动物活动等各种因素的影响，在某些情况下的误报、漏报率会相当高。

复合探测技术是将两种或两种以上的探测技术结合在一起，以"相与"的关系来触发报警装置。表10-2列出了几种单探测技术和双探测技术报警器误报率的比较。可以看出，微波-热释电红外探测双技术报警器的误报率最低。热释电探测器可消除微波探测器受电磁反射物和电磁干扰的影响，而微波则减轻热释电器件受温度变化的影响。因此，这是一种最为理想的组合，应用广泛。有些报警产品中还有温度自动补偿电路及抗射频干扰措施。

表10-2　单、双探测技术报警器误报率比较

报警器种类	单探测技术报警器				双探测技术报警器			
	声控	超声波	微波	热释电	超声波-热释电	超声波-微波	热释电-热释电	微波-热释电
误报率	80%、90%				40% ~58%			1%
可信度	最低				中等			最高

2. 复合探测技术报警器的安装

双探测技术报警器按结构分为一体式和分体式两种。分体式的报警器安装较麻烦，但优点是可按照各探测方式的特点和实际现场进行安装，使每种探测器调整到最佳灵敏度。

（1）热释电红外-超声波双探测器的安装　图10-7所示是热释电红外-超声波双技术探测器的分体安装示意图及其视场范围。两种探测器分别安装在房间内的不同位置。

根据视场探测模式不同，可将热释电红外探测器直接安装在天花板上、墙上或墙角处。选择安装位置时，要注意使来犯者闯入时必须横向穿越红外光束带区。

由于多普勒型超声波探测器（或多普勒型微波探测器）对径向移动的人有最高的探测灵敏度。因此，<u>安装时应将这两种探测器安排成相互垂直的状态</u>。

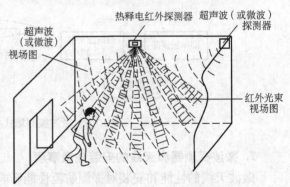

图10-7　分体式热释电红外-超声波双技术探测器的最佳安装示意图

（2）微波和热释电红外双探测器的安装　安装微波和热释电红外双探测器时需注意以下事项：

1）两种探测器的灵敏度采取折衷办法，即两者在防范区内保持均衡，二者兼顾。

2）安装微波多普勒探测器时，应使探测器正前方的轴向方向与来犯者最有可能会穿越的主要方向约成45°为宜。

例1. 如图10-8所示，在放置贵重物品的房间内，在墙角和墙壁上（$h = 2.5\text{m}$）分别装有微波多普勒探测器和热释电红外探测器，两者的视场覆盖了整个房间、门和窗户。

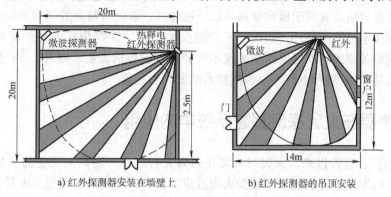

a) 红外探测器安装在墙壁上　　b) 红外探测器的吊顶安装

图 10-8　装有微波多普勒探测器和热释电红外探测器的房间

例2. 图10-9所示为某长方形展厅内一个热释电红外探测器和两个微波多普勒探测器的安装示意图。

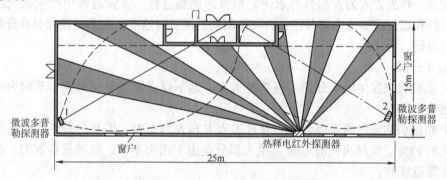

图 10-9　某展厅内的热释电红外探测器和微波多普勒探测器的安装示意图

例3. 对于走廊或楼道，由于窄而长，则宜加装一个微波墙式探测器和两个小型热释电红外探测器。它们的布置和安装示意图如图10-10所示。

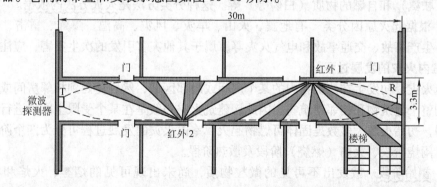

图 10-10　楼道、长廊内热释电红外探测器和微波墙式探测器的布置、安装示意图

图中，微波发射器 T 和微波接收器 R 各备有一个微波定向天线，形成一个 3m × 3m × 30m（宽×高×长）的微波监视场。采用微波定向天线可形成定向性很好的调制微波束，覆

盖了整个长廊的各房间门口和楼梯口。

图中的热释电红外探测器有两个（红外1和红外2），它们错开对放。当入侵者进入廊道时，使入侵者的活动有利于横向穿越其红外视场区，以便有较高的探测灵敏度。

除双探测技术报警产品外，目前"三探测技术"和"四探测技术"的复合报警器均有产品上市。例如英国的帕朗尼斯四探测技术报警器，它包括微波、红外、IFT及微波监控等技术，其本质是微波-热释电红外双探测技术的发展和完善。

10.2 传感器在火灾探测报警系统中的应用

"水火无情"，自古以来，火灾与水灾并列为灾害之首，而火灾发生的次数又居各种灾害之首。火灾的发生是随机的，要减少火灾造成的损失，早期准确预报火灾是关键。目前用于火灾探测报警的传感器主要有感烟传感器、感温传感器、火焰传感器和气体传感器等。

10.2.1 火灾的信息检测

火灾是一种失去人为控制并造成一定损害的燃烧过程。火灾过程中产生的气溶胶、烟雾、光、热和燃烧波称为火灾参量，火灾探测就是通过对这些火灾参量的测量和分析，来确定火灾的过程。

1. 火灾分类

（1）根据火灾发生场所分类 有森林火灾、地下煤火灾、草原火灾、车辆火灾、船舶火灾和建筑火灾等。

（2）根据引起火灾的原因分类 有自燃火灾和人为火灾。据有的资料说：人为火灾占建筑火灾的99%、森林火灾的90%，绝大部分是由于用火不慎、电器设备陈旧、违反安全操作规程等造成的。

（3）根据燃烧对象分类 分A、B、C、D类。一般固体物质的火灾为A类，液体火灾和燃烧时可熔化的某些固体火灾为B类，气体火灾为C类，D类是活泼金属（钾、钠、镁、钛、钾钠合金和镁铝合金）、金属氢化物（氢化钠、氢化钾）、能自动分解的物质（有机过氧化物、联氨）和自燃的物质（白磷等）等。这种分类方法是灭火方法的依据。

（4）根据起火原因分类 有地震、火山、旱灾、风灾、高温、爆炸、雷击、战争、恐怖行动、生产事故、交通事故和电气火灾等，属于其他灾害引发的次生灾害，应注意预防。

2. 室内火灾的发展过程

建筑火灾最初发生在建筑物内的某个房间或局部区域，然后蔓延到相邻房间或区域，最后扩展到整个建筑物和相邻建筑物。因此，建筑火灾一般是在某个受限空间内进行的。在室内火灾中，初始火源大多数是固体可燃物起火。室内火灾的发展过程可分为四个阶段，即起始阶段、闷烧阶段、火焰（燃烧）阶段及散热阶段。

（1）初始阶段 散发出不可见的微粒物质，尚未出现可见的烟雾、火焰和相应的热散发。

（2）闷烧阶段 可以看到大量像烟雾一样的微粒，尚未出现火焰和相应的热散发。

（3）火焰阶段 实际的火焰已存在，相应的热尚未散发，但立即将出现热散发。

（4）散热阶段 不可控的热量迅速散发到空气中。

在火灾发展的每一个阶段，都要求有专门的传感器。在火灾爆发的前期，首先出现的是可见的烟雾和 CO、CO_2 等标志性气体，烟雾探测和气体检测可以早期预报火情，从而挽救人员的性命，拯救建筑物免遭彻底损坏。在火焰阶段可使用火焰探测器，在散热阶段可应用温度传感器。因此，可靠的火灾探测往往采用三参量或四参量的复合探测器。

10.2.2 火灾探测器

1. 火灾探测器产品型号编制方法

按照 GA/T 228—1999《火灾报警控制器产品型号编制方法》，火灾探测器产品型号编制方法如图 10-11 所示，共 7 项。

① J（警）：消防产品中的分类代号（火灾报警设备）。

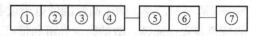

② T（探）：火灾探测代号。

图 10-11 火灾探测器产品型号编制方法

③ 火灾探测器分类代号。各类探测器表示为：Y（烟），感烟探测器；W（温），感温探测器；G（光），感光探测器；Q（气），可燃气体探测器；F（复），复合探测器。

④ 应用特征代号：B（爆），防爆型；C（船），船用型。非防爆型和非船用型省略。

⑤、⑥ 敏感元件特征代号：LZ（离子），离子型；GD（光、电），光电型；MD（膜、定），膜盒定温型；MC（膜、差），膜盒差温型；MCD（膜、差、定），膜盒差定温型；SD（双、定），双金属定温型；SC（双、差），双金属差温型；GW（光温），感光感温复合型；GY（光烟），感光感烟复合型；YW-HS（烟温-红束），红外光束感烟感温复合型。

⑦ 主参数：表示定温、差定温用灵敏度级别。

2. 烟雾探测器

目前，烟雾探测器在火灾探测器市场中占居 80% 份额。在现代建筑物中通常使用的烟雾探测器有电离式和光电式两种，能够探测火焰发展过程中的两个不同阶段。

（1）电离式烟雾探测器 电离式烟雾探测器的结构原理如图 10-12 所示。在两电极间放入放射性同位素 ^{241}Am（镅），^{241}Am 不断放射出 α 射线，形成电离室。电离室内空气中的氮与氧分子在高速运动的 α 粒子撞击下电离成正离子和负离子。这些正负离子在电场力作用下，分别向正极和负极运动形成电离电流。对一定量的 ^{241}Am 辐射源和一定的空气密度，电离电流的大小随着两极板上的电压增加而增加。当电离电流增加到一定值时，不再随电压变化，称为饱和电流。这个电流随电压线性变化的特性区称欧姆定律区，电离室呈现电阻特性。由于电流非常小（μA 级），因此阻抗很高。当烟雾进入电离室后，因烟粒子对 α 射线的阻挡作用和对电离粒子的吸附作用，降低了电离能力，

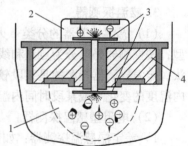

图 10-12 电离式烟雾
传感器的结构原理
1—检测电离室 2—补偿电离室
3—辐射源 4—信号处理电路

减缓了离子的运动速度，正、负离子复合的概率增加，从而使离子电流减小，即电阻增大。

图中，补偿电离室为纯净空气，与检测电离室串联，对环境温度、湿度和气压等自然条件变化进行补偿；信号处理电路用环氧树脂密封。

（2）光电式烟雾探测器 光电式烟雾探测器是利用火灾烟雾对光产生吸收和散射作用

来探测火灾的一种装置。在光路上测量烟雾对光的衰减（吸收）作用的方法，称为减光型探测法；在光路以外的地方，测量烟雾的散射光能量的方法，称为散射型探测法。

光电式烟雾传感器对开始慢速发烟的火焰有响应，适用于起居室、卧室和厨房等。因为这些房间内的沙发、椅子、褥垫、写字台上的物品等燃烧缓慢，并且产生比火焰更多的烟雾。与电离式烟雾报警相比，光电式烟雾传感器在厨房区域内也很少出现错误报警。

图 10-13 所示为当前使用的大多数商用光电式探测器的结构原理。光源采用近红外（880mm）发光二极管（1RED）。为了消除由放大器偏差或漏电引发的可能的错误信号，进行了三次独立的测量。第一次及末一次（M_1 和 M_3）测量在无光脉冲的情况下进行，红外发射器只在第二次（M_2）测量进行时打开 ASIC（专用集成电路）内的集成滤波器，输出 = $M_2 - (M_1 + M_3)/2$。除了高性能的电子设备及光学仪器外，还有很多对烟雾探测器而言必要的特色装置：曲径、防护栅、光阻和带有进烟缝的隔离罩。光阻和曲径的功能是防止光在无烟情况下直射接收器。防护栅阻止灰尘、污染物甚至昆虫进入到光室中，金属防护栅可以防电磁扰动；隔离罩的形状、曲径及防护栅共同决定烟进入探测器的难易程度。

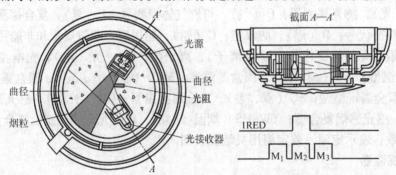

图 10-13　光电式散射型烟雾探测器的结构原理

3. 感温探测器

（1）感温探测器的分类　火灾感温探测器，按工作方式分为定温型、差温型和差定温型；按探测器外形分为点型和线型；按感温元件分为机械型和电子型，其中机械型逐渐被淘汰。定温探测器探测的是某段较长时间内温度增加量的积分；差温探测器探测的是某段时间内温度的变化率或某段时间内温度的增量。

（2）电阻型感温探测器

1）差定温感温探测器：如图 10-14 所示，差定温感温探测器采用两只 NTC 热敏电阻，其中采样 NTC（R_M）位于监视区域的空气环境中，参考 NTC（R_R）密封在探测器内部。当外界温度缓慢升高时，R_M 和 R_R 电阻都减小，R_R 作为 R_M 的温度补偿元件，当温度达到临界温度后，R_M 和 R_R 的电阻值都变得很小，R_A 和 R_R 串联后，可忽略 R_R 的影响，R_A 和 R_M 就构成了定温感温探测器。当外界温度急剧升高时，R_M 的阻值迅速下降，而 R_R 的阻值变化缓慢，由 R_A 和 R_R 串联后，再与 R_M 分压，当分压值达到或超过阈值电路的阈值电压时，阈值电路的输出信号促使双稳态电路翻转，双稳态电路输出低电位经传输线传到报警控制器，发出火灾报警信号，这就是差温感温探测器的工作原理。

2）定温式热敏电阻探测器：仍如图 10-14 所示，除去参考 NTC（R_R），将采样 NTC（R_M）换成临界热敏电阻 CTR，就成为定温式感温探测器。由于在临界温度以下，CTR 热敏电阻在正常情况下阻值高，并且随环境温度的变化不大，因此，这种探测器的可靠性高。

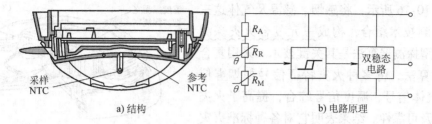

图 10-14　电子感温探测器

其他的温度传感器有 PN 结温度传感器、集成温度传感器、激光-光纤温度传感器等，都可以用来构成火灾温度探测器。

4. 火焰探测器

火焰探测器是基于对火焰发出的红外（IR）或紫外（UV）辐射进行检测。火焰发出的辐射光几乎立即到达探测器，而烟雾中的悬浮物飘至探测器则需要一定的时间。因此，火焰检测器对明火的检测十分迅速，比烟雾探测器响应快得多。

（1）紫外（UV）火焰探测器　紫外火焰探测器的结构如图 10-15 所示，探测器采用如图 2-37 所示的圆柱状紫外光敏管，和一些光学元件、信号处理器及外保护层等组成防爆型结构，防爆标志为 B_{3e}，不受风、雨、太阳光和普通照明灯的影响，适用于含有 3 级 e 组爆炸型混合物环境中使用。紫外火焰探测器可采用如图 2-38 所示的电路，也可在电路输出端加电子开关电路，输出开关信号。

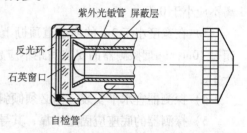

图 10-15　紫外火焰探测器的结构

紫外火焰探测器组成的火灾报警系统往往同灭火系统联动，组成一个完整的自动灭火系统。例如同卤代烷 1211、卤代烷 1301 以及水喷雾、雨淋和预作用灭火系统等组成自动灭火系统。这种系统的特点是快速报警和快速灭火，因此，它适用于对生产、存储和运输高度易燃物质的危险性很大的场所提供保护。例如，油气采集和生产设施；炼油厂和裂化厂；汽油运输的装卸站；轮船发动机房和储存室；煤气生产和采集装置；丙烷和丁烷的装载、运输和存储；氯生产设施；弹药和火箭燃料的生产和储存；镁及其他可燃性金属的生产设施；大型货物仓库、码头等。

（2）红外（IR）火焰探测器　红外火焰探测器响应火焰辐射波长大于 700nm 的红外光。由于火焰红外辐射比紫外辐射谱带范围宽、辐射强度强，因此应用范围更广、更普遍。但红外辐射背景干扰因素多，因此，红外火焰探测器必须有效屏蔽太阳光等背景辐射的影响。

同紫外火焰探测器一样，红外火焰探测器具有对火焰反应速度快，可靠性高的特点，适用于对生产、存储和运输高度易燃物质、危险性很大的场所提供保护，并可以组成联动控制灭火系统。

双通道红外火焰探测器，如瑞士 Cerberus 公司的 S2406 型，具有抗人工光源、阳光照射、各种热源、紫外线和 X 射线等干扰的特点。

5. 三元复合火灾探测器

如图 10-16 所示，将感烟、感温及气体这三种火灾探测技术结合，构成三元复合火灾探测器。复合型探测器算法是其关键技术。采用复合偏置滤波算法，将多种火灾特征信号如烟雾信号、CO 气体信号、温度信号综合，提高了火灾探测效率及可靠性。结果表明它对各种标准火灾均能正确响应，对普通光电烟温复合探测器难以响应的低温升黑烟也能早期报警。

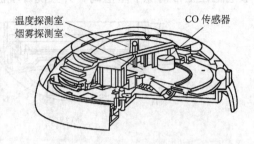

图 10-16 三元复合火灾探测器结构外形

10.2.3 火灾探测器的安装

1. 典型火灾探测器的安装注意事项

1）探测器至墙壁、梁边的水平距离不应小于 0.5m，周围 0.5m 内不应有遮挡物。

2）探测器至空调送风口边的水平距离，不应小于 1.5m；至多孔送风顶棚孔口的水平距离不应小于 0.5m。

3）在宽度小于 3m 的内走道顶棚上，探测器宜居中布置。感温探测器的安装间距不应超过 10m；感烟探测器的安装间距不应超过 15m。探测器距端墙的距离不应大于安装间距的一半。

4）探测器宜水平安装，当必须倾斜安装时，倾斜角度不应大于 45°。

5）探测器的底座应固定牢靠，其导线连接必须可靠压接或焊接，但不能用助焊剂。

6）探测器的 "+" 线应为红色，"-" 应为蓝色，其余线应根据不同用途采用其他颜色区分。但同一工程中相同用途的导线颜色应一致。

7）探测器底座的外接导线，应留有不小于 15cm 的余量，入端处应有明显标志。

8）探测器底座的穿线孔宜封堵，安装完毕后的探测器底座应采取保护措施。

9）探测器的确认灯，应面向便于人员观察的主要入口方向。

10）探测器在即将调试时方可安装，安装前应妥善保管，并采取防尘、防潮和防腐蚀措施。

2. 探测器的安装方式

图 10-17 ~ 图 10-21 所示为探测器的几种安装方式和接线方式。

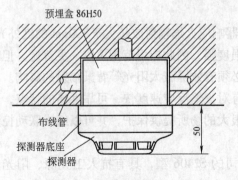

图 10-17 探测器的安装方式

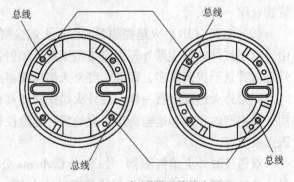

图 10-18 探测器的接线方式

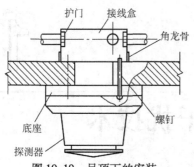

图 10-19　吊顶下的安装

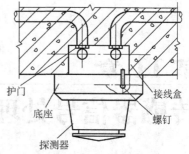

图 10-20　顶板下暗配管安装

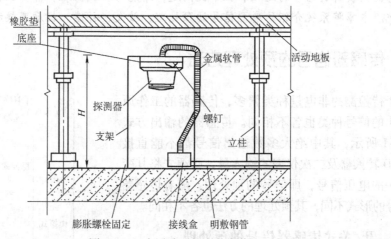

图 10-21　在活动地板下的安装

思考与练习

10-1　说明安全防范防盗报警系统的组成和功能。

10-2　入侵探测器有哪些类型？如何选型？

10-3　为什么微波-热释电红外探测双技术报警器的误报率最低？

10-4　红外探测器和微波探测器各对哪个移动方向的活动体最敏感？

10-5　安装超声波探测器时应注意哪些事项？

10-6　说明主动式红外探测报警器的组成及其特点。

10-7　举例说明主动式红外探测报警器的安装方式、防范布局和注意事项。

10-8　说明被动式红外探测防盗报警器的组成和提高探测距离的方法。说明菲涅尔透镜的作用。

10-9　说明热释电红外探测器的布置和安装注意事项。

10-10　说明微波探测器天线的种类和特点。

10-11　为了形成有效的微波"墙"，布置和安装微波探测器或天线时，应注意哪些事项？

10-12　安装微波和热释电红外探测器时需注意哪些事项？

10-13　说明火灾有哪些参量和类型。

10-14　室内火灾分哪几个阶段？各阶段应选用哪些类型的探测器？

10-15　说明电离式烟雾探测器的原理。

10-16　说明光电式烟雾探测器的原理。

10-17　说明差定温热敏电阻探测器的原理。定温热敏电阻探测器使用哪种类型的热敏电阻？

10-18　说明红外火焰探测器的特点。

10-19　三元复合火灾探测器是如何组成的？

第 11 章
传感器信号处理与抗干扰技术

传感器需要解决信号的处理和抗干扰问题，才能与二次仪表、计算机、PLC 等设备构成应用系统。本章将系统介绍传感器信号的预处理、放大、补偿、标度变换和抗干扰技术。

11.1 传感器信号的预处理方法

由于待检测的非电量种类繁多，传感器的工作原理和输出的信号种类也各不相同。传感器的输出方式如图 11-1 所示，其中绝大多数输出信号都不能直接作为 A-D 转换器及二次仪表的输入量，必须先将其变换成统一的电压信号，即信号的预处理。随着传感器输出信号的形式不同，其预处理的方法也各不相同。

11.1.1 开/关式传感器信号的预处理

如图 11-2a 所示，在输入传感器的物理量小于某阈值的范围内，传感器处于"关"的状态，而当输入量大于该阈值时，传感器处于"开"的状态，这类传感器称为开/关式传感器。实际上，由于输入信号总存在噪声叠加成分，使传感器不能在阈值点准确地发生跃变，如图 11-2b 所示。另外，非接触式传感器的

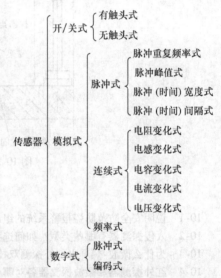

图 11-1 传感器按输出方式分类

输出也不是理想的开关特性，而是具有一定的线性过渡。因此，为了消除噪声及改善特性，常接入具有迟滞特性的电路，称为鉴别器，或称脉冲整形电路，多使用施密特触发器，如图 11-2c 所示。经处理后的特性如图 11-2d 所示。

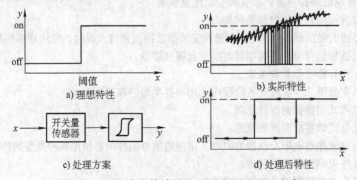

图 11-2 开/关式传感器特性示意图及处理方案

另外，对于触头式开关信号常用双稳态触发器或软件延时（几十毫秒）来消除机械抖动。

11.1.2 模拟脉冲式传感器信号的预处理

1. 脉冲峰值式传感器信号的处理方法

不少传感器在受到输入信号冲击时，其输出信号呈指数性衰减，采用脉冲峰值保持电路，使脉冲峰值在 A－D 转换期间保持不变，再进行 A－D 转换。

2. 脉冲宽度式和脉冲间隔式信号的处理方法

脉冲宽度式传感器输出脉冲的宽度受被测物理量调制，与被测物理量大小成正比，如采用脉冲调宽电路的电容式传感器的输出信号。脉冲间隔式传感器在受到一次输入信号作用时，便产生两个脉冲，两个脉冲的时间间隔与被测物理量成正比，如应变式扭矩传感器及反射式超声波测距传感器等。这两类信号都是时间间隔信号，在时间间隔大于微秒级时，可将其作为门控信号，用数字计数器计数。另一种方法是利用时间/峰值转换电路（TAC）将时间间隔转换成电压峰值，再进行 A－D 转换，其原理如图 11-3 所示。

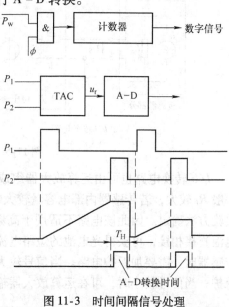

图 11-3　时间间隔信号处理

TAC 的工作过程是：第一个脉冲 P_1 输入后，产生一个自零点起以一定斜率线性上升（积分）的电压信号；第二个脉冲 P_2 到来，电压值停止增大并保持 T_H 时间不变，在此时间完成 A－D 转换。显然，电压峰值正比于时间间隔。

11.1.3 模拟连续式传感器信号的预处理

模拟连续式传感器的输出参量可以归纳为 5 种形式：电压、电流、电阻、电容和电感。这些参量必须先转换成电压量信号，然后进行放大及带宽处理才能进行 A－D 转换。它们的预处理一般体系如图 11-4 所示。可见，数字式万用表已包括了预处理、数据采样与A－D 转换等全部功能电路。

模拟连续式传感器按能量转换方式可分为有源型和无源型两类。有源型传感器直接输出电压或电流量，如热电偶、光电池等。电压量可直接进行放大，电流量则需经电流/电压转换电路之后，再进行放大。无源型传感器则由外电源驱动，在输

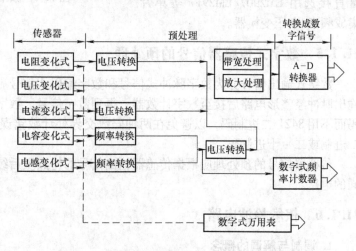

图 11-4　模拟连续式传感器信号预处理一般体系

入物理量控制下输出电能，如电阻式、电容式、电感式、霍尔式传感器等，可用电桥、谐振电路等进行转换。

用一只电阻可构成简单的电流/电压转换电路。在要求较高的场合，可采用图 11-5a 所示的 I/U 转换电路。该电路输入阻抗 $R_i \approx n \times 10\text{m}\Omega$，输出电压 $U_o = I_i R_S$，$R_S > 10\text{M}\Omega$，电路输出电阻 R_o 一般小于 $1\text{k}\Omega$。

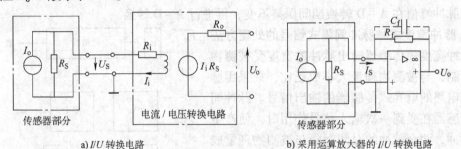

a) I/U 转换电路   b) 采用运算放大器的 I/U 转换电路

图 11-5　电流/电压转换电路

I/U 转换电路也可由运算放大器组成，如图 11-5b 所示。电路的输出电压 $U_o = -I_S R_f$。一般 R_f 较大，若传感器内部电容量较大时容易产生振荡，需要加消振电容 C_f。C_f 的大小用实验方法确定。因此该电路不适用于高频。电路利用运算放大器"虚短"的原理，若与光电池直接相接，可获得光电池的短路电流输出特性。但是，当运算放大器直接接到高阻抗的传感器时，需要加保护电路。当信号较大时，可在运算放大器输入端用正反向并联的二极管保护；当信号较小时，可在运算放大器输入端串联 $100\text{k}\Omega$ 的电阻保护。

11.1.4　模拟频率式传感器信号的预处理

模拟频率式输出信号的预处理方法：一种是直接通过数字式频率计变为数字信号；另一种是用频率/电压变换器变为模拟电压信号，再进行 A-D 转换。频率/电压变换器的原理如图 11-6 所示。通常可直接选用 LM2907/LM2917 等单片集成频率/电压变换器。

图 11-6　频率/电压变换器原理框图

11.1.5　数字式传感器信号的预处理

数字式输出信号分为数字脉冲式信号和数字编码式信号。数字脉冲式输出信号可直接将输出脉冲经整形电路后接至数字计数器，得到数字信号。数字编码式输出信号通常采用格雷码而不用 8421 二进制码，以避免在两种码数交界处计数错误。因此，需要将格雷码转换成二进制或二-十进制码。

传感器信号的预处理应根据传感器输出信号的特点及后续检测电路对信号的要求选择不同的电路。

11.1.6　相敏检波电路

1. 调制与解调的概念

调制是利用直流或低频信号来控制高频振荡的过程。原始的低频控制信号称为调制信号。

受控的高频振荡信号称为**载波信号**。经过调制后的信号称为**已调信号**。载波信号的振幅、频率和相位都可受调制信号的控制，相应的调制分别称为调幅（AM）、调频（FM）和调相（PM）。一般载波频率应大于调制信号频率10倍以上，通常取20倍。

解调是从已调信号中取出（恢复）原始信号（调制信号）的过程。与调制相对应，有鉴幅（检波）、鉴频和鉴相。

如前面所讲的交流电桥，传感器参数的变化为调制信号，电桥的供电电源为载波信号，输出为调幅信号；由电感、电容、电涡流式传感器构成的谐振电路，当 LC 谐振电路作信号源的负载，则输出调幅信号，当 LC 谐振电路作信号源的振荡回路，则输出调频信号。因此，信号在经过交流放大后都需要接入相应的解调电路：检波电路、鉴频电路和鉴相电路。

2. 实用相敏检波电路及相敏检波的特点

（1）二极管相敏检波电路　图11-7所示为二极管相敏检波电路的一般形式。它由四个二极管顺向串联成一个闭合回路，四个端点分别接变压器 T_1、T_2 的二次侧。T_1、T_2 均有中心抽头，输出检波后的信号接至负载。T_1 的一次侧输入调幅波 u_i，T_2 的一次侧输入参考电压 u_r，u_r 可直接取自载波，它与 u_i 频率相同，相位相同或相反，比 u_i 幅值大 3～5 倍。变压器的极性标定如图所示。

（2）集成模拟乘法器相敏检波电路　图11-8所示为用集成模拟乘法器 LM1496 实现相敏检波的电路。该电路的工作电压为30V，常用 ±9V；信号输入端最大电压为 ±5V；载波输入端为 +5V；偏置电流为 12mA。

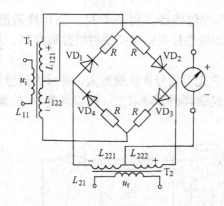

图11-7　二极管相敏检波电路

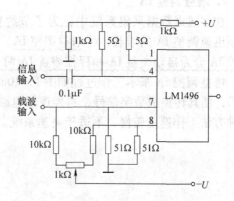

图11-8　集成模拟乘法器相敏检波电路

（3）相敏检波的特点　综上所述，相敏检波器是对调幅信号与参考信号间相位敏感的检波器，它有以下特点：

1）相敏检波输出信号的极性与调制信号极性相同，即能识别方向。

2）相敏检波输出信号的幅值与调制信号的幅值相同，即能表示被测值。

3）相敏检波输出信号的频率等于载波频率的两倍。因此，只要在相敏检波后加入适当的低通滤波器，便可得到调制波信号。如果测量装置频率响应较低，如磁电式电流表，也可不需加滤波器。

11.2　传感器的信号放大电路

传感器信号的特点是电平差别很大（μV～V级），且叠加有很高的、来自于工业现场的共模噪声。对这些缓变、微弱的信号不仅要进行放大，还必须采用低噪声、低漂移、高输入阻抗、稳定性好且抗干扰能力强的直流放大器。一般运算放大器输入阻抗太低，共模抑制能力受外部电阻失配精度所限，不能在精密测量中应用。在检测中常用调制型或隔离型直流放大器及专门设计的测量放大器。

11.2.1 测量放大器

测量放大器或叫仪表放大器（简称 IA），不仅能满足上述要求，而且具有精确的增益标定，因此又称数据放大器。

1. 通用 IA

通用 IA 由三个运算放大器 A_1、A_2、A_3 组成，如图 11-9 所示。其中，A_1 和 A_2 组成具有对称结构的差动输入/输出级，差模增益为 $1+2R_1/R_G$，而共模增益仅为 1。A_3 将 A_1、A_2 的双端输出信号转换为单端输出信号。A_3 的共模抑制精度取决于四个电阻 R 的匹配精度。通用 IA 的电压放大倍数为

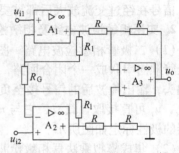

图 11-9 通用 IA 的结构

$$A_u = \frac{u_o}{u_{i1} - u_{i2}} = -\left(1 + \frac{2R_1}{R_G}\right) \qquad (11\text{-}1)$$

2. 增益调控 IA

在多通道数据采集系统中，为了节约费用，多种传感器共用一个 IA。当切换通道时，必须迅速调整 IA 的增益，称增益调控 IA。在模拟非线性校正中也要使用增益调控 IA。增益调控 IA 分为自动增益 IA 和程控增益 IA 两大类。

增益调控 IA 基本工作过程如图 11-10a 所示。它先对信号作试探放大，将放大信号送至 ADC，使其转换成数字信号，再经逻辑电路判断，送至译码驱动装置，用以调整 IA 的增益。这种方法工作速度较慢，不适于高速系统。

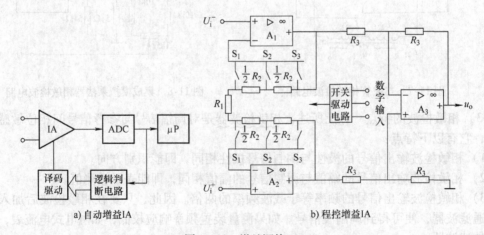

a) 自动增益IA   b) 程控增益IA

图 11-10 增益调控 IA

程控增益 IA 的增益由使用者对每个通道输入信号大小预先作出估计，编成软件存入计算机。通道切换时，由计算机将相应的增益代码送入程控增益 IA，即可得到预期结果，如图 11-10b 所示。

3. IA 的技术指标

测量放大器最重要的技术指标有：非线性度、偏置漂移、建立时间以及共模抑制比等，这些指标均为放大器增益的函数。

（1）非线性度　非线性度决定着系统精度，放大器增益越高非线性度越大，意味着系统精度降低。

（2）偏置漂移　偏置漂移是指工作温度变化1℃时，相应的直流偏置变化量。放大器的分辨力主要被直流偏置的不可预料性所限制。一个放大器的偏置漂移一般为 $1 \sim 50\mu V/℃$，放大器增益越高，其输出端产生的偏置电压也越高。值得注意的是，一般厂家只给出典型值，而最大值可以是典型值的 $3 \sim 4$ 倍。

（3）建立时间　放大器的建立时间定义为从输入阶跃信号起，到输出电压达到满足给定误差（典型值为 $\pm 0.01\%$）的稳定值为止所需用的时间。一般 IA 的增益大于 200，精度为 $\pm 0.01\%$，建立时间为 $50 \sim 100\mu s$，而高增益 IA 在同样精度下的建立时间可达 $350\mu s$。因此，在数据采集系统中决定信号传输能力的往往是 IA 而不是 ADC。

（4）恢复时间　放大器的恢复时间是指从断掉输入 IA 的过载信号起，到 IA 的输出信号恢复至稳定值时（与输入信号对应）的时间。

（5）共模抑制比　共模抑制比决定着 IA 的抗干扰能力，它定义为差模电压放大倍数 A_d 与共模电压放大倍数 A_c 比值的对数，即

$$CMR = 20\lg \frac{A_d}{A_c} \tag{11-2}$$

11.2.2　集成仪表放大电路介绍

可以用做仪表放大器的集成电路有：集成运算放大器 OP07，斩波自动稳零集成运算放大器 7650，集成仪表放大器 AD522，集成变送器 WS112、XTR101，TD 系列变压器耦合隔离放大器、ISO100 等光耦合隔离放大器、ISO102 等电容耦合隔离放大器，PG 系列程控放大器，2B30/2B31 电阻信号适配器等。具体电路及应用可参考相关资料。

11.3　传感器信号的补偿与标度变换

11.3.1　传感器信号的温度补偿

温度是影响传感器工作的主要因素之一。根据国家标准要求，在现场工作的自动化仪表应能在很宽的环境温度变化范围内正常工作，并要求其温度附加误差不能超过规定值。由于传感器实际工作环境的温度变化幅度很大，采用一系列相应的技术措施来抑制环境温度对传感器特性的影响，这些技术措施称为温度补偿。

1. 温度补偿原理

设被测物理量为 x，环境温度为 T，则线性传感器的特性可表示为

$$y = f(x, T) = A_0(T) + A_1(T)x \tag{11-3}$$

式中，A_0 为传感器的输出零点，A_1 为传感器的灵敏度，它们都随环境温度 T 变化。因此，传感器的温度灵敏度可表示为

$$S_T = \frac{\mathrm{d}f(x, T)}{\mathrm{d}T} = \frac{\mathrm{d}A_0(T)}{\mathrm{d}T} + \frac{\mathrm{d}A_1(T)}{\mathrm{d}T}x \qquad (11\text{-}4)$$

可见，对传感器进行温度补偿就是使 $S_T \approx 0$，包括对传感器进行零点温度漂移的补偿和灵敏度的温度补偿。

2. 常用温度补偿方法

（1）自补偿法　自补偿法就是利用传感器本身的一些特殊结构来满足温度补偿条件。例如组合式温度自补偿应变片，用两种具有正、负电阻温度特性的电阻丝栅串联制成一个应变片，只要使两段丝栅的电阻随温度变化的增量相等，便可实现温度补偿。

（2）并联式温度补偿法　并联式温度补偿法就是人为地增加一个温度补偿环节，该补偿环节与被补偿环节并联，使补偿后的合成输出基本不随温度而变化。实际上并联式温度补偿只能做到近似补偿，即在两点或三点是全补偿，而其他点不是"过补偿"就是"欠补偿"。应用并联式温度补偿法的实例如图 6-4 所示的热电偶的冷端温度补偿器和直流放大器的差动输入等。国产热电偶的冷端温度补偿器电桥电源 $E = 4\mathrm{V}$，电桥在 20℃ 时调平衡，补偿范围有 0～50℃ 和 0～10℃ 两种。

（3）电桥温度补偿法　利用相邻桥臂间的温度补偿作用实现补偿。

1）全桥的温度补偿：如图 2-4c 所示，四个桥臂的电阻应变片相同即可实现温度补偿。

2）单臂桥的温度补偿：如图 5-4 所示的筒式压力传感器，将 R_1 和 R_2 接在电桥的邻边臂，即可实现温度补偿。应用时，R_3 和 R_4 用电阻温度系数很小的锰铜丝绕制。

3）双臂电桥的温度补偿：如在悬臂梁上下表面粘贴同样的电阻应变片，接到相邻桥臂，构成差动电桥即可实现温度补偿。电桥的另外两只电阻用电阻温度系数很小的锰铜丝绕制。

4）热电阻测温电桥的引线电阻温度补偿：在热电阻测温电桥中，常采用三线制或四线制接法来消除引线电阻随环境温度变化造成的测量误差。

（4）热敏电阻补偿法　在测量电路中可用热敏电阻实现传感器灵敏度和输出零电平温度漂移的温度补偿。

1）灵敏度温度补偿：灵敏度温度补偿的原理是在规定的温度范围内保证传感器的灵敏度稳定，而不要求每个电阻应变片与温度无关。如图 11-11 所示，电桥灵敏度温度补偿的方法是在电桥电源对角线上串接热敏电阻 R_t。

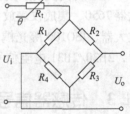

图 11-11　灵敏度温度补偿

2）零电平温度补偿：根据传感器的类型和结构，可采用不同的方法稳定其零点。对于测量电桥，是在一个桥臂上引入热敏电阻。

（5）反馈式温度补偿法　反馈式温度补偿就是应用负反馈原理，通过自动调整过程，保持传感器的零点和灵敏度不随环境温度而变化。

3. 差动变压器零点残余电压补偿

差动变压器补偿电路如图 11-12 所示。图中，电阻是用康铜丝绕制的，串联时的阻值为 0.5～5Ω，并联时的阻值为数十至数百千欧；并联电容的数值在 100～500pF 范围内。实际补偿元件的参数要通过实验来确定。

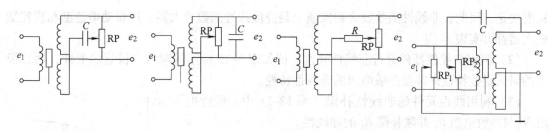

图 11-12 差动变压器的补偿电路

11.3.2 传感器信号的非线性补偿

非线性补偿也叫非线性校正，或线性化。多数传感器都具有非线性特性，它既不利于读数和测量结果的分析处理，也是测量误差产生的主要原因之一。因此，为了减小或消除非线性误差，必须进行非线性补偿。目前，实现非线性特性补偿的方法很多，典型的补偿原理可分为开环式、闭环式和增益控制式三种。这些补偿方法都是要求在测量回路中加入某个线性化器，利用线性化器的非线性函数去补偿传感器的非线性特性。对于常用的线性化器可以用硬件电路构成，也可以用计算机软件构成。

常见的传感器非线性特性可分为两种类型：指数型曲线和有理代数型曲线。

指数型曲线非线性特性的输出量 y 和输入量 x 关系可表示为

$$y = ae^{bx} + c \tag{11-5}$$

式中，a、b、c 为常数。例如热敏电阻传感器、射线测厚仪等，其特性属于这种类型。它们可以用具有对数函数特性的线性化器进行补偿。

有理代数型曲线非线性特性的输出量 y 和输入量 x 关系可表示为

$$y = a_0 + a_1x + a_2x^2 + \cdots + a_nx^n \tag{11-6}$$

式中，a_0、a_1、$\cdots$、a_n 为常数。这类传感器特性可以用连续拟合或分段拟合的线性化器进行校正。

1. 硬件法非线性补偿

硬件法非线性补偿是指电路补偿和机械补偿，如前面所讲到的差动结构、差动电桥等差动补偿法。电路补偿可以在模拟电路部分进行，也可以在 A－D 转换中进行，还可以在 A－D 转换之后的数字电路中进行。

模拟非线性补偿电路，如二极管阵列式开方器及各种对数、指数、三角函数等运算放大器，是用得最多和最久的线性化器，但实现高精度的补偿难度太大。

用 A－D 转换电路来实现非线性补偿，可以用双积分型 A－D 转换器组成非线性 A－D 转换器，通过改变基准电压或积分电路时间常数的方法来实现。

采用数字电路的线性化器，是用加减脉冲法实现非线性补偿的，它能获得较高的精度，但电路复杂。

下面介绍工程实用的模拟线性化器的实现方法。

（1）非线性函数放大器 非线性函数放大器是一种增益与输入信号成某种函数关系的特殊放大电路。如图 11-13 所示，它通过分段直线逼近的方法实现传感器非线性特性的线性化，即用一段直线来代替一段曲线，分段越多，折线越逼近实际的非线性曲线，分段数目由精度决定。因此，非线性函数放大器实质上是分段线性函数放大器。用自动增益型和程控型放大器都可实现。

（2）利用非线性器件进行非线性补偿　例如图6-15所示的对数二极管温度计，用二极管的对数函数特性来补偿热敏电阻的非线性特性。

（3）利用线性元件的非线性补偿　图12-11中，线性电阻 R_B 与热敏电阻 R_t 并联补偿 R_t 的非线性。

（4）多功能转换器用于传感器的非线性补偿　如4302、4303等多功能转换器，就是一种独立的模拟电路，只要对其外部引脚进行适当的编程，就能产生多种复杂的非线性函数，因而可作为传感器的线性化电路。

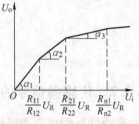

a) 渐减函数特性

2. 软件法非线性补偿

硬件补偿不但电路比较复杂，补偿效果也不太理想。在智能仪表中，利用微处理器的函数运算与数据处理能力，通过编程产生所需的校正函数，或者直接编制成表格，以供查寻。下面介绍几种常见的软件补偿方法。

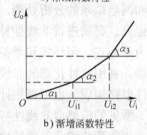

b) 渐增函数特性

图11-13　精密函数放大器特性

（1）校正函数法　校正函数法的原理实质是一种开环式非线性补偿。如果已知传感器的非线性特性，则可以利用相应的校正函数进行补偿。将传感器输出的模拟电压信号，经过放大和 A－D 转换后送往计算机，计算机按校正函数进行运算，结果便与被测参数成线性关系。

（2）查表法　查表法就是把事先计算好的校正值按一定顺序制成表格，然后利用查表程序根据被测量的大小查出校正后的结果。该方法的优点是速度快、精度高，也最为简单，但需占用较多用以储存大量数据的内存。

查表程序与制表的方法有关。当表格的排列是任意的、无一定规律或表格较短时，可采用顺序查表法；当表格的排列有一定规律，如它满足从大到小（或从小到大）时，则可采用计算查表法或对分搜索查表法。

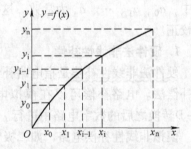

图11-14　分段线性插值法

（3）线性插值法　在智能仪器中更常用的是线性插值法。图11-14所示为用线性插值法对热电偶进行非线性补偿的示意图。图中 x 代表热电偶输出电压，y 代表被测温度。

首先将传感器的非线性曲线 $y=f(x)$ 按精度要求分成 n 段，当 n 足够大时，每一小段均可看成是直线，则可用 n 段折线代替 $y=f(x)$，然后将分段基点 x_i、y_i 值（$i=1, 2, \cdots, n$）标出，排列成表格，见表11-1。分段数越多，精度越高，但占内存也越多，计算时间也越长，一般为10段即可。

由于各段均用直线代替曲线，因此计算机很容易根据采样值 x 的大小进行查表搜索。首先找出采样值所在的区段，然后利用线性

表11-1　线性插值数据表

y	y_0	y_1	y_2	$\cdots$	y_i	$\cdots$	y_n
x	x_0	x_1	x_2	$\cdots$	x_i	$\cdots$	x_n

插补公式计算出所对应的 y 值。

设 x 在 x_i 与 x_{i-1} 之间，则插补公式为

$$y = y_{i-1} + K_{i-1}(x - x_{i-1}) \tag{11-7}$$

式中，$K_{i-1} = (y_i - y_{i-1})/(x_i - x_{i-1})$ 为第 i 段直线的斜率。

图 11-15 所示为线性插值法的程序流程图。

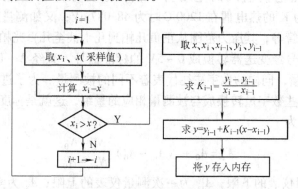

图 11-15 线性插值法程序流程图

（4）二次抛物线插值法 线性插值法仅仅利用两个节点上的信息，精度较低，仅适用于输入输出特性曲线弯度不大的场合，如热电偶的特性、差压式流量计特性等。对于弯曲很大的特性曲线，用线性插值法必将带来很大的误差 Δy，如图 11-16 所示。若增加分段的数目，虽然可减少误差，但占用很多内存单元，且计算速度也减慢。采用二次抛物线插值法即可解决这一矛盾。

抛物线插值法的基本原理是通过特性曲线上的三个点作一抛物线，用它代替曲线。如图 11-17 所示，有一特性曲线 $y = f(x)$，用抛物线来逼近它，抛物线方程一般形式为

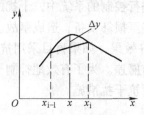

图 11-16 线性插值误差

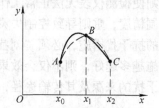

图 11-17 二次抛物线插值法

$$y = k_0 + k_1 x + k_2 x^2 \tag{11-8}$$

式中，k_0、k_1、k_2 为待定系数，由曲线 $y = f(x)$ 的三个点 A、B、C 的三元一次方程组联解求得。

为了使计算简便，可采用另外一种形式

$$y = m_0 + m_1(x - x_0) + m_2(x - x_0)(x - x_1) \tag{11-9}$$

式中，m_0、m_1、m_2 为待定系数，由 A、B、C 三点的值决定：当令 $x = x_0$、$y = y_0$，则 $y_0 = m_0$；令 $x = x_1$、$y = y_1$，得 m_1；令 $x = x_2$、$y = y_2$，得 m_2。

采用硬件法，电路成本高，但速度快；采用软件法，可大大简化电路，但都要花费一定的程序运行时间。因此在实时控制系统中，如果系统处理的问题很多，控制的实时性很强，应采用硬件处理。但一般情况下，当时间足够时，应尽量采用软件方法。总之，对于传感器

的非线性补偿，应根据系统的具体情况来决定，有时也可采用硬件和软件兼用的方法。

11.3.3 传感器的标度变换

在多路数据采集系统中，各种被测量都有着不同的量纲和数值。如用热电偶测温，温度单位为℃，但不同热电偶输出的电动势不同，分度号为 S 的热电偶在 1600℃ 时为 16.716mV，分度号为 K 的热电偶在 1200℃ 时为 48.087mV；又如测量压力的弹性元件——膜片、膜盒以及弹簧管等，其压力范围从正负几帕到几十甚至几百兆帕。这些量纲不同、满度电压值也不同的信号经变送器转换成 0 ~ 5V 的标准信号，又经 A－D 转换器转换成 00 ~ FFH（8 位）的数字量，同样的数字往往代表着不同的被测量。为了进行显示、记录、打印及报警等，必须把这些数字量转换成与被测量相应的量纲，这就是标度变换。对于一般线性仪表，标度变换公式为

$$A_x = A_0 + (A_m - A_0) \frac{N_x - N_0}{N_m - N_0} \qquad (11\text{-}10)$$

式中，A_0 为一次测量仪表的下限；A_m 为一次测量仪表的上限；A_x 为实际测量值；N_0 为仪表下限所对应的数字量；N_m 为仪表上限所对应的数字量；N_x 为测量值所对应的数字量。

设计专门的子程序，把各个不同参数所对应的 A_0、A_m、N_0、N_m 存放在存储器中，然后当某一个参量需要进行标度变换时，只要调用标度变换子程序即可。

11.4 抗干扰技术

"干扰"在测量中是一种无用信号。工业生产过程检测的环境往往是非常恶劣的，声、光、电、磁、振动以及化学腐蚀、高温、高压等的干扰都可能存在。这些干扰轻则影响测量精度，重则使检测仪表无法正常工作。在利用测量结果进行控制的系统中，干扰的影响，轻则降低控制精度，重则导致控制失灵，降低产品质量，甚至损坏设备，造成事故。

有效的抗干扰措施，必须"对症下药"才能收到良好效果，如果盲目采用抗干扰措施，误认为措施越多越好，则不仅会效果不明显，甚至会事与愿违。为了有效地抑制干扰，必须清楚了解干扰的来源及其传输途径，有针对性地熟练运用抗干扰措施。

11.4.1 干扰的来源及形式

1. 外部干扰

从外部侵入检测装置的干扰称为外部干扰。来源于自然界的干扰称为自然干扰；来源于其他电气设备或各种电操作的干扰，称为人为干扰（或工业干扰）。

自然干扰主要来自天空，如雷电、宇宙辐射、太阳黑子活动等，对广播、通信、导航等电子设备影响较大，而对一般工业用电子设备（检测仪表）影响不大。

人为干扰来源于各类电气、电子设备所产生的电磁场和电火花，及其他机械干扰、热干扰、化学干扰等。

（1）非电磁干扰及其防护

1）机械干扰：机械干扰是指机械振动或冲击使电子检测装置的电气参数发生改变，从而影响检测系统的性能。机械干扰的防护方法是采用各种减振措施，如应用专用减振弹簧-

橡胶垫脚或吸振海绵垫来隔离振动与冲击对传感器的影响。

2）热干扰：温度波动以及不均匀温度场引起检测电路元器件参数发生改变，或产生附加的热电动势等，都会影响传感器系统的正常工作。常用热干扰的防护措施有：选用低温漂、低功耗、低发热组件；进行温度补偿；设置热屏蔽；加强散热；采取恒温等。

3）温度及化学干扰：潮湿会降低绝缘强度，造成漏电、短路等；化学腐蚀会损坏各种零件或部件，所以应注意防潮、保持清洁。

（2）电磁干扰 电磁干扰主要来源于各类电气、电子设备所产生的电磁场和电火花。放电过程会向周围辐射从低频到高频的大功率的电磁波，大功率供电系统输电线会向周围辐射工频电磁波。下面说明各种电磁干扰源的特征。

1）放电噪声干扰：由各种放电现象产生的噪声，称为放电噪声。它是对电子设备影响最大的一种噪声干扰。在放电现象中属于持续放电的有电晕放电、辉光放电和弧光放电；属于过渡现象的有火花放电。

电晕放电噪声：电晕放电主要来自高压输电线，在放电过程中产生脉冲电流并会出现高频振荡，成为干扰源。电晕放电具有间歇性和与距离二次方成反比的衰减特性，因此对一般测量装置影响不大。

火花放电噪声：自然界的雷电，电机整流子上的电火花，接触器、断路器、继电器触头在闭合和断开时产生的电火花，电蚀加工及电弧焊接过程中产生的电火花，汽车发动机的点火装置产生的电火花，以及高电压器件由于绝缘不良而引起的闪烁放电等，都是产生火花放电噪声的噪声源。火花放电会辐射频谱很宽的强烈的电磁波而形成干扰源。

放电管噪声：属于辉光放电和弧光放电的放电管（如荧光灯、点弧灯等）具有负阻特性，和外接电路连接时容易引起振荡，有时可达高频波段。对交流供电的放电管，在半周期的起始和终了时，由于放电电流变小，也要产生再点火振荡和灭火振荡。这些现象也都构成了噪声源。

2）电气设备干扰：电气设备干扰主要有工频干扰、射频干扰和电子开关通断干扰。

工频干扰：大功率输电线，甚至就是一般室内交流电源线对于输入阻抗高和灵敏度高的测量装置来说都是威胁很大的干扰源。在电子设备内部，工频感应会产生干扰，如果波形失真，则干扰更大。

射频干扰：高频感应加热、高频介质加热和高频焊接等工业电子设备通过辐射或通过电源线给附近测量装置带来的干扰。

电子开关通断干扰：电子开关、电子管、晶闸管等大功率电子开关虽然不产生火花，但因通断速度极快，使电路电流和电压发生急剧变化，会形成冲击脉冲而成为干扰源。在电路参数不变的情况下还会产生阻尼振荡，构成高频干扰。

2. 内部干扰

（1）固有噪声源

1）热噪声：又称电阻噪声。由电阻内部载流子的随机热运动产生几乎覆盖整个频谱的噪声电压，其电压有效值为

$$U_t = \sqrt{4KTR\Delta f} \tag{11-11}$$

式中，K 为玻耳兹曼常数（1.38×10^{-23} J/K）；T 为热力学温度（K）；R 为电阻值；Δf 为噪声带宽，取决于系统带宽。

如某电路输入电阻为470kΩ，带宽为10^5Hz，环境温度为300K，则噪声电压达27.9μV。因此，减小输入电阻和通频带有利于降低噪声。

2）散粒噪声：它由电子器件内部载流子的随机热运动产生，其均方根电流 $I_{sh} = \sqrt{2QI_{dc}\Delta f}$。式中，$I_{dc}$ 为通过电子器件的直流电流，Q 为电子电荷量。散粒噪声与 $\sqrt{\Delta f}$ 成正比，其功率幅值服从正态分布，是一种白噪声。

3）低频噪声：又称为 $1/f$ 噪声，它取决于元器件材料的表面特性，噪声电压 $U_f \approx K\sqrt{\Delta f/f}$，频率越低，噪声电压越大。

4）接触噪声：也是一种低频噪声。噪声电流 $I_f = KI_{dc}\sqrt{Bf}$，$\sqrt{B}$ 为每单位均方根带宽。

（2）信噪比（S/N）　在测量过程中，人们不希望有噪声，但是噪声不可能完全排除，也不能用一个确定的时间函数来描述。实践中只要噪声小到不影响检测结果是允许存在的，通常用信噪比来表示其对有用信号的影响，而用噪声系数 N_f 表征元器件或电路对噪声的品质因数。

信噪比 S/N 是用有用信号功率 P_S 和噪声功率 P_N 或信号电压有效值 U_S 与噪声电压有效值 U_N 的比值的对数来表示，即

$$S/N = 10\lg\frac{P_S}{P_N} = 20\lg\frac{U_S}{U_N} \tag{11-12}$$

其单位为分贝（dB）。

噪声系数 N_f 等于输入信噪比与输出信噪比的比值，即

$$N_f = \frac{P_{Si}/P_{Ni}}{P_{So}/P_{No}} = \frac{输入信噪比}{输出信噪比} \tag{11-13}$$

信噪比小，信号与噪声就难以分清，若 $S/N = 1$，就完全分辨不出信号与噪声。信噪比越大，表示噪声对测量结果的影响越小，在测量过程中应尽量提高信噪比。

3. 干扰的传输途径

干扰的传输途径有"路"和"场"两种形式。

（1）通过"路"的干扰

1）泄漏电阻：元件支架、探头、接线柱、印制电路板以及电容器内部介质或外壳等绝缘不良等都可产生漏电流，引起干扰。

图11-18所示是泄漏电阻干扰的等效电路。图中，U_S 为干扰源，R_i 为被干扰电路的输入电阻，R_σ 为泄漏电阻，作用在 R_i 上的干扰电压为

$$U_N = \frac{R_i}{R_i + R_\sigma}U_S \approx \frac{R_i}{R_\sigma}U_S \tag{11-14}$$

2）共阻抗耦合干扰：两个以上电路共有一部分阻抗，一个电路的电流流经共阻抗所产生的电压降就成为其他电路的干扰源。在电路中的共阻抗主要有电源内阻（包括引线寄生电感和电阻）和接地线阻抗。

图11-19所示为共阻抗耦合干扰示意图。图中 U_S 为运算放大器 A 的输入信号电压，I_N 为干扰源电流，Z_C 为两者的共阻抗，则干扰电压为

$$U_N = I_N Z_C \tag{11-15}$$

对多级放大器来说，共阻抗耦合实际上是一种寄生反馈，当满足正反馈条件时，轻则造成电子设备工作不稳定，重则引起自激振荡。

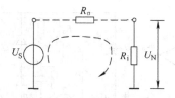

图 11-18　泄漏电阻干扰

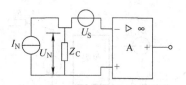

图 11-19　共阻抗耦合干扰

3）经电源线引入干扰：交流供电线路在现场的分布很自然地构成了吸收各种干扰的网络，而且十分方便地以电路传导的形式传遍各处，通过电源线进入各种电子设备造成干扰。

（2）通过"场"的干扰

1）通过电场耦合的干扰：电场耦合是由于两支路（或元件）之间存在着寄生电容，使一条支路上的电荷通过寄生电容传送到另一支路上去，因此又称电容性耦合。

设两根平行导线 1 和 2 之间的分布电容为 C_{12}，导线 1 对地分布电容为 C_1，导线 2 对地分布电容为 C_2、等效电阻为 R_2，当导线 1 上加有频率为 ω 的电压 u_{Ni} 时，在导线 2 上产生的干扰电压为 $U_{NO} = \omega R_2 C_{12} U_{Ni}$。

2）通过磁场耦合的干扰：当两个电路之间有互感存在时，一个电路中的电流变化，就会通过磁场耦合到另一个电路中。例如变压器绕组的漏磁、两根平行导线间的互感都会产生这样的干扰。因此这种干扰又称互感性干扰。

设两根平行导线 1 和 2 之间的互感为 M，当导线 1 上流过频率为 ω 的电流 i_1 时，在导线 2 上产生的干扰电压为 $U_{N2} = \omega M I_1$。

3）通过辐射电磁场耦合的干扰：辐射电磁场通常来自大功率高频用电设备、广播发射台、电视发射台等。例如当中波广播发射的垂直极化强度为 $100\mathrm{mV/m}$ 时，长度为 $10\mathrm{cm}$ 的垂直导体可以产生 $5\mathrm{mV}$ 的感应电动势。

4. 干扰的作用方式

外部噪声源对测量装置的干扰一般都作用在输入端，根据其作用方式及与有用信号的关系，可分为串模和共模干扰两种形态。

（1）串模干扰　凡干扰信号和有用信号按电压源的形式串联（或按电流源的形式并联）起来作用在输入端的称串模干扰，其等效电路如图 11-20 所示。

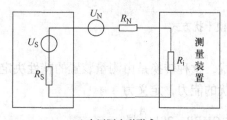

a) 电压源串联形式

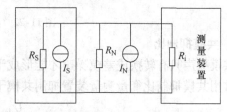

b) 电流源并联形式

图 11-20　串模干扰等效电路

串模干扰又常称差模干扰，它使测量装置的两个输入端电压发生变化，所以影响很大。常见的串模干扰如图 11-21 所示，有磁场耦合干扰，它由交变磁场通过测量装置信号输入线产生；漏电阻耦合干扰；共阻抗耦合干扰等。

（2）共模干扰　干扰信号使两个输入端的电位相对于某一公共端一起变化（涨落）的

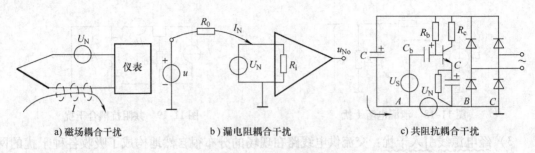

a) 磁场耦合干扰　　　　　　b) 漏电阻耦合干扰　　　　　　c) 共阻抗耦合干扰

图 11-21　串模干扰举例

属共模干扰，其等效电路如图 11-22 所示。共模干扰本身不会使两输入端电压变化，但在输入回路两端不对称的条件下，便会转化为串模干扰。因共模电压一般都比较大，所以对测量的影响更为严重。

共模干扰的例子有漏电阻耦合干扰、分布电容耦合干扰、两点接地的地电流干扰以及在远距离测量中因使用长电缆使传感器的地端与仪表地端存在电位差引起的干扰。

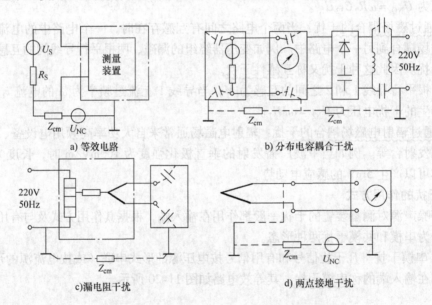

a) 等效电路　　　　　　　　　　b) 分布电容耦合干扰

c) 漏电阻干扰　　　　　　　　　d) 两点接地干扰

图 11-22　共模干扰方式

5. 共模抑制比

共模噪声只有转换成差模噪声才能形成干扰，这种转换是由测量装置的特性决定的。因此，常用共模抑制比衡量测量装置抑制共模干扰的能力，定义为

$$CMRR = 20\lg \frac{U_{dm}}{U_{cm}} \text{或} \ CMRR = 20\lg \frac{A_{dm}}{A_{cm}} \tag{11-16}$$

11.4.2　干扰的抑制技术

1. 抑制干扰的方法

干扰的形成必须同时具备干扰源、干扰途径及对噪声敏感的接收电路三个条件，因此，抑制干扰可以分别采取相应措施。

1）消除或抑制干扰源：如使产生干扰的电气设备远离检测装置；对继电器、接触器、断路器等采取触头灭弧措施或改用无触头开关；消除电路中的虚焊、假接等。

2）破坏干扰途径：提高绝缘性能，采用变压器、光耦合器隔离以切断"路"径；利用退耦、滤波及选频等电路手段引导干扰信号转移；改变接地形式消除共阻抗耦合干扰途径；对数字信号可采用限幅、整形等信号处理方法或选通控制方法切断干扰途径。

3）削弱接收电路对干扰的敏感性：例如电路中的选频措施可以削弱对全频带噪声的敏感性，负反馈可以有效削弱内部噪声源，其他如对信号采用绞线传输或差动输入电路等。

常用的抗干扰技术有屏蔽、接地、浮置、滤波及隔离技术等。

2. 屏蔽技术

屏蔽技术是抑制通过"场"的干扰的有效措施，正确的屏蔽可抑制干扰源（如变压器等）或阻止干扰进入测量装置内部。根据屏蔽的目的可以分静电屏蔽、电磁屏蔽和磁屏蔽。

（1）静电屏蔽　众所周知，在静电场作用下，导体内部各点等电位，即导体内部无电力线。因此，若将金属屏蔽盒接地，则屏蔽盒内的电力线不会传到外部，外部的电力线也不会穿透屏蔽盒进入内部。前者可抑制干扰源，后者可阻截干扰的传输途径。所以静电屏蔽也叫电场屏蔽，可以抑制电场耦合的干扰，其原理如图 11-23 所示。

图 11-23　静电屏蔽的原理图

图 11-24 所示是在两个导体 A、B 之间设置一个接地导体 G，可使 A、B 之间分布电容 C_N 的耦合作用大大减弱，例如变压器一、二次绕组间的静电屏蔽就是基于这一原理。

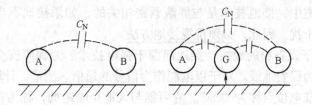

图 11-24　接地导线的屏蔽作用

为了达到较好的静电屏蔽效果，应注意以下几个问题：

1）选用铜、铝等低电阻金属材料作屏蔽盒。

2）屏蔽盒要良好接地。

3）尽量缩短被屏蔽电路伸出屏蔽盒之外的导线长度。

（2）电磁屏蔽　电磁屏蔽主要是抑制高频电磁场的干扰，屏蔽体采用良导体材料（铜、铝或镀银铜板），利用高频电磁场在屏蔽导体内的涡流效应，一方面消耗电磁场能量，另一方面涡流产生反磁场抵消高频干扰磁场，从而达到磁屏蔽的效果。当屏蔽体上必须开孔或开槽时，应注意避免切断涡流的流通途径。若把屏蔽体接地，则可兼顾静电屏蔽。若要对线圈进行屏蔽，屏蔽罩直径必须大于线圈直径一倍以上，否则将使线圈电感量减小，Q 值降低。

进一步分析说明，在频率低时，因涡流小，屏蔽效果很差，因此电磁屏蔽仅适用于高频电磁场。

（3）磁屏蔽　如图 11-25 所示，对低频磁场的屏蔽，要用高导磁材料，使干扰磁力线在屏蔽体内构成回路，屏蔽体以外的漏磁通很少，从而抑制了低频磁场的干扰作用。为保证屏蔽效果，屏蔽板应有一定厚度，以免磁饱和或部分磁通穿过屏蔽层而形成漏磁干扰。

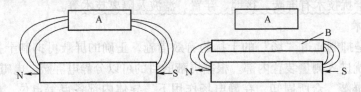

图 11-25　磁屏蔽的原理

（4）驱动屏蔽的概念　驱动屏蔽是基于驱动电缆原理，以提高静电屏蔽效果的技术。如图 11-26 所示，将被屏蔽导体 B（如电缆芯线）的电位经严格的 1∶1 电压跟随器去驱动屏蔽层导体 C（如电缆屏蔽层）的电位，由运算放大器的理想特性，使导体 B、运放输出端和导体 C 的电位相等，B 和 C 间分布电容 C_{2S} 两端等电位，干扰源 u_N 不再影响导体 B。驱动屏蔽常用于减小传输电缆分布电容影响及改善电路共模抑制比。

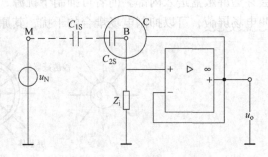

图 11-26　驱动屏蔽原理图

3. 接地技术

在抗干扰的措施中，接地技术是与屏蔽紧密相关的，如果接地不当，不仅不能抑制干扰，有时还会引入干扰。因此，必须重视接地方法。

（1）电气、电子设备中的地线　接地起源于强电技术。为保障安全，将电网零线和设备外壳接大地，称为保安地线。对于以电能作为信号的通信、测量、计算控制等电子技术来说，把电信号的基准电位点称为"地"，它可能与大地是隔绝的，称为信号地线。信号地线分为模拟信号地线和数字信号地线两种。另外从信号特点看，还有信号源地线和负载地线。

（2）一点接地原则　一点接地，就是将各种具有不同信号电平的信号地线、噪声地线和金属件地线分别在电路中适当的一点接地，而不是相互串接。

1）机内一点接地：图 11-27 所示为机内一点接地的示意图。单级电路有输入与输出及电阻、电容、电感等不同电平和性质的信号地线；多级电路中有前级和后级的信号地线；在 A－D、D－A 转换的数模混合电路中有模拟信号地线和数字信号地线；整机中有产生噪声的继电器、电动机等高功率电路，引导或隔离干扰源的屏蔽机构以及机壳、机箱、机架等金属件的地线，均应分别一点接地，然后再总的一点接地。

2）系统一点接地：对于一个包括传感器（信号源）和测量装置的检测系统，也应考虑

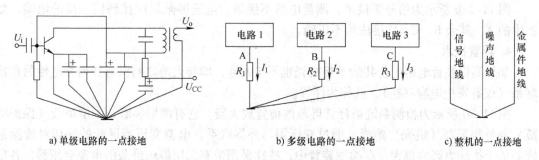

a) 单级电路的一点接地　　　　b) 多级电路的一点接地　　　c) 整机的一点接地

图 11-27　机内一点接地示意图

一点接地。图 11-28a 中采用两点接地，因地电位差产生的共模电压的电流要流经信号零线，转换为差模干扰，造成严重影响。图 11-28b 中改为在信号源处一点接地，干扰信号流经屏蔽层而且主要是容性漏电流，影响很小。

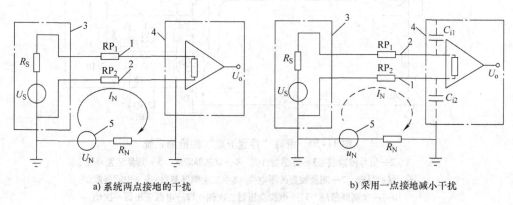

a) 系统两点接地的干扰　　　　　　　　　b) 采用一点接地减小干扰

图 11-28　检测系统的一点接地
1、2—信号传输线　3—传感器外壳　4—测量系统外壳　5—大地电位差

3）电缆屏蔽层的一点接地：电缆屏蔽层的一点接地方法如图 11-29 所示。如果测量电路是一点接地，电缆屏蔽层也应一点接地。

图 11-29a 所示为信号源不接地，测量电路接地。电缆屏蔽层应接到测量电路的地端，如图中的 C，其余 A、B、D 接法均不正确。

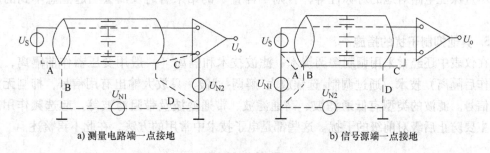

a) 测量电路端一点接地　　　　　　　　b) 信号源端一点接地

图 11-29　电缆屏蔽层的一点接地示意图

图 11-29b 所示为信号源接地，测量电路不接地。电缆屏蔽层应接到信号源的地端，如图中的 A，其余 B、C、D 接法均不正确。

4. 浮置技术

如果测量装置电路的公共线不接机壳也不接大地，即与大地之间没有任何导电性的直接联系（仅有寄生电容存在），就称为浮置。

图 11-30 所示为检测系统被浮置屏蔽的前置放大器。它有两层屏蔽，内层屏蔽（保护屏蔽）与外层屏蔽（机壳）绝缘，通过变压器与外界联系。电源变压器屏蔽的好坏对检测系统的抗干扰能力影响很大。在检测装置中，往往采用带有三层静电屏蔽的电源变压器，各层接法如下：

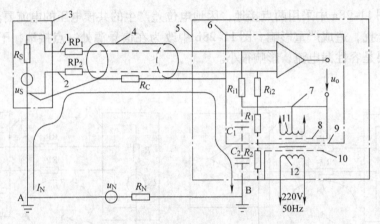

图 11-30 带有"浮置屏蔽"的检测系统

1、2—信号传输线 3—传感器外壳 4—双芯屏蔽线 5—测量装置外壳
6—保护屏蔽 7—测量装置的零电位 8—二次侧屏蔽层 9—中间屏蔽层
10——次侧屏蔽层 11—电源变压器二次侧 12—电源变压器一次侧

1）一次侧屏蔽层及电源变压器外壳与测量装置的外壳连接并接大地。

2）中间屏蔽层与保护屏蔽层连接。

3）二次侧屏蔽层与测量装置的零电位连接。

必须指出的是，浮置屏蔽是一种十分复杂的技术，在设计、安装检测系统时，必须注意不使屏蔽线外皮与测量装置的外壳短路；应尽量减小各不同类型屏蔽之间的分布电容及漏电；尽量保证电路对地的对称性等，否则"浮置"的结果有时反而会引起意想不到的严重干扰。

5. 其他抑制干扰的措施

在仪表中还经常采用调制解调技术、滤波技术和隔离（一般用变压器作前隔离，光耦合器作后隔离）技术。通过调制-选频放大-解调-滤波，只放大输出有用信号，抑制无用的干扰信号。滤波的类型有低通滤波、高通滤波、带通滤波及带阻滤波等，起选频作用。隔离，主要防止后级对前级的干扰。这些都是电子技术中常用的方法，在此不再赘述。

思考与练习

11-1 按传感器输出信号的变化形式可将传感器分成哪些类型？

11-2　预处理电路的作用是什么？试简述模拟连续式传感器的预处理电路和模拟脉冲式传感器的预处理电路。

11-3　试述开关式传感器的预处理电路。

11-4　什么是相敏检波？相敏检波有哪些特点？

11-5　测量放大器有哪些重要的技术指标？其典型电路如何组成？

11-6　为什么要对传感器进行温度补偿？传感器的温度补偿有哪几种方法？

11-7　为什么要进行线性化处理？线性化的方法有哪些？

11-8　为什么要进行标度变换？如何进行标度变换？

11-9　外部干扰源有哪些？人为干扰的来源有哪些？内部干扰源有哪些？

11-10　屏蔽可分为哪几种？它们各对哪些干扰起抑制作用？

11-11　什么叫一点接地原则？

11-12　通过"路"和"场"的干扰各有哪些？它们是通过什么方式造成干扰的？

11-13　什么叫串模干扰和共模干扰？试举例说明。

11-14　对三层静电屏蔽的电源变压器，各层都是如何接的？

11-15　滤波的类型有哪些？作用是什么？

第12章

传感器的接口技术

本章介绍传感器与微机的接口技术、传感器与 PLC 及检测仪表的连接方法。

12.1 传感器与微机的接口技术

数字型（包括开关型）传感器只要是 TTL 电平都可直接与微机相连接。模拟量传感器是通过数据采集后与微机相连接。简单地说，数据采集就是把模拟信号数字化的过程。

12.1.1 数据采集系统概述

1. 数据采集系统的配置

典型的数据采集系统由传感器（T）、放大器（IA）、模拟多路开关（MUX）、采样保持器（SHA）、A－D 转换器、计算机（MPS）或数字逻辑电路组成。根据它们在电路中的位置可分为同时采集、高速采集、分时采集和差动结构分时采集四种配置，如图 12-1 所示。

1）同时采集系统：图 12-1a 为同时采集系统配置方案，可对各通道传感器输出量进行同时采集和保持，然后分时转换和存储，可保证获得各采样点同一时刻的模拟量。

2）高速采集系统：图 12-1b 为高速采集配置方案，在实时控制中对多个模拟信号同时实时测量是很有必要的。

3）分时采集系统：图 12-1c 为分时采集方案，这种系统价格便宜，具有通用性，传感器与仪表放大器匹配灵活，有的已实现集成化，在高精度、高分辨率的系统中，可降低 IA 和 ADC 的成本，但对 MUX 的精度要求很高，因为输入的模拟量往往是微伏级的。这种系统每采样一次便进行一次 A－D 转换并送入内存后方才对下一采样点采样。这样，每个采样点之间存在一个时差（几十到几百微秒），使各通道采样值在时轴上产生扭斜现象。输入通道数越多，扭斜现象越严重，不适于采集高速变化的模拟量。

4）差动结构分时采集系统：在各输入信号以一个公共点为参考点时，公共点可能与 IA 和 ADC 的参考点处于不同电位而引入干扰电压 U_N，从而造成测量误差。采用如图 12-1d 所示的差动配置方式可抑制共模干扰，其中 MUX 可采用双输出器件，也可用两个 MUX 并联。

显然图 12-1a、b 两种方案成本较高，但在 8～10 位以下的较低精度系统中，经济上也比较合算。

2. 采样周期的选择

采样就是以相等的时间间隔对某个连续时间信号 $a(t)$ 取样，得到对应的离散时间信号的过程。如图 12-2 所示，t_1、t_2、…为各采样时刻，d_1、d_2、…为各时刻的采样值，两次采样之间的时间间隔称为采样周期 T_S。可以看出，采样周期越短，误差越小；采样周期越长，

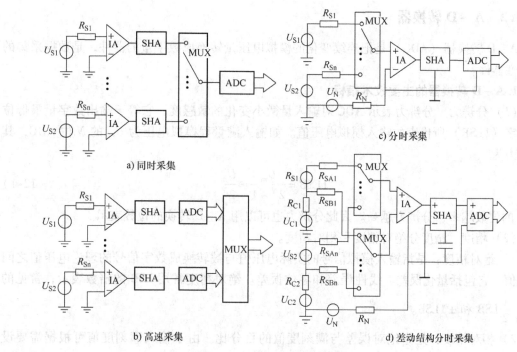

a) 同时采集

c) 分时采集

b) 高速采集

d) 差动结构分时采集

图 12-1 数据采集系统的配置

失真越大。为了尽可能保持被采样信号的真实性，采样周期不宜过长。根据香农采样定理：对一个具有有限频谱（$\omega_{min} < \omega < \omega_{max}$）的连续信号进行采样，当采样频率 ω_S（$= 2\pi/T_S$）$\geqslant 2\omega_{max}$ 时，采样结果可不失真。实用中一般取 $\omega_S > （2.5 \sim 3）\omega_{max}$，也可取（$5 \sim 10$）$\omega_{max}$。但由于受机器速度和容量的限制，采样周期不可能太短，一般选 T_S 为采样对象纯滞后时间 τ_0 的 1/10 左右，当对象的纯滞后起主导作用时，应选 $T_S = \tau_0$。对象

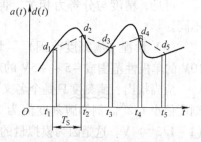

图 12-2 连续时间信号的取样

若具有纯滞后和容量滞后时，T_S 选择应接近对象的时间常数 τ。通常对模拟量的采样可参照表 12-1 的经验数据来选择。

表 12-1 采样周期的选择

输入物理量	采样周期 T_S/s	说 明
流量	$1 \sim 5$	一般选用 $1 \sim 2s$
压力	$3 \sim 10$	一般选用 $6 \sim 8s$
液位	$6 \sim 8$	
温度	$15 \sim 20$	串级系统 $T_S = \tau_0$，副环 $T_S = \left(\dfrac{1}{4} \sim \dfrac{1}{5}\right)$ 主环 T_S
成分	$15 \sim 20$	

3. 量化噪声（量化误差）

模拟信号是连续的，而数字信号是离散的，每个数又是用有限个数码表示，二者之间不可避免地存在误差，称为量化噪声。一般 A - D 转换的量化噪声有 1LSB 和 LSB/2 两种。

12.1.2　A－D转换器

A－D转换器（ADC）是把连续变化的模拟电压量转换成数字量的器件，是数据采集的关键性器件。

1. A－D转换器的主要技术指标

（1）分辨力　分辨力表示 ADC 对输入量微小变化的敏感度，它等于输出数字量最低位一个字（1LSB）所代表的输入模拟电压值。如输入满量程模拟电压为 U_m 的 N 位 ADC，其分辨力为

$$1\text{LSB} = \frac{U_m}{2^N - 1} \approx \frac{U_m}{2^N} \tag{12-1}$$

ADC 的位数越多，分辨力越高。因此分辨力也可以用 A－D 转换的位数表示。

（2）精度　精度分绝对精度和相对精度。

1）绝对精度：是指输入模拟信号的实际电压值与被转换成数字信号的理论电压值之间的差值。它包括量化误差、线性误差和零位误差。绝对精度常用 LSB 的倍数表示，常见的有 $\pm\frac{1}{2}$LSB 和 ± 1LSB。

2）相对精度：是指绝对误差与满刻度值的百分比。由于输入满刻度值可根据需要设定，因此相对误差也常用 LSB 为单位表示。

可见，精度与分辨力相关，但却是两个不同的概念。相同位数的 ADC，其精度可能不同。

（3）量程（满刻度范围）　量程是指输入模拟电压的变化范围。例如某转换器具有 10V 的单极性范围或 $-5 \sim +5$V 的双极性范围，则它们的量程都为 10V。

应当指出，满刻度只是个名义值，实际的 A－D、D－A 转换器的最大输出值总是比满刻度值小 $1/2^N$。例如满刻度值为 10V 的 12 位 A－D 转换器，其实际的最大输出值为 10$(1 - 1/2^{12})$ V。这是因为模拟量的 0 值是 2^N 个转换状态中的一个，在 0 值以上只有 $2^N - 1$ 个梯级。但习惯上转换器的模拟量范围总是用满刻度表示。

（4）线性度误差　理想的转换器特性应该是线性的，即模拟量输入与数字量输出成线性关系。线性度误差是转换器实际的模拟数字转换关系与理想直线不同而出现的误差，通常也用 LSB 的倍数表示。

（5）转换时间　转换时间指从发出启动转换脉冲开始到输出稳定的二进制代码，即完成一次转换所需要的最长时间。转换时间与转换器工作原理及其位数有关。同种工作原理的转换器，通常位数越多，其转换时间则越长。对大多数 ADC 来说，转换时间就是转换频率（转换的时钟频率）的倒数。

2. ADC 的主要类型及特点

（1）按转换原理分类　按 A－D 转换的原理不同，ADC 主要分为比较型和积分型两大类，其中，常用的是逐次逼近型、双积分型和 V/F 变换型（电荷平衡式）。

1）逐次逼近 ADC：它是以数-模转换器（DAC）为核心，配上比较器和一个逐次逼近寄存器，在逻辑控制器控制下逐位比较并寄存结果。它也可以由 DAC、比较器和计算机软件构成。

逐次逼近 ADC 转换速度较高（1μs ~ 1ms），8 ~ 14 位中等精度，输出为瞬时值，但抗干扰能力差。

2）双积分型 ADC：它的转换周期由两个单独的积分区间组成。未知电压在已知时间内进行定时积分，然后转换为对参比电压反向定压积分，直至积分输出返回到初始值。

双积分型 ADC 测量的是信号平均值，对常态噪声有很强的抑制能力，精度很高，分辨力达 12 ~ 20 位，价格便宜，但转换速度较慢（4ms ~ 1s）。

3）V/F 转换器：它是由积分器、比较器和整形电路构成的 VFC 电路，将模拟电压变换成相应频率的脉冲信号，其频率正比于输入电压值，然后用频率计测量。

VFC 能快速响应，抗干扰性能好，能连续转换，适用于输入信号动态范围宽和需要远距离传送的场合，但转换速度慢。

（2）按输入、输出方式分类　不同的芯片具有不同的连接方式，其中最主要的是输入、输出以及控制信号的连接方式。

1）输入方式。从输入端来看，有单端输入和差动输入两种方式。差动输入有利于克服共模干扰。输入信号的极性有单极性和双极性，由极性控制端的接法决定。

2）输出方式。从输出方式来看，主要有两种：一种是数据输出寄存器具有可控的三态门，此时芯片输出线允许和 CPU 的数据总线直接相连，并在转换结束后利用读信号$\overline{RD}$控制三态门将数据送上总线；另一种是数据输出寄存器不具备可控的三态门，输出寄存器直接与芯片引脚相连，此时芯片的输出线必须通过输入缓冲器连至 CPU 的数据总线。

（3）ADC 芯片的启动转换信号　ADC 芯片的启动转换信号有电平和脉冲两种形式。对电平启动转换的芯片，如果在转换过程中撤去电平信号，则将停止转换而得到错误的结果。

3. ADC 的选择与使用

在实际使用中，应根据具体情况选用合适的 ADC 芯片。例如某测温系统的输入范围为 0 ~ 500℃，要求测温的分辨力为 2.5℃，转换时间在 1ms 之内，可选用分辨力为 8 位的逐次逼近式 ADC0809 芯片；如果要求测温的分辨力为 0.5℃（即满量程的 1/1000），转换时间为 0.5s，则可选用双积分型 ADC 芯片 14433。

ADC 转换完成后，将发出结束信号，表示主机可以从转换器读取数据。结束信号可以用来向 CPU 发出中断申请，CPU 响应中断后，在中断服务子程序中读取数据；也可用延时等待和查询的方法来确定转换是否结束，以读取数据。

12.1.3　其他数据采集部件

1. 模拟多路转换器

模拟多路转换器（MUX）又称模拟多路开关，是电子模拟开关的一种类型。只有当输入信号数大于 1 的数据采集系统，才有必要使用 MUX 来轮流切换各采集通道。因此，对 MUX 的参数要求是：接通时导通电阻要小，典型值为 170 ~ 300Ω，断开时泄漏电流要小，典型值为 0.2 ~ 2mA；导通和断开时间，典型值为 0.8μs；用于交流时，应有好的高频特性，即寄生电容要小。

模拟多路开关的配置主要有单端式和差动式。单端式用于所有输入信号相对于系统可模拟共地的情况。差动式用于各输入信号有独立参考电位或长线传输共模干扰严重时，但通道数将减半。

2. 采样保持电路

采样保持电路（SHA）又称作采样保持器。其作用是在 ADC 对模拟量进行量化所需的转换时间内，保持采样点的数值不变，以保证转换精度。普通型和高速型可在 $2 \sim 6\mu s$、甚高速型可在 $300 \sim 500ns$ 内把模拟信号的瞬时值采集下来并保持。当然，如果输入信号在 A－D 转换时间内是恒定的，则无需 SHA。但输入信号都可认为是随时间变化的，当不采用 SHA 时，必须保证在 A－D 转换期间输入信号的最大变化量不超过 LSB/2。计算无 SHA 时的可数字化的最高频率简化公式为

$$f_{\max} = \frac{1}{2^{N+1} \pi T_{\text{CONV}}} \tag{12-2}$$

式中，N 为 ADC 的转换位数；T_{CONV} 为 A－D 转换时间。若 $T_{\text{CON}} < (2^{N+1} \pi f_{\max})^{-1}$，则需用 SHA。

SHA 的选择应首先考虑速度和精度，单片、混合和模块型 SHA 性能列于表 12-2。

表 12-2 三类 SHA 速度和精度

	单片型		混合型	模块型	
捕获时间/μs	4	$5 \sim 25$	$1 \sim 5$	0.05	0.35
精度（%）	0.1	0.01	0.01	0.1	0.01
C_{H}	外接		内含		

集成 SHA 的外接 C_{H} 应选用绝缘好、介质吸收小的聚苯乙烯、聚丙烯及聚四氟乙烯电容。

12.1.4 数据采集卡的应用

随着微机控制技术的广泛应用，数据采集（DAQ）已不是简单的 A－D 转换，它是指从传感器和其他待测设备等模拟和数字被测单元中自动采集非电量或者电量信号，送到上位机中进行分析处理，因此产生了数据采集系统、数据采集器、数据采集卡等部件。数据采集系统和数据采集器是结合基于计算机或者其他专用测试平台的测量软硬件产品来实现灵活的、用户自定义的测量系统。数据采集卡，即实现数据采集（DAQ）功能的计算机扩展卡，可以通过 USB、PXI、PCI、PCI Express、火线（IEEE1394）、PCMCIA、ISA、Compact Flash、RS485、RS232、以太网、各种无线网络等总线接入个人计算机。

基于 PC 总线的板卡种类很多，按照板卡处理信号的不同可以分为模拟量输入板卡（A－D 卡）、模拟量输出板卡（D－A 卡）、开关量输入板卡、开关量输出板卡、脉冲量输入板卡、多功能板卡等。参照 IBM-PC 机的总线技术标准设计和生产的数据采集卡，用户只要把板卡插入 IBM-PC 机主板上相应的 I/O 扩展槽中，就可以迅速方便地构成一个数据采集与处理系统。用户的主要任务就是系统的设计及程序的编制等。

在工业现场往往会安装很多各种类型的传感器，如压力、温度、流量、声音、电参数等传感器，受现场环境限制，传感器信号不能远传或者因传感器太多布线复杂时，可选用分布式或者远程的采集卡（模块），在现场把信号转换成数字量，然后通过各种远传通信技术（如 RS485、RS232、以太网、各种无线网络）把数据传到计算机或者其他控制器中。这也算作数据采集卡的一种，只是它对环境的适应能力更强，可以应对各种恶劣的工业环境。

如果是在比较好的现场或者实验室，如学校的实验室，就可以使用 USB/PCI 采集卡。和常见的内置采集卡不同，外置数据采集卡一般采用 USB 接口和 1394 接口，因此，外置数据采集卡主要指 USB 采集卡和 1394 采集卡。

12.2 传感器与 PLC 的连接

12.2.1 接近传感器与 PLC 的连接

1. PLC 输入电路的形式和类型

PLC 为了提高抗干扰能力，输入接口都采用光耦合器实现隔离。PLC 的数字量输入端子，按电源分类有直流与交流，按输入接口分类有单端共点输入和双端输入。单端共点输入的结构是将 PLC 内部所有输入电路光耦合器的一端，共同接到标示为 COM 的内部公共端子上；另一端则接到对应的输入端子 X0、X1、X2、…，COM 共点与 N 个单端输入（$N+1$ 个端子）就可以实现 N 个数字量的输入，因此称此结构为单端共点输入。单端共点接电源正极为 SINK（sink current，拉电流）输入方式，可接 NPN 型传感器；单端共点接电源负极为 SRCE（source current，灌电流）输入方式，可接 PNP 型传感器。日系 PLC 通常采用正极共点，欧系 PLC 习惯采用负极共点；日系 PLC 供应欧洲市场也按欧洲习惯采用负极共点。为适应日系和欧系 PLC 混合使用工控场合，发展了单端共点（S/S）可选型输入方式，也称 SINK/SRCE 切换型，用户根据需要选择单端共点是接负极或接正极。PLC 数字量输入形式与适用传感器类型见表 12-3。

表 12-3 PLC 数字量输入形式与适用传感器类型

PLC 数字量输入的分类				
PLC 数字量输入的分类	直流	单端共点（COM）	SINK（拉电流）（漏型）	光耦合器正极共点（日系）（接 NPN 共线负极）
		单端共点（COM）	SRCE（灌电流）（源型）	光耦合器负极共点（欧系）（接 PNP 共线正极）
		单端共点（S/S）	SINK/SOURCE	光耦合器正极共点/光耦合器负极共点可选择
		双端共点	Line – Drive	双线驱动方式
	交流	单端共点（COM）		

2. PLC 输入方式的简单判断

将 Xn 端与负极断路，若接口指示灯亮即为 SINK 输入方式，光耦合器共正极。将 Xn 端与正极断路，若接口指示灯亮即为 SRCE 输入方式，光耦合器共负极。

3. PLC 单端共点输入方式与传感器的连接

传感器与 PLC 连接时，要将所有传感器的一端连接在一起，称为输入组件的外部共线；传感器的另一端接到 PLC 的输入端子 X0、X1、X2、…。如果 COM 为电源正极，外部共线要接负极，即 SINK 输入方式。如果 COM 为电源负极，外部共线要接正极，即 SRCE 输入方式。

（1）SINK 输入方式 单端共点 SINK 输入接线（内部共点端子 COM 接 24V 正极，外部共线接 24V 负极），如图 12-3a 所示。

（2）SRCE 输入方式 单端共点 SRCE 输入接线（内部共点端子 COM 接 24V 负极，外部共线接 24V 正极），如图 12-3b 所示。

（3）S/S 输入方式 S/S 端子与 COM 端不同的是，COM 是与内部电源正极或负极固定相连，S/S 端子是非固定相连的，根据需要才与内部电源或外部电源的正极或者负极相连。

1）单端共点 SINK 输入接线（内部共点端子 S/S 接 24V 正极，外部共线端子接 24V 负极），如图 12-3c 所示。

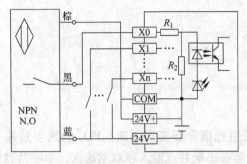
a) 单端共点(COM)SINK输入接线

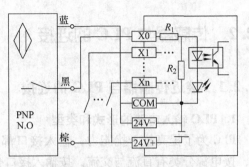
b) 单端共点(COM)SRCE输入接线

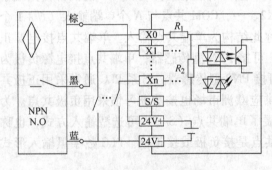
c) 单端共点(S/S)SINK输入接线

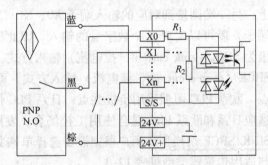
d) 单端共点(S/S)SRCE输入接线

图 12-3　三线接近传感器与 PLC 的连接

2）单端共点 SRCE 输入接线（内部共点端子 S/S 接 24V 负极，外部共线端子接 24V 正极），如图 12-3d 所示。

（4）PLC 内部不提供电源及负载电阻的连接　如图 12-4 所示，传感器需要外接电源并外接负载电阻 R_L，一般为 $4.7k\Omega$ ~ 几十千欧之间。一般电源电压选择正确就会使 PLC 内部电流限定在参数范围内，若不合要求，可调整电源电压或在传感器和 PLC 间串入电阻调整。

（5）外置电源的要求　当有源输入元器件数量较多、消耗功率较大，PLC 内置电源不能满足时，需要外置电源。根据需求可以配 DC 24V、一定功率的开关电源。外置电源原则上不能与内置电源并联，根据 COM 与外部共线的特点，SINK 输入方式时，外置电源与内置电源正极相连；SRCE 输入方式时，外置电源与内置电源负极相连。

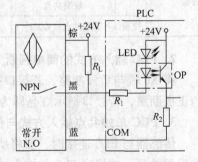
图 12-4　PLC 不提供电源及负载电阻的连接

4. 传感器与 PLC 交流输入单元的连接

PLC 规定输入电压为 AC 200 ~ 220V，50/60Hz，电流 10mA（200V 交流电压时），如图 12-5 所示，可以使用交流二线式接近传感器与之连接。

12.2.2 旋转编码器与 PLC 的连接

1. 增量式光电旋转编码器的输出形式

不同型号的旋转编码器，其输出脉冲的相数也不同，有的输出 A、B、Z 三相脉冲，有的输出 A、B 相两相脉冲，有的只输出 A 相脉冲。信号输出有正弦波（电流或电压）、方波（TTL、HTL）、集电极开路（PNP、NPN）以及推拉式等多种形式。其中 TTL 为

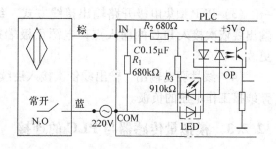

图 12-5 PLC 交流输入与传感器的连接

长线差分驱动（对称 A、A－；B、B－；Z、Z－），HTL 也称推拉式、推挽式输出，编码器的信号接收设备接口应与编码器对应。编码器的脉冲信号一般连接计数器、PLC 和计算机。PLC、计算机的连接模块有低速模块与高速模块之分，开关频率有低有高。我们通常用的是增量式编码器，可将旋转编码器的输出脉冲信号直接输入给 PLC，利用 PLC 的高速计数器对其脉冲信号进行计数，以获得测量结果。

如单相输出用于单方向计数，单方向测速。A、B 两相输出用于正反向计数、判断正反向和测速。A、B、Z 三相输出用于带参考位修正的位置测量。A、A－，B、B－，Z、Z－连接，由于带有对称负信号的连接，电流对在电缆中产生的电磁场可相互抵消为零，衰减最小，抗干扰最佳，可传输较远的距离。对于 TTL 的带有对称负信号输出的编码器，信号传输距离可达 150m。对于 HTL 的带有对称负信号输出的编码器，信号传输距离可达 300m。

2. 旋转编码器与 PLC 的连接电路

（1）NPN 型集电极开路输出

1）方法 1：如图 12-6a 所示，这种接线方式应用于当传感器的工作电压与 PLC 的输入电压不同时，另外串入电源，编码器晶体管以无电压形式接 PLC。但是需要注意的是，外接电源的电压必须在 DC30V 以下，开关容量每相 35mA 以下，超过这个工作电压，则编码器内部可能会发生损坏。具体接线方式是：编码器的褐线接编码器电源正极，蓝线接编码器电源负极，输出线依次接入 PLC 的输入点；外接电源负极接蓝线，正极接入 PLC 的输入COM 端。

2）方法 2：如图 12-6b 所示，编码器的褐线接电源正极，输出线依次接入 PLC 的输入点，蓝线接电源负极，再从电源正极端拉根线接入 PLC 输入 COM 端。

（2）电压输出接线方式 如图 12-6c 所示，编码器的褐线接电源正极，输出线依次接入 PLC 的输入点，蓝线接电源负极；电源正极端与 PLC 的 COM 端相接。

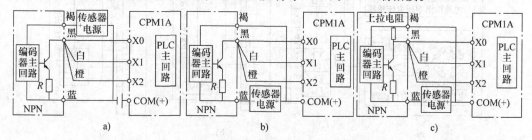

图 12-6 旋转编码器与 PLC 的连接

（3）PNP 型集电极开路输出接线方式　编码器的褐线接电源正极，蓝线接电源负极，输出线依次接入 PLC 的输入点；电源负极端接入 PLC 的 COM（－）端。可参考图 12-6b 更改。

（4）线性驱动输出　输出线依次接入后续设备相应的输入点，褐线接工作电压的正极，蓝线接工作电压的负极。

12.2.3　模拟量传感器与 PLC 的连接

（1）连接方法　图 12-7 所示为模拟量传感器与 PLC 的连接方法。图中分别示出二线式、三线式、四线式，电流输出型、电压输出型传感器与 PLC 的连接。右边经双绞屏蔽线与 PLC 的连接是相同的。

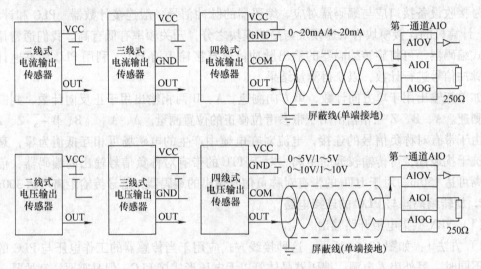

图 12-7　模拟量传感器与 PLC 的连接

（2）应用实例　压力传感器与 PLC 的连接如图 12-8 所示。图中给出了压力传感器分别与三种不同 PLC 的连接电路。点划线框左边传感器与图 12-8a 相同。

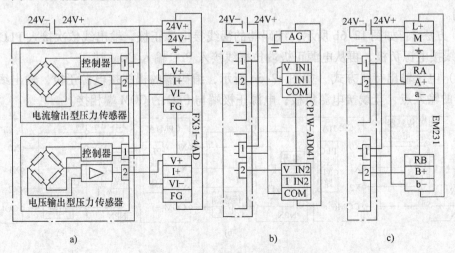

图 12-8　压力传感器与 PLC 的连接

12.3 传感器与检测仪表的连接

传感器将被测的非电量转换成电量后需要用仪表指示或显示出来，或者通过调节仪表、微机、PLC 对工艺参数实现处理和控制。那么传感器与检测仪表如何连接呢？

12.3.1 传感器与模拟式仪表的连接

模拟式仪表主要有动圈式指示与调节仪表、自动平衡显示仪表和电动单元组合仪表等。

1. 传感器与动圈式指示与调节仪表的连接

动圈式仪表如图 12-9 所示，与相应传感器、变送器配合，广泛用于温度、压力、成分、物位等物理量的测量与控制。

a) 指示仪表　　　　　　b) 二位调节仪表　　　　　　c) 三位调节仪表

图 12-9　动圈式仪表

（1）动圈式指示仪表　我国的动圈式指示仪表型号为 XCZ 系列。仪表规定外部电阻为 15 Ω。仪表出厂时配带一只 15 Ω 的锰铜丝线绕电阻，使用时拆去一部分，拆去部分等于被测电路工作状态下的电阻值，将剩余部分串接在回路中。但对于使用霍尔式传感器的压力或差压仪表，其传感器等效内阻为 120Ω，配外接电阻后应为 135Ω；对于带有前置放大器的动圈式指示仪表，型号为 XFZ，其输入阻抗很高，对外接电阻无严格要求。

1）热电偶与动圈式指示仪表连接。配热电偶的动圈式温度指示仪表型号为 XCZ – 101，其连接电路如图 12-10 所示。图中，配接的冷端温度补偿器在电桥平衡时的等效内阻为 1Ω；将测量时 R_{Cu} 随温度变化对电桥等效电阻的影响忽略；再事先计算或测量热电偶在使用状态下的电阻值，便可确定外接电阻 $R_{外}$ 的大小。

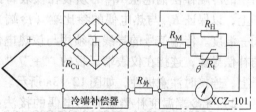

图 12-10　热电偶与仪表的连接

2）热电阻与动圈式指示仪表的连接。配热电阻的动圈式测温指示仪表型号为 XCZ – 102，其连接电路如图 12-11 所示。热电阻是无源敏感元件，不能直接驱动动圈式指式仪表，要用电桥转换。热电阻测温电桥常采用三线制接法，以消除引线电阻随环境温度变化造成的测量误差。如果使用 5 Ω 的定值导线，当环境温度在 0～50℃ 范围内时，附加误差不超过 ±5%。为限制桥臂电阻发

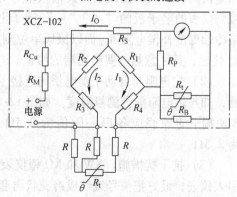

图 12-11　热电阻与仪表的连接

热，要求 I_1 在测量下限时（此时电桥平衡，电流较大）的值 I_{10} 不超过 6mA，国产仪表 R_2 + R_3 = 800Ω，I_{10} 实际只有 5mA。

（2）动圈式调节仪表　动圈式调节仪表（XCT 或 XFT）是在动圈指示仪表的基础上附加给定机构和控制电路或放大电路组成，具有显示及越限报警和对被测参数的控制调节功能。常用的调节方式有双位调节、三位调节、时间比例调节和 PID 调节。双位调节仪表配热电偶的型号为 XCT – 101 型，配热电阻的型号为 XCT – 102 型。三位调节仪表分为宽带和狭带两种，型号有 XCT – 121 型（配热电偶）和 XCT – 122 型（配热电阻）。狭带三位调节仪表的型号有 XCT – 111 型（配热电偶）和 XCT – 112 型（配热电阻）。传感器与仪表间连接与显示仪表相同。

位式调节连续性不好，被调参数波动大。若想提高调节效果，可采用时间比例调节（脉宽调功法）或动圈式连续电流输出 PID 调节仪表。

2. 传感器与自动平衡显示仪表的连接

图 12-12 所示为条形与圆形自动平衡显示仪表。自动平衡显示仪表可带动记录、调节、报警、积算等附加装置，具有多种功能。它们与热电偶、热电阻及其他测量元件（或变送器）配套后，可以自动地连续测量并记录温度、压力、流量、物位等参数的变化规律。

a) XWAJ–100型　　　　b) XWG–100型

图 12-12　自动平衡式仪表

（1）热电偶与自动平衡电位差计的连接　自动平衡电位差计型号为 XW 系列，用于测量直流电压或电流，可配电压或电流输出的传感器，如配热电偶测量温度。

1）有冷端温度补偿器时热电偶的接法：对于配热电偶用的以温度为刻度的 XW 型仪表，测量桥路中的冷端补偿铜电阻 R_{Cu} 必须装在仪表背部的端子上，以保证 R_{Cu} 与热电偶的参比端（冷端）处于同一温度。传输信号的导线必须用与该热电偶相应的补偿导线，连接在仪表端子板的 " + "" – " 端子上，连接时注意极性，如图 12-13a 所示。

2）无冷端温度补偿器时热电偶的接法：对于以毫伏刻度的 XW 型仪表，其输入信号导线应直接接到仪表的端子板的 " + "" – " 端子上。对于不

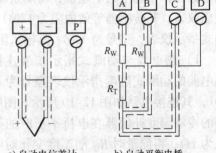

a) 自动电位差计　　b) 自动平衡电桥
　的外接线图　　　　的外接线图

图 12-13　自动平衡显示仪表的外接线图

接冷端温度补偿电阻 R_{Cu} 而以摄氏单位刻度的 XW 型仪表，测量桥路中的 R_{Cu} 应以锰铜电阻 R_m 代之，并注意热电偶参比端的修正。

（2）热电阻与自动平衡电桥的连接　自动平衡电桥型号为 XQ 系列，可用于电阻式传感器，如与热电阻配合测量温度。如图 12-13b 所示，热电阻必须采用三线式接法。对连接 A、B 两端子的导线应各串一阻值为 2.5Ω 的可调电阻 R_W，使连接导线和 R_W 的总电阻值为 2.5Ω。

（3）抗干扰措施　XW 和 XQ 型仪表的输入信号线必须和电源线分开，由专用的穿线孔引入仪表，最好把信号线绞成麻花状再套以金属导管，但绝不能与电源线同套一管。此金属导管应与地浮空，在其终端焊一导线接至仪表端子板的 P 点，如图 12-13 所示。输入信号的

接线最好采用带屏蔽层的软导线，并将屏蔽层也接至 P 端。

3. 传感器与电动单元组合仪表的连接

电动单元组合仪表是根据检测和调节系统中各个环节的功能，将整套仪表分为若干个能独立完成某项功能的典型单元。主要仪表单元有变送单元、调节单元、执行单元、显示仪表、给定单元、计算单元、转换单元及辅助单元。各单元之间的联系都采用统一的标准电信号。按照生产工艺的需要加以组合，可构成多样的、复杂程序各异的自动检测或自动调节系统。图 12-14 所示是由电动单元组合仪表构成的简单调节系统的框图。

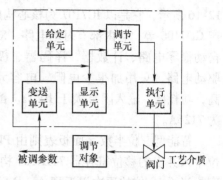

图 12-14　电动单元组合仪表调节系统框图

DDZ-Ⅱ系列仪表采用交流 220V 电源，各单元之间的联络信号为直流 0 ~ 10mA，准确度一般为 0.5 级。各单元仪表串联，各单元接收的信号完全一致；适合于远距离传送；与磁场作用可产生机械力，便于利用力平衡原理；信号的起始值为零，便于对模拟量进行运算，但无法识别断线，不易避开元件的死区和非线性段。

DDZ-Ⅲ系列仪表采用 4 ~ 20mA 信号制。如图 12-15 所示，DDZ-Ⅲ系列各单元仪表采用现场串联、室内并联（并联 250Ω 电阻可转换为 1 ~ 5V 的电压信号）的联络方式，直流 24V 集中供电（在电路内部分成 + 14V 和 − 10V 双电源），采用低压供电易于构成安全火花防爆系统。

DDZ-Ⅲ型差压变送器采用两线制，只需将直流 24V 电源、差压变送器、250Ω 电阻三者串联起来，根据差压的

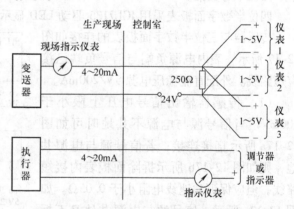

图 12-15　DDZ-Ⅲ系列仪表的联络方式

大小来决定通过电流的大小，从而在 250Ω 电阻两端得到相应的电压，其电压输出范围为 1 ~ 5V。采用两线制不仅节约了导线，而且在易燃易爆的危险现场使用时，可以少用安全栅。

12.3.2　传感器与数字式仪表的连接

数字式仪表与传感器（或变送器）连接，可测量温度、压力、流量、液位以及电工量、机械量，并将被测变量变换成数字量，以数字形式显示出来，或对被测变量进行调节。

1. 传感器与数字面板表的连接

数字面板表简称 DPM，是一个由双积分 A – D 转换器构成的带外壳或无外壳的直流数字电压表。它像一个表头那样可以装在仪表的外壳上，与各种传感器及相应电路配合构成各种非电量检测仪表。卡式自锁全封闭式塑料外壳不仅防尘，而且将仪表推入机箱窗口即可固定，安装简便。常用的显示位数为两位半$\left(2\frac{1}{2}\text{位}\right)$、三位半$\left(3\frac{1}{2}\text{位}\right)$、四位半$\left(4\frac{1}{2}\text{位}\right)$等。

UP5135 三位半数字面板电压表的内电路和面板如图 12-16 所示，它是以 IC7107 为核心构成的，同类芯片有国产 CH7106 等，它内部有时基电路、双积分 A – D 转换器、自动稳零电路、计数器、译码器、极性显示电路和 LED 驱动电路，只用加很少电阻、电容元件便可。其稳定性高，功耗低，输入阻抗大于 $10^7\Omega$。配液晶显示器的芯片为 7126A。

智能型三位半数字面板表则由 PIC15F676 单片机和 8 位串入并出的移位寄存器 74LS164 构成。PIC15F676 中含有相当于 10 位的逐次逼近型 A – D 转换器电路，74LS164 输出可直接驱动 LED，因此整个电路只是加一块 MC1403 基准电源电路，电路简单，成本低。

图 12-16 三位半
数字面板表

所谓半位即最高位，只能显示 1 和符号；其余低位称完整位，可显示 0 ~ 9 所有数字。因此三位半最大显示范围为 – 1999 ~ + 1999，基本量程为 ± 199.9mV，即 200mV。其它二位半、四位半等类推。

四位半数字面板表采用 ICL7135 驱动 LED 显示器，ICL7127 配液晶显示器。

传感器与三位半数字面板表的连接如图 12-17 所示，表内电源负端与信号负端已接有短路线。外配直流稳压电源 5V/200mA。

（1）传感器输出信号电压上限小于 200mV　当信号源与电源不共地时可如图 12-17a 所示直接连接；若信号源与电源共地，则如图 12-17b 所示拆除面板表内接短路线，但应保证共地线电阻小于 0.05Ω。如图 12-17c 所示，信号源与电源共地又不拆除内部共地线，则面板表电流与信号电流混流会造成仪表跳字。如图 12-17d 所示，若信号源与电源无共地，即输入信号悬浮，则面板表不能正常工作。

（2）传感器输出信号电压上限大于 200mV　如图 12-17e 所示对面板表进行电压扩程。例如用集成温度传感器 LM134 制

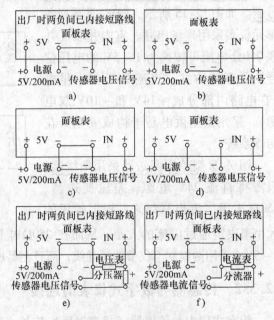

图 12-17　传感器与数字面板表连接

成数显室内温度计，LM134 灵敏度为 10mV/℃，当温度达到 50℃，其输出电压为 500mV，需要电压扩程 500/200 = 2.5 倍，两电阻分压比为 1/2.5 = 0.4，设与面板表并联电阻取 $1M\Omega$，因面板表输入电阻可忽略，则串联电阻为 $1.5M\Omega$。现在许多面板表都已扩展为多量程电压表，可根据需要选择合适量程。

（3）传感器输出为电流信号　如图 12-17f 所示给面板表并联分流电阻，构成电流表，也可直接选用数字电流面板表。

2. 传感器与数字显示调节仪表的连接

（1）数字显示调节仪表的主要技术指标

1）显示方法与显示误差　显示方法：三位半或四位半 LED 数字直接显示被测量。显示误差：小于 ±0.5%F.S ±1 字，F.S 为量程。

2）调节功能　时间比例调节：比例带 4%，周期 40s ±10s。P、I、D 调节：输出 0 ~ 10mA 或 4 ~ 20mA，负载 800Ω ±80Ω，P（比例带）为 4%，I（积分时间）为 2.5min，D（微分时间）为 30s。

3）输出信号及触点容量　输出脉冲信号：幅值大于 3V 宽度大于 40μs 的移相脉冲或过零触发脉冲。输出触点容量：交流 220V/3A（阻性负载）。

（2）数字显示调节仪表的型号命名　数字显示调节仪表的型号命名分三节。第一节有三位：X——显示仪表，M——模拟输入数字式，Z、T、B、D 分别表示显示仪、显示调节仪、显示报警仪、显示检测仪。第二节有若干位：A——带变送器输出，B——外供 24V 电源，G——面板尺寸 72 ×72（mm×mm），J——面板尺寸 96 ×96（mm×mm），H——竖式面板尺寸 80 × 160（mm×mm）。第三节有四位：第一位——显示被测量数 1、2；第二位——调节方式，0 表示两位、1 表示三位狭带、2 表示三位宽带、3 表示时间比例、4 表示时间比例 + 两位、6 表示连续 PID + 两位、9 表示连续 PID 调节；第三位——配接传感器信号，1 表示热电偶或辐射感温器、2 表示热电阻、3 表示霍尔压力变送器、4 表示电阻远传压力计、5 表示电流电压信号、6 表示热敏电阻；第四位——C 表示船用、F 表示耐大气腐蚀、K 表示开方。

例如 XMTAJ-122 表示数字显示调节仪，带变送器输出，面板尺寸 96 ×96（mm×mm），三位调节，配热电阻。

（3）XMT 仪表测量范围　XMT 仪表配用热电偶和热电阻时的测温范围见表 12-4。

表 12-4　XMT 仪表配用热电偶和热电阻时的测温范围

配用感温元件		分度号	范围/℃	分辨力/℃	配用感温元件		分度号	范围/℃	分辨力/℃
热电偶	镍铬 – 铜镍	E	0 ~300/600/800	1	热电阻	铜电阻	Cu50	−50.0 ~150.0、0 ~150	0.1
	镍铬 – 钌铜								
	镍铬 – 镍硅	K	0 ~400/800/1200			铂电阻	Pt100	−199.9 ~199.9、0 ~199.9	
	铂铑$_{10}$ – 铂	S	800 ~1600、0 ~1600						
	铂铑$_{30}$ – 铂铑$_6$	B	50 ~1800、700 ~1800					−199 ~650、0 ~850	1

（4）XMT 仪表的安装与接线　XMT 仪表与模拟仪表不同，配用热电偶时可不接 15Ω 外电阻，不影响准确度；配用热电阻时一般不接三个 5Ω 外电阻，但导线的规格要相同，如引线较长时建议使用定值导线，并在订货时声明。图 12-18 所示为仪表接线图实例。图12-18a 为 XMTA、XMTD 仪表接线图，图 12-18b 为 XMT 仪表接线图，图 12-18c 为 P、I、D 调节仪表接线图，图 12-18d 为三相过零触发仪表接线图。热电偶与 XMT-101 系列仪表、XMT-2901 仪表和 XMT-181 仪表的连接可参考图 12-18a。热电阻与 XMT□-2002 系列仪表的连接可参照图 12-18b。XMT-121/122 的 5、6、7 端子分别为上限继电器的高、总、低。

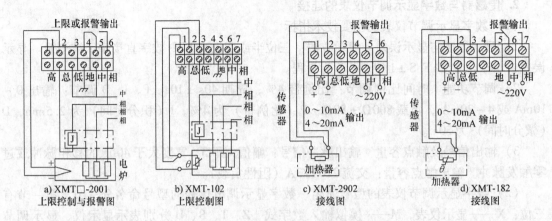

图 12-18　XMT 数字调节仪表接线图

思考与练习

12-1　检测系统中常用的 A – D 转换器有哪几种？各有什么特点，适用于什么场合？

12-2　测量信号输入 A – D 转换器前是否一定要加采样保持电路？为什么？

12-3　A – D 转换器的主要性能指标有哪些？

12-4　有一数字式应变仪，由 4 个金属应变片接成的全对称差动电桥、仪表放大器和带 ADC 的 LED 显示器构成。已知输入应变范围为 $1 \sim 200 \mu\varepsilon$，应变电桥的供桥电压为 5V，显示器输入满量程为 200mV，显示位数为三位半，试求：

1）应变电桥输出电压范围；

2）选择仪表放大器的放大倍数。

12-5　某热处理炉测温仪表的量程为 $200 \sim 800℃$，在某一时刻计算机采样并经数字滤波后的数字量为 CDH，求此时的温度值是多少？（设该仪表的量程是线性的，计算机为 8 位）

12-6　说明接近传感器与共阳型 PLC 的连接方法。

12-7　说明接近传感器与共阴型 PLC 的连接方法。

12-8　举例说明模拟量传感器与 PLC 的连接方法。

12-9　简述增量式光电旋转编码器各类输出的特点。

12-10　试画出旋转编码器 PNP 输出与 PLC 的接线图。

12-11　动圈式仪表有哪几种？

12-12　配热电阻的动圈式仪表如何连接？

12-13　配热电偶的动圈式指示仪表如何配接外接电阻？

12-14　说明自动平衡电位差计和自动平衡电桥与热电偶、热电阻连接方法。

12-15　电动组合仪表有哪些单元？

12-16　DDZ-Ⅲ系列仪表的信号制是什么？如何联络？

12-17　什么叫数字面板表？什么叫三位半显示？

12-18　分别说明信号源与电源共地和不共地时，与数字面板表的输入接线有何不同？

12-19　试画出 XMT-101 和 XMT-102 的温度上限报警接线图。

参 考 文 献

[1] 王煜东. 传感器及应用技术 [M]. 西安：西安电子科技大学出版社，2006.

[2] 董辉. 汽车传感器 [M]. 2版. 北京：北京理工大学出版社，2009.

[3] 宋福昌. 汽车传感器识别与检测图解 [M]. 北京：电子工业出版社，2006.

[4] 陈丙辰，王银. 汽车传感器使用与检修 [M]. 北京：金盾出版社，2003.

[5] 郑强，么达. 智能建筑设计与施工系列图集 [M]. 北京：中国建筑工业出版社，2002.

[6] 陈永甫. 红外探测与控制电路 [M]. 北京：人民邮电出版社，2004.

[7] 肖景和，赵健. 红外线热释电与超声波遥控电路 [M]. 北京：人民邮电出版社，2003.

[8] 郑国钦，等. 集成传感器应用入门 [M]. 杭州：浙江科学技术出版社，2002.

[9] 吴龙标，方俊，谢启源. 火灾探测与信息处理 [M]. 北京：化学工业出版社，2006.

[10] 王庆有. 光电技术 [M]. 北京：电子工业出版社，2005.

[11] 于秩祥. 汽车传感器原理与应用 [M]. 长春：吉林人民出版社，2013.

[12] 张志勇，等. 现代传感器原理及应用 [M]. 北京：电子工业出版社，2014.

[13] 高国富，等. 机器人传感器及其应用 [M]. 北京：化学工业出版社，2005.